高等职业院校精品教材系列

U0269607

校级精品课
配套教材

可编程控制器应用技术
（第2版）

林小宁　主　编
蒋琦娟　范　骏　副主编
田文娟　宋国庆　张本法　张　建　参　编
华永平　主　审

電子工業出版社
Publishing House of Electronics Industry
北京·BEIJING

内 容 简 介

本书结合行业企业新的岗位技能要求，根据职业教育的特点，遵循"以能力培养为目标"的原则，按照"工作过程导向"的教学理念来设计和组织课程教学。全书内容分为 5 大模块共 17 个项目任务，以西门子 S7-200 系列 PLC 为原型机，以"PLC 控制功能实现"为主线，系统介绍了 PLC 的常用指令及其编程、过程控制、PLC 之间的通信、PLC 与文本显示器的通信、PLC 与变频器的通信等。具体模块为：认知西门子 S7-200、电动机控制、灯光及显示控制、自动生产过程控制、S7-200 系列 PLC 的拓展应用。本书适应面广，技术针对性强，并且兼顾知识的完整性，重视对学生实践技能的培养。在每项任务完成后均配有任务训练、思考练习，以供读者练习巩固之用。

本书为高等职业院校电子信息类、自动化类、机电类、机械制造类等专业可编程控制器技术课程的教材，也可作为应用型本科、成人教育、自学考试、开放大学、中职学校和 PLC 培训班的教材，以及电气工程技术人员的参考书。

本书配有电子教学课件、习题参考答案和精品课网站，详见前言。

图书在版编目（CIP）数据

可编程控制器应用技术 / 林小宁主编. —2 版. —北京：电子工业出版社，2018.8（2022.11 重印）

高等职业院校精品教材系列

ISBN 978-7-121-34057-4

Ⅰ. ①可… Ⅱ. ①林… Ⅲ. ①可编程序控制器－高等学校－教材 Ⅳ. ①TM571.61

中国版本图书馆 CIP 数据核字（2018）第 077345 号

策划编辑：陈健德（E-mail：chenjd@phei.com.cn）
责任编辑：谭丽莎
印　　刷：河北鑫兆源印刷有限公司
装　　订：河北鑫兆源印刷有限公司
出版发行：电子工业出版社
　　　　　北京市海淀区万寿路 173 信箱　邮编 100036
开　　本：787×1 092　1/16　印张：16.75　字数：429 千字
版　　次：2013 年 2 月第 1 版
　　　　　2018 年 8 月第 2 版
印　　次：2024 年 1 月第 12 次印刷
定　　价：52.00 元

凡所购买电子工业出版社图书有缺损问题，请向购买书店调换。若书店售缺，请与本社发行部联系，联系及邮购电话：(010) 88254888，88258888。

质量投诉请发邮件至 zlts@phei.com.cn，盗版侵权举报请发邮件至 dbqq@phei.com.cn。

本书咨询联系方式：chenjd@phei.com.cn。

前　言

可编程控制器（PLC）是将自动化技术、计算机技术、通信技术融为一体的通用工业控制装置，集三电（电控、电仪、电传）为一体，具有可靠性高、性能价格比高等特点，已成为自动化工程的核心设备。目前，PLC 在我国的应用相当广泛，尤其是小型 PLC，它采用类似于继电器逻辑的过程操作语言，使用十分方便，备受电气工程技术人员的欢迎。因此，掌握 PLC 控制系统的设计及应用是机电类等专业技术人员必须具备的基本职业技能之一。

本书结合行业、企业新的岗位技能要求，根据职业教育的特点，以能力培养为目标，以工作任务为核心展开知识体系，力求达到通过完成任务掌握技能的学习目的。本书内容的选取遵循"从实践中来、到实践中去"的基本思想，将生产实践领域中的典型工作任务经过归纳、整理，转化为学习领域的项目任务；形成以学习目标划分功能模块、以项目任务为教学载体，即每一模块以学习目标为导引，体现为若干任务。每个任务的组织包括 8 项内容：任务目标、前导知识、任务内容、任务实施、检查评价、相关知识、任务训练、思考练习。学生根据任务要求结合所学知识，将任务付诸实施，实现由学习领域向实践领域的再转化。此内容体系以学生为主体，并且有利于组织教学，方便引导学生课后自学。

本书以西门子 S7-200 系列 PLC 为原型机，以"PLC 控制功能实现"为主线，精心遴选模块和任务，努力覆盖 PLC 的基本知识范围，体系完整。本书充分体现了"会操作"与"懂理论"的高职教育理念，形成了由表及里、由简单到复杂、由单一到综合的教学体系结构。本书内容按任务类型及对 PLC 认知的过程，划分为 5 大模块共 17 个项目任务，系统介绍了 PLC 的常用指令及其编程、过程控制、通信及网络等。

本书的编者有林小宁（绪论、模块 1、模块 4、附录 A）、蒋琦娟（模块 3）、范骏（任务 5-3、任务 5-4）、田文娟（任务 2-1、任务 2-2）、宋国庆（任务 5-1）、张本法（任务 5-2）、张建（任务 2-3），李素平、徐渠参与了部分内容的编写与插图的绘制。林小宁组织全书的编写并负责统稿。

本书由江苏省教学名师华永平教授主审，在编写过程中得到了崔新有教授、束正煌教授、陈为教授的大力支持，顾筠副教授、窦浩工程师为本书的编写提供了许多宝贵意见，在此一并表示感谢。

由于编者水平有限，加上时间仓促，书中难免存在疏漏、错误和不足之处，恳请读者批评指正。

为方便教师教学及学生学习，本书配有免费的电子教学课件、习题参考答案，请有此需要的教师登录华信教育资源网（http://www.hxedu.com.cn）免费注册后再进行下载，有问题时请在网站留言或与电子工业出版社联系（E-mail:hxedu@phei.com.cn）。读者也可通过该精品课链接网址（http://dsw.jsou.cn/album/321）或扫描书中的二维码浏览视频和参考更多的教学资源。

编　者

目 录

职业导航

| 职业素质：
应学习思想品德及职业道德修养、生涯规划、计算机、外语、工科数学、企业管理学原理与实务、相关法律基础的课程内容 | 岗位技术：
应学习电工电子技术、机电设备电气控制、检测技术、单片机应用技术、气液动技术及应用等专业技术性课程内容 | 生产实践：
在企业的相关岗位开展实习，具有机电产品或设备安装、调试、运行和维护方面的基本技能，具有团队合作精神、严谨的工作作风、敬业爱岗的工作态度，自觉遵守职业道德和行业规范 |

可编程控制器应用技术

模块1：认知西门子S7-200
本模块包含2项任务，主要包括西门子S7-200系列PLC的硬件组成、功能特性及安装配线，编程软件STEP 7-Micro/WIN的使用和联机调试

模块2：电动机控制
本模块包含3项任务，主要包括梯形图的编程规则，基本逻辑指令、堆栈操作指令、置位/复位指令、边沿触发指令的应用，联锁控制

模块3：灯光及显示控制
本模块包含3项任务，主要包括定时器和计数器的配合使用，数据处理指令、比较指令、逻辑运算指令的应用

模块4：自动生产过程控制
本模块包含5项任务，主要包括转换指令、控制指令、功能指令的应用，运用功能图设计PLC控制程序

模块5：S7-200系列PLC的拓展应用
本模块包含4项任务，主要包括模拟量控制，PLC与PLC之间、PLC与TD200C、PLC与变频器之间的通信

全书以PLC控制功能实现为主线，以项目任务为核心展开知识体系，充分体现"会操作"与"懂理论"的高职教育理念

职业岗位

| 机电设备装调、维修员 | 机电设备营销、管理员 | 高级维修电工 | PLC程序设计师 | 机电产品设计师 |

逐 步 提 升

绪　论

1．什么是 PLC

PLC 是英文 Programmable Logic Controller 的缩写。早期的 PLC 主要是用来代替继电器实现逻辑控制的，因此称为可编程逻辑控制器。而现代 PLC 的功能强大，不再仅限于逻辑控制，因此将"逻辑"二字去掉，称为可编程控制器（Programmable Controller），简称 PC。但为了避免其与个人计算机（Personal Computer）的缩写混淆，现在仍习惯将其称为 PLC。

扫一扫看 PLC 概述 微视频

http://dsw.jsou.cn/album/ 5665/material/6658

PLC 是在电器控制技术和计算机技术的基础上开发出来的，并逐渐发展成为以微处理器为核心，将自动化技术、计算机技术、通信技术融为一体的新型工业控制装置。

2．PLC 的产生

1968 年，美国通用汽车公司（GM）为了适应汽车型号的不断更新、生产工艺不断变化的需要，实现小批量、多品种生产，希望能生产一种新型工业控制器，它能做到尽可能地减少重新设计和更换电器控制系统及接线，以降低成本，缩短周期。其设计思想是吸取继电器和计算机两者的优点：

虽然继电器控制系统的体积大、可靠性低、接线复杂、不易更改、查找和排除故障困难，对生产工艺变化的适应性差，但简单易懂、价格便宜；

虽然计算机编程困难，但它的功能强大、灵活（可编程）、通用性好。

采用面向控制过程、面向问题的"自然语言"进行编程，可以使不熟悉计算机的人也能很快地掌握和使用。

1969 年，由美国数字设备公司（DEC）根据美国通用汽车公司（GM）的要求研制成功世界上第一台 PLC（PDP-14）；1971 年，日本研制出第一台 DCS-8；1973 年，德国研制出第一台 PLC；1974 年，中国研制出第一台 PLC。

1）PLC 的发展史

20 世纪 70 年代初期，PLC 仅有逻辑运算、定时、计数等顺序控制功能，只能用来取代传统的继电器控制，通常称之为可编程逻辑控制器（Programmable Logic Controller）。

20 世纪 70 年代中期，微处理器技术应用于 PLC 中，使得 PLC 不仅具有逻辑控制功能，还增加了算术运算、数据传送和数据处理等功能。

20 世纪 80 年代以后，随着大规模、超大规模集成电路等微电子技术的迅速发展，16 位和 32 位微处理器应用于 PLC 中，使得 PLC 迅速发展。此时的 PLC 不仅控制功能增强，同时可靠性提高，功耗、体积减小，成本降低，编程和故障检测更加灵活方便，而且具有通信和联网、数据处理和图像显示等功能。

近年来，PLC 的发展十分迅速，成为具备计算机功能的一种通用工业控制装置。它集三电（电控、电仪、电传）为一体，具有性能价格比高、高可靠性的特点，已成为自动化工程的核心设备。其使用量高居首位，为现代工业自动化的三大技术支柱（PLC、机器人、CAD/CAM）之一。

2）PLC 三大流派

自从第一台 PLC 出现以后，日本、德国、法国等也相继开始研制 PLC，并得到了迅速的发展。各国的 PLC 都有自己的特色。

世界上的 PLC 产品可按地域分成三大流派，即美国产品、欧洲产品和日本产品。美国和欧洲的 PLC 技术是在相互隔离的情况下独立研究开发的，因此美国和欧洲的 PLC 产品有着明显的差异性。而日本的 PLC 技术是由美国引进的，对美国的 PLC 产品有一定的继承性，但日本的主推产品定位在小型 PLC 上。美国和欧洲以大、中型 PLC 闻名，日本则以小型 PLC 著称。

（1）美国的 PLC 产品：美国是 PLC 的生产大国，有 100 多家 PLC 厂商，著名的有 A-B 公司、通用电气（GE）公司、莫迪康（MODICON）公司、德州仪器（TI）公司、西屋公司等。其中 A-B 公司是美国最大的 PLC 制造商，其产品约占美国 PLC 市场的一半。

（2）欧洲的 PLC 产品：德国的西门子（SIEMENS）公司、AEG 公司、法国的 TE 公司是欧洲著名的 PLC 制造商。德国的西门子公司的电子产品以性能精良而久负盛名，它在大、中型 PLC 产品领域与美国的 A-B 公司齐名。

（3）日本的 PLC 产品：日本的小型 PLC 最具特色，在小型机领域中颇具盛名，某些用欧美的中型机或大型机才能实现的控制，日本的小型机就可以解决。它在开发较复杂的控制系统方面明显优于欧美的小型机，因此格外受用户欢迎。日本有许多 PLC 制造商，如三菱、欧姆龙、松下、富士、日立、东芝等，在世界小型 PLC 市场上，日本产品约占 70% 的份额。

3．PLC 的定义

国际电工委员会（IEC）于 1987 年颁布了可编程控制器标准草案第三稿。在该草案中对 PLC 的定义为："可编程控制器是一种数字运算操作的电子系统，专为在工业环境下应用而设计。它采用可编程序的存储器，用于其内部存储程序，执行逻辑运算、顺序控制、定时、计数和算术运算等面向用户的指令，并通过数字式和模拟式的输入和输出，控制各种类型的机械或生产过程。可编程控制器及其有关外围设备，都应按易于与工业系统连成一个整体、易于扩充其功能的原则设计。"它区别于一般的微机控制系统及传统控制装置。

4．PLC 的特点

PLC 作为一种工业控制装置，在结构、性能、功能及编程手段等方面具有独到的特点。

1）结构特点——模块化结构

PLC 基本的输入/输出和特殊功能处理模块等均可按积木式组合，有利于维护、功能扩充。另外，其体积小，使用方便。

2）性能特点——可靠性高，抗干扰能力强

PLC 是专为工业控制而设计的，在设计与制造过程中均采用了屏蔽、滤波、光电隔离等有效措施，并且采用模块式结构，有故障后可以迅速更换。PLC 的平均无故障时间可达 2 万小时以上。

3）功能特点——功能完善，适应性（通用性）强

PLC 具有逻辑运算、定时、计数等很多功能，还能进行 D/A、A/D 转换，数据处理，通信联网，并且其运行速度很快，精度高。PLC 的品种多，档次也多，许多 PLC 制成模块式，可灵活组合。

4）编程特点——编程手段直观、简单，易于掌握

编程简单是 PLC 优于微机的一大特点。目前，大多数 PLC 都采用了与传统继电器控制电路图非常相近的梯形图编程，这种编程语言形象直观，易于掌握。

5）使用特点——使用方便，易于维护

PLC 的体积小、质量轻、便于安装；其输入端子可直接与各种开关量和传感器连接，输出端子通常也可直接与各种继电器连接；其维护方便，有完善的自诊断功能和运行故障指示装置，可以迅速、方便地检查、判断出故障，缩短检修时间。

由上述内容可知，PLC 控制系统相比传统的继电器控制系统具有许多优点，在许多方面可以取代继电器控制系统。但是，目前 PLC 的价格还比较高，使用高、中档 PLC 需要具有相当丰富的计算机知识，而且 PLC 的制造厂家和品种类型很多，而指令系统和使用方法不尽相同，这也给用户带来了不便。

5. PLC 的分类

PLC 一般可从其结构形式、I/O 点数、功能和用途方面进行分类。

1）按结构形式分类

（1）整体式：整体式 PLC 将电源、CPU、I/O 接口等部件集中装在一个机箱内，具有结构紧凑、体积小、价格低的特点。

整体式 PLC 由不同 I/O 点数的基本单元（又称主机）和扩展单元组成。基本单元内有CPU、I/O 接口、与 I/O 扩展单元相连的扩展口，以及与编程器或 EPROM 写入器相连的接口等。扩展单元内只有 I/O 接口和电源等，没有 CPU。基本单元和扩展单元之间一般用扁平电缆连接。整体式 PLC 一般还可配备特殊功能单元，如模拟量单元、位置控制单元等，使其功能得以扩展。小型 PLC 一般采用这种整体式结构。

（2）模块式：模块式 PLC 将 PLC 的各组成部分分别制成了若干个单独的模块，如 CPU模块、I/O 模块、电源模块（有的包含在 CPU 模块中）及各种功能模块。

模块式 PLC 由框架或基板和各种模块组成。模块装在框架或基板的插座上。这种模块式 PLC 的特点是配置灵活，可根据需要选配不同模块组成一个系统，而且其装配方便，便于扩展和维修。大、中型 PLC 一般采用这种模块式结构。

（3）叠装式：叠装式 PLC 将整体式和模块式的特点结合了起来。

叠装式 PLC 的 CPU、电源、I/O 接口等也是各自独立的模块，但它们之间是靠电缆进行连接的，并且各模块可以一层层地叠装。这样，不但系统可以灵活配置，还可做到体积小巧。

2）按 I/O 点数分类

（1）小型 PLC：I/O 点数在 256 点以下，其中小于 64 点的为超小型或微型 PLC。

（2）中型 PLC：I/O 点数在 256～2 048 点之间的为中型 PLC。

（3）大型 PLC：I/O 点数在 2 048 点以上，其中 I/O 点数超过 8 192 点的为超大型 PLC。

按 I/O 点数分类的界限不是固定不变的，它随 PLC 的发展而变化。

3）按功能分类

（1）低档：具有逻辑运算、定时、计数、移位及自诊断、监控等基本功能，还可以有少量模拟量输入/输出、算术运算、数据传送和比较、通信等功能。低档 PLC 主要用于逻辑控制、顺序控制或少量模拟量控制的单机系统。

（2）中档：除了具有低档 PLC 的功能外，还具有较强的模拟量输入/输出、算术运算、数据传送和比较、数制转换、远程 I/O、子程序、通信联网等功能。有些中档 PLC 还增设了中断、PID 控制等功能。

（3）高档：除了具有中档 PLC 的功能外，还增加了带符号算术运算、矩阵运算、位逻辑运算、平方根运算及其他特殊功能函数运算、制表及表格传送等。高档 PLC 具有更强的通信联网功能，可用于大规模过程控制或构成分布式网络控制系统，实现工厂自动化。

4）按用途分类

（1）通用型：通用型 PLC 作为标准装置，可供各类工业控制系统选用。

（2）专用型：专用型 PLC 是专门为某类控制系统设计的。由于具有专用性，所以其结构设计更为合理，控制性能更加完善。

随着 PLC 应用的逐步普及，专为家庭自动化设计的超小型 PLC 也已出现。

6．PLC 的基本结构

PLC 的核心是微处理器，因此它的组成也就与计算机有些相似。从系统组成来看，PLC 由硬件系统和软件系统组成；从 PLC 的硬件组成结构来看，PLC 主要由 CPU 模块、输入模块、输出模块、编程装置和电源等组成，如图 0-1 所示。PLC 的扩展模块（特殊功能模块）用来完成某些特殊的任务。

1）CPU 模块

CPU 模块主要由微处理器（CPU 芯片）和存储器（RAM、ROM）组成。在 PLC 控制系统中，CPU 芯片不断采集输入信号，执行用户程序，刷新系统的输出；存储器用来存储程序和数据。

2）I/O 模块

输入（Input）模块和输出（Output）模块简称为 I/O 模块或 I/O 接口电路，是连接外部设备和 CPU 模块的桥梁。

输入模块用来接收和采集输入信号。开关量输入模块用来接收从按钮、选择开关、数字拨码开关、限位开关、接近开关、光电开关、压力继电器等提供的开关量输入信号；模拟量输入模块用来接收电位器、测速发电机和各种变送器提供的连续变化的模拟量电流、电压信号。

输出模块用来接收主机的输出信息，并传送给外部负载。开关量输出模块用来控制接触器、电磁阀、电磁铁、指示灯、数字显示装置和报警装置等输出设备；模拟量输出模块用来控制调节阀、变频器等执行装置。

CPU 模块的工作电压一般为 5 V，而 PLC 的输入/输出信号电压较高，如 24 V DC 和 220 V AC。因此，从外部引入的尖峰电压和干扰噪声可能破坏 CPU 模块中的元器件，或使 PLC 不能正常工作。在 I/O 模块中，可以用光耦合器、光电晶闸管、小型继电器等器件来隔离 PLC 内部和外部的 I/O 电路。I/O 模块除了传递信号外，还有电平转换与隔离的作用。

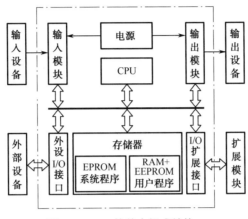

图 0-1　PLC 的基本组成结构

3）编程装置

在对 S7-200 系列 PLC 进行编程时，应配备一台安装有 STEP 7-Micro/WIN 编程软件的计算机、一根连接计算机和 PLC 的 PC/PPI 电缆或 USB/PPI 通信电缆。可以用计算机来编辑、检查、修改用户程序，并且监视用户程序的执行情况。

使用编程软件，可以在计算机的屏幕上直接生成和编辑梯形图或指令表程序，并且可以实现不同编程语言之间的相互转换。程序可以被编译后下载到 PLC 中，也可以将 PLC 中的程序上传到计算机。程序可以存盘或打印。

4）电源

S7-200 系列 PLC 的供电电源有 220 V AC 电源型和 24 V DC 电源型两种。小型 PLC 可以为输入电路和外部电子传感器（如接近开关）提供 24 V DC 电源，而驱动 PLC 负载的电源一般由用户提供。

7．PLC 的主要性能指标

1）I/O 总点数

I/O 总点数是衡量 PLC 接入信号和可输出信号的数量的指标。PLC 的输入/输出有开关量和模拟量两种。其中开关量用最大 I/O 点数表示，模拟量用最大 I/O 通道数表示。

2）存储器容量

存储器容量是衡量可存储多少用户应用程序的指标，通常以字或千字为单位（16 位二进制数为 1 个字，1 个字包含 2 个 8 位的字节，每 1 024 个字为 1 千字）。一般的逻辑操作指令每条占 1 个字，定时器、计数器、移位操作等指令每条占 2 个字，而数据操作指令每条占 2～4 个字。

3）编程语言

编程语言是 PLC 厂家为用户设计的用于实现各种控制功能的编程工具，它有多种形式，常见的有梯形图编程语言及语句表编程语言，另外，还有逻辑图编程语言、布尔代数编程语言等。

4）扫描速度

扫描速度是指 PLC 执行用户程序的速度。一般以扫描 1 K 字（1 千字）用户程序所需的时间来衡量扫描速度。由于不同功能的指令执行速度差别较大，时下也有以布尔指令的执行速度表征 PLC 工作快慢的。有些品牌的 PLC 在用户手册中给出执行各种指令所用的时间，可以通过比较各种 PLC 执行类似操作所用的时间来衡量扫描速度的快慢。

5）内部寄存器的种类和数量

内部寄存器的种类和数量是衡量 PLC 硬件功能的一个指标。内部寄存器主要用于存放变量的状态、中间结果、数据等，还提供大量的辅助寄存器，如定时器/计数器、移位寄存器、状态寄存器等，以方便用户编程使用。

6）通信能力

通信能力是指 PLC 与 PLC、PLC 与计算机之间的数据传送及交换能力，它是工厂自动化的必备基础。目前生产的 PLC 无论是小型机还是中、大型机，都配有一至两个，甚至更多个通信端口。

7）智能模块

智能模块是指具有自己的 CPU 和系统的模块。它作为 PLC 中央处理单元的下位机，不参与 PLC 的循环处理过程，但接受 PLC 的指挥，可独立完成某些特殊的操作，如常见的位置控制模块、温度控制模块、PID 控制模块、模糊控制模块等。

模块 1

认知西门子 S7-200

PLC 是在电器控制技术和计算机技术的基础上开发出来的，并逐渐发展成为以微处理器为核心，将自动化技术、计算机技术、通信技术融为一体的新型通用工业控制装置。它集三电（电控、电仪、电传）为一体，具有性能价格比高、高可靠性的特点，已成为自动化工程的核心设备，其使用量高居首位，是现代工业自动化的三大技术支柱（PLC、机器人、CAD/CAM）之一。

S7-200 系列 PLC 是西门子公司推出的一种小型 PLC。它以紧凑的结构、良好的扩展性、强大的指令功能、低廉的价格，成为目前各种小型自动化工程的理想控制器。

学习目标

通过两项任务的实施，初步了解西门子 S7-200 系列 PLC 的硬件组成及功能特性；熟悉 S7-200 系列 PLC 的安装配线；熟悉 S7-200 系列 PLC 的编程软件 STEP 7-Micro/WIN 的使用，能初步运用编程软件进行联机调试。

任务 1.1　S7-200 系列 PLC 的结构认知与安装

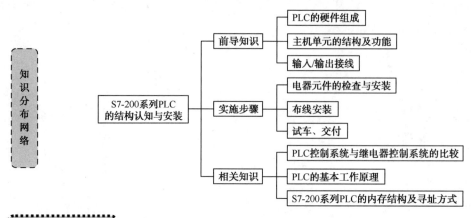

任务目标

（1）从 S7-200 系列 PLC 实物入手，认知 S7-200 系列 PLC 的结构。

（2）了解 S7-200 系列 PLC 的硬件组成及功能特性。

（3）初步掌握 S7-200 系列 PLC 的安装配线。

前导知识

扫一扫看认知西门子 S7-200 系列 PLC 微视频

http://dsw.jsou.cn/album/5665/material/6657

1.1.1　S7-200 系列 PLC 的组成结构及输入/输出接线

S7-200 系列 PLC 是整体式结构，其基本结构包括主机单元（又称基本单元）和编程器，是具有很高性价比的小型 PLC。根据控制规模的大小（即 I/O 点的多少），可选择相应主机单元的 CPU。S7-200 主机单元的 CPU 有 CPU21X 和 CPU22X 两代产品。CPU22X 是 S7-200 的第二代产品，CPU22X 包括 CPU221、CPU222、CPU224、CPU224XP 和 CPU226，除了 CPU221 型以外的主机单元都可以进行系统扩展，如数字量 I/O 扩展单元、模拟量 I/O 扩展单元、通信模板、网络设备和人机界面（Human Machine Interface，HMI）。

1．PLC 的硬件组成

一个完整的 S7-200 PLC 硬件系统的组成如图 1-1 所示。

（1）主机单元（CPU 模块）。S7-200 系列 PLC 的主机单元包括 CPU、存储器、基本输入/输出点、通信接口和电源，这些组件都被集成在一个紧凑、独立的外壳中。

（2）扩展单元。当主机的 I/O 数量不能满足控制系统要求时，可以通过扩展单元增加 I/O 模块。用户可以根据需要扩展各种 I/O 模块，扩展单元的数量和能够实际使用的 I/O 点数是由多种因素共同决定的。

（3）其他系统。其他系统是指当需要完成某些特殊功能的控制任务时，将一些特殊功能单元与 S7-200 主机单元相连而特制的装置，如位置控制单元 EM253、PROFIBUS-DP 总线从站通信处理器单元 EM277、调制解调器单元 EM241、以太网通信处理器单元 CP243-1、

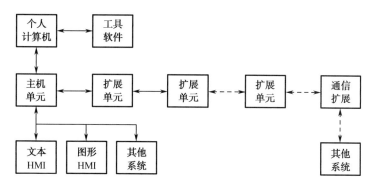

图 1-1 S7-200 PLC 硬件系统的组成

AS-I 网主站通信处理器单元 CP243-2 等。

（4）相关设备。相关设备是指为了充分和方便地利用 S7-200 系统的硬件和软件资源而开发和使用的一些设备，主要包括编程设备、人机操作界面和网络设备等，如 PG740II、PG760II 编程器，装有编程软件的计算机和 PC/PPI 电缆线，TD200、TD400C 文本显示器，TP070、TP170 触摸屏等。

（5）工具软件。工具软件是为了更好地管理和使用这些设备而开发的与之相匹配的程序，主要由标准工具、工程工具、运行软件和人机接口等几大类构成。

2. 主机单元的结构及功能

CPU22X 型 PLC 主机单元的外形结构如图 1-2 所示。

（1）输入接线端子：用于连接外部控制信号。在底部端子盖下是输入接线端子和为传感器提供的 24V 直流电源。

（2）输出接线端子：用于连接被控设备。在顶部端子盖下是输出接线端子和 PLC 的工作电源。

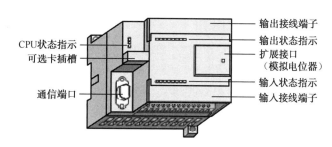

图 1-2 CPU22X 型 PLC 主机单元的外形结构

（3）CPU 状态指示：CPU 状态指示灯有 SF、STOP、RUN 共 3 个，其作用如表 1-1 所示。

表 1-1 CPU 状态指示灯的作用

名 称			状 态 及 作 用
SF	系统故障	亮	严重的出错或硬件故障
STOP	停止状态	亮	不执行用户程序，可以通过编程装置向 PLC 装载程序或进行系统设置
RUN	运行状态	亮	执行用户程序

（4）输入状态指示：用于显示是否有控制信号（如按钮、行程开关、接近开关、光电开关等数字量信息）接入 PLC。

（5）输出状态指示：用于显示 PLC 是否有信号输出到执行设备（如接触器、电磁阀、

指示灯等）。

（6）扩展接口：通过扁平电缆，可以连接数字量 I/O 扩展模块、模拟量 I/O 扩展模块、热电偶模块和通信模块等，如图 1-3 所示。

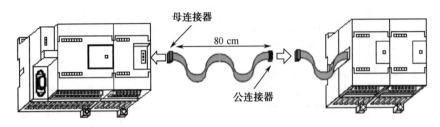

图 1-3　PLC 与扩展模块的连接

（7）通信端口：支持 PPI、MPI 通信协议，有自由口通信能力，用于连接编程器（手持式或 PC）、文本/图形显示器及 PLC 网络等外部设备，如图 1-4 所示。

（8）模拟电位器：用来改变特殊寄存器（SMB28、SMB29）中的数值，以改变程序运行时的参数，如定时器、计数器的预置值，过程量的控制参数等。

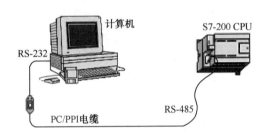

图 1-4　个人计算机与 S7-200 系列 PLC 的连接示意图

3．输入/输出接线

输入/输出接口电路是 PLC 与被控对象之间传递输入/输出信号的接口部件。各输入/输出点的通/断状态用发光二极管（LED）显示，外部接线一般接在 PLC 的接线端子上。

S7-200 CPU22X 主机单元的输入回路为双向光耦合输入电路，输出有继电器和晶体管两种类型，用户可根据需要选用。例如，CPU226 中的一种是 CPU226 AC/DC/继电器型，其含义为交流输入电源，提供 24 V 直流给外部元件（如传感器等），继电器输出方式，24 点输入，16 点输出；另一种是 CPU226 DC/DC/DC 型，其含义为直流 24 V 输入电源，提供 24 V 直流给外部元件（如传感器等），半导体元件直流方式输出，24 点输入，16 点输出。

1）输入接线

CPU226 的主机共有 24 个输入点（I0.0～I0.7、I1.0～I1.7、I2.0～I2.7）和 16 个输出点（Q0.0～Q0.7、Q1.0～Q1.7）。CPU226 的输入电路接线如图 1-5 所示。系统设置 1 M 为输入

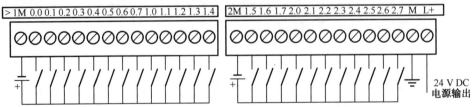

图 1-5　CPU226 的输入电路接线

端子 I0.0～I0.7、I1.0～I1.4 的公共端，2M 为 I1.5～I1.7、I2.0～I2.7 的公共端。其数字量输入电源电压为 24 V DC。

2）输出接线

CPU226 的输出电路有继电器和晶体管两种供用户选择。

在继电器输出电路中，PLC 由 220V 交流电源供电，负载采用了继电器驱动，因此既可以采用直流电源为负载供电，也可以采用交流电源为负载供电。数字量输出分为 3 组，每组的公共端为本组的电源供给端，Q0.0～Q0.3 共用 1L，Q0.4～Q0.7、Q1.0 共用 2L，Q1.1～Q1.7 共用 3L，各组之间可接入不同电压等级、不同电压性质的负载电源，如图 1-6 所示。

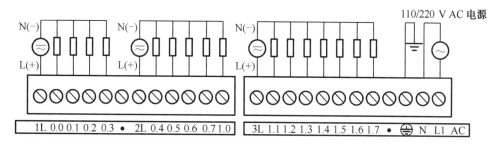

图 1-6　CPU226 的继电器输出电路接线

在晶体管输出电路中，PLC 由 24 V 直流电源供电，负载采用 MOSFET 功率驱动器件驱动，只能驱动直流负载，因此只能用直流电源为负载供电。输出端将数字量分为两组，每组有一个公共端，共有 1L、2L 两个公共端，可接入不同电压等级的负载电源，一般为 24 V DC。接线图如图 1-7 所示。

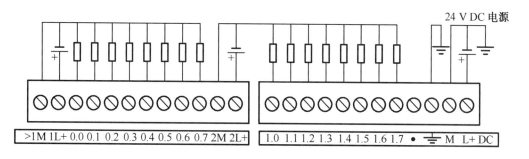

图 1-7　CPU226 的晶体管输出电路接线

任务内容

如图 1-8 所示是 CPU226 AC/DC/继电器的端子连接，请根据该图对 PLC 进行端子接线，并借助输入按钮进行试车验收。

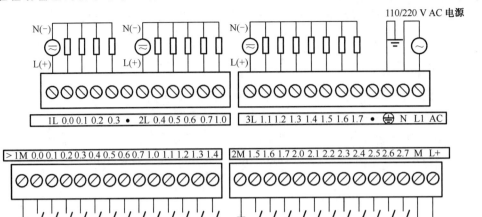

图 1-8　CPU226 AC/DC/继电器的端子连接

任务实施

1．电器元件的检查与安装

按表 1-2 所列的任务器材清单配齐所用的电器元件，并进行质量检查，然后安装固定。

表 1-2　任务器材清单

序　号	名　　称	型号与规格	单　位	数　　量	备　注
1	三相四线电源	～3×380/220 V，20 A	套	1	
2	单相电源	～220 V 和 36 V，5 V	套	1	
3	PLC	S7-226 或自定	台	1	
4	配线板	500 mm×600 mm×20 mm	块	1	
5	组合开关	HZ10-25/3	个	1	
6	交流接触器	CJ10-20，线圈电压 380 V	只	3	
7	熔断器及熔芯配套	RL6-60/20	套	3	
8	熔断器及熔芯配套	RL6-15/4	套	2	
9	三联按钮	LA10-3H 或 LA4-3H	个	2	
10	接线端子排	JX2-1015，500 V、10 A、15 节或配套自定	条	1	
11	木螺钉	ϕ3 mm×20 mm；ϕ3 mm×15 mm	个	30	
12	平垫圈	ϕ4 mm	个	30	
13	塑料软铜线	BVR-1.5 mm^2，颜色自定	米	20	
14	塑料软铜线	BVR-0.75 mm^2，颜色自定	米	10	
15	开口冷压端子	UT2.5-4，UT1-4	个	40	
16	行线槽	TC3025，两边打ϕ3.5 mm 孔	条	5	
17	异型塑料管	ϕ3 mm	米	0.2	

2．布线安装

根据板前线槽布线操作工艺，按照图 1-8 所示进行布线安装。接线时，注意 PLC 的端

子接线要采用开口冷压端子接线。

3．试车、交付

通电试车前，要复验一下接线是否正确，并测试绝缘电阻是否符合要求。通电试车时，必须有指导教师在现场监护。按下输入按钮，观察 PLC 上对应的输入信号指示灯是否亮。

检查评价

在规定时间内完成任务，各组自我评价并进行展示，各组之间根据评价表进行检查。检查与评价表如表 1-3 所示。

表 1-3　检查与评价表

项　目	要　求	配分	评分标准	得　分
元件安装	（1）按图样要求，正确利用工具和仪表，熟练地安装电器元件 （2）元件在配电盘上布置要合理，安装要准确、紧固 （3）按钮盒不固定在板上	20	不合理，每处扣 5 分	
布线	（1）要求美观、紧固 （2）配电板上的进、出线要接到端子排上，进、出的导线要有端子号	50	不规范，每处扣 5 分	
通电试车	在保证人身和设备安全的前提下，通电试车一次成功	20	第一次试车不成功扣 5 分；第二次试车不成功扣 10 分	
文明安全	安全用电，无人为损坏仪器、元件和设备，小组成员团结协作	10	成员不积极参与扣 5 分；违反文明操作规程扣 5～10 分	
总　　分				

相关知识

扫一扫看 PLC 与继电器控制系统的比较微视频

http://dsw.jsou.cn/album/5665/material/6659

1.1.2　PLC 控制系统与继电器控制系统的比较

1．接线程序控制与存储程序控制的基本概念

接线程序控制系统中支配控制系统工作的"程序"是由分立元件（继电器、接触器、电子元件等）用导线连接起来加以实现的，该程序就在接线之中。控制程序的修改必须通过改变接线来实现。继电器控制系统为典型的接线程序控制系统。

存储程序控制系统中支配控制系统工作的程序是存放在存储器中的，系统要完成的控制任务是通过存储器中的程序来实现的，其程序是由程序语言表达。控制程序的修改不需要改变控制器内的接线（即硬件），而只需要通过编程器改变存储器中某些语句的内容即可。PLC 控制系统为典型的存储程序控制系统。

如图 1-9 所示为继电器控制系统框图，如图 1-10 所示为 PLC 控制系统框图。显而易

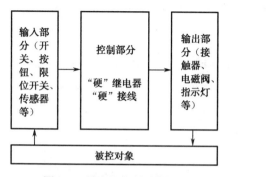

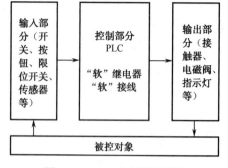

图 1-9　继电器控制系统框图　　　　　图 1-10　PLC 控制系统框图

见，PLC 控制系统的输入/输出部分与传统的继电器控制系统基本相同，其差别仅仅在于控制部分。前者用硬接线将许多继电器按某种固定方式连接起来完成逻辑功能，因此其逻辑功能不能灵活改变，并且接线复杂，故障点多；而后者是通过存放在存储器中的用户程序来完成控制功能的。在 PLC 控制系统中，由用户程序代替了继电器控制电路，使其不仅能实现逻辑运算，还具有数值运算及过程控制等复杂控制功能。由于 PLC 采用软件实现控制功能，所以可以灵活、方便地通过改变用户程序来实现控制功能的改变，从而从根本上解决了继电器控制系统的控制电路难以改变逻辑关系的问题。

下面以三相异步电动机单向连续运行控制为例进一步说明两种系统的不同。如图 1-11（a）所示为其主电路。如图 1-11（b）所示为其继电器控制电路图，要想实现控制功能必须按图完成接线，若改变功能必须改动接线。如图 1-11（c）所示为使用 PLC 时完成同样功能需进行的接线。从图中可知，只需将启动按钮 SB1、停止按钮 SB2、热继电器 FR 接入PLC 的输入端子，将接触器线圈 KM 连接到 PLC 的输出端子即完成了接线，具体的控制功能是由输入到 PLC 中的用户程序来实现的，不仅接线简单，而且当需要改变功能时不用或少许改动接线，主要通过改变程序来完成，非常方便。

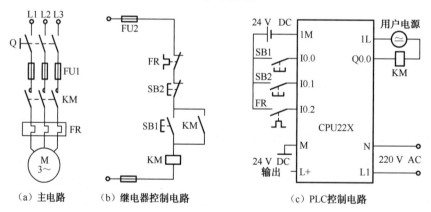

图 1-11　三相异步电动机单向连续运行控制

2．PLC 的等效工作电路

为了进一步理解 PLC 控制系统和继电器控制系统的关系，必须了解 PLC 的等效工作电路。PLC 的等效工作电路可分为三个部分：收集被控设备（开关、按钮、传感器等）的信息或操作命令的输入部分，运算、处理来自输入部分信息的内部控制电路和驱动外部负载的输出部分。

PLC 控制系统的等效工作电路如图 1-12 所示。图中的 I0.1、I0.2、I0.3 等为 PLC 的输入继电器，Q0.1、Q0.2 等为 PLC 的输出继电器。图中的继电器并不是实际的继电器，它实质上是存储器中的某一位触发器。当该位触发器为"1"态时，相当于继电器得电；当该位触发器为"0"态时，相当于继电器失电。因此，这些继电器在 PLC 中也称"软继电器"。

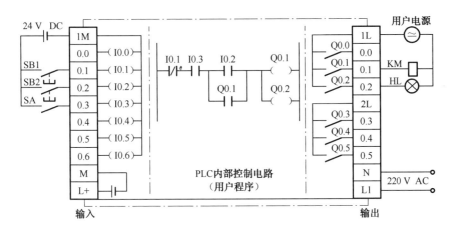

图 1-12　PLC 控制系统的等效工作电路

3. PLC 控制系统与继电器控制系统的区别

PLC 控制系统是由继电器控制系统和计算机控制系统发展而来的，与传统的继电器控制系统相比，其主要的不同表现在以下几个方面。

（1）继电器控制系统采用许多"硬"器件、"硬"触点和"硬"接线连接组成逻辑电路来实现逻辑控制要求，而且易磨损、寿命短；而 PLC 控制系统的内部大多采用"软"继电器、"软"触点和"软"接线连接，其控制逻辑由存储在内存中的程序实现，且无磨损现象，寿命长。

（2）继电器控制系统的体积大、连线多；而 PLC 控制系统的结构紧凑、体积小、连线少。

（3）继电器控制系统功能的改变需拆线、接线乃至更换元器件，比较麻烦；而 PLC 控制功能的改变，一般仅需修改程序即可，极其方便。

（4）继电器控制系统中的触点数量有限，用于控制用的继电器触点数一般只有 4～8 对；而 PLC 每个软继电器供编程用的触点数有无限对，使得 PLC 控制系统有很好的灵活性和扩展性。

（5）在继电器控制系统中，为了达到某种控制目的，要求安全可靠，节约触点用量，因此设置了许多制约关系的联锁环节；在 PLC 控制系统中，由于采用扫描工作方式，不存在几个并列支路同时动作的因素，因此设计过程大为简化，可靠性增强。

（6）PLC 控制系统具有自检功能，能查出自身的故障，将其随时显示给操作人员，并能动态地监视控制程序的执行情况，为现场调试和维护提供了方便。

1.1.3 PLC 的基本工作原理

PLC 有两种基本的工作状态，即运行（RUN）状态与停止（STOP）状态。在运行状态下，PLC 通过反映控制要求的用户程序来实现控制功能。为了使 PLC 的输出能及时地响应随时可能变化的输入信号，用户程序不是只执行一次，而是反复不断地执行，直至 PLC 停机或切换到 STOP 状态为止。

1. 扫描工作方式

当 PLC 运行时，有许多操作需要进行，但 PLC 不可能同时去执行多个操作，它只能按分时操作原理每一时刻执行一个操作。由于 CPU 的运算处理速度很快，从而使 PLC 外部出现的结果从宏观上来看似乎是同时完成的。这种分时操作的过程称为 PLC 的扫描工作方式。PLC 的工作过程如图 1-13 所示。

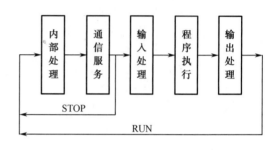

图 1-13　PLC 的工作过程

在执行用户程序前，PLC 首先完成内部处理及通信服务。在内部处理阶段，PLC 检查 CPU 模块内部的硬件是否正常，监视定时器复位并完成其他一些内部处理工作。在通信服务阶段，PLC 完成与一些带处理器的智能模块的通信或与其他外设的通信，完成数据的接收和发送任务、响应编程器输入命令、更新编程器的显示内容、更新时钟和特殊寄存器的内容等工作。PLC 具有很强的自诊断功能，如电源检测、内部硬件是否正常、程序语法是否有错等，一旦有错或异常则 CPU 能根据错误类型和程度发出提示信号，甚至进行相应的出错处理，使 PLC 停止扫描或强制变成 STOP 状态。当 PLC 处于 STOP 状态时，只完成内部处理和通信服务工作。当 PLC 处于 RUN 状态时，除完成内部处理和通信服务的操作外，还要完成输入处理、程序执行、输出处理工作。

整个过程扫描执行一遍所需的时间称为扫描周期。扫描周期与 CPU 的运行速度、PLC 硬件配置及用户程序的长短有关，其典型值为 1～100 ms。

2. PLC 执行程序的过程

PLC 执行程序的过程分为三个阶段，即输入采样（处理）阶段、程序执行阶段、输出刷新（处理）阶段，如图 1-14 所示。

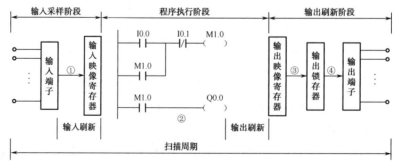

图 1-14　PLC 执行程序的过程

　　1）输入采样（处理）阶段

　　在这一阶段，PLC 以扫描工作方式按顺序对所有输入端子的输入状态采样，并存入输入映像寄存器中。在本工作周期内，采样结果的内容不会改变，而且采样结果将在 PLC 执行程序时被使用。当 PLC 进入程序执行阶段后输入端子将被封锁，直到下一个扫描周期的输入采样阶段才对输入状态进行重新采样，即集中采样。

　　2）程序执行阶段

　　在这一阶段，PLC 按顺序进行扫描，即从上到下、从左到右地扫描每条指令，并分别从输入映像寄存器和输出映像寄存器及其他内部寄存器中获得所需的数据进行运算、处理，再将程序执行的结果写入寄存执行结果的输出映像寄存器中保存。在用户程序中如果对输出结果多次赋值，则最后一次有效。在一个扫描周期内，只在输出刷新阶段才将输出状态从输出映像寄存器中输出，对输出端子进行刷新。在其他阶段，输出状态一直保存在输出映像寄存器中，这个结果在全部程序未执行完毕之前不会送到输出端子上。

　　3）输出刷新（处理）阶段

　　当所有的用户程序执行完后，PLC 将输出映像寄存器中的内容送入输出锁存器中，再通过一定的方式输出，驱动外部负载，即集中输出。

3．扫描工作方式的特点

　　PLC 的扫描工作方式有以下特点。

　　1）提高了系统的抗干扰能力，增强了系统的可靠性

　　当 PLC 工作时，大多数时间与外部输入/输出设备隔离，这种"串行"工作方式可以避免继电器控制系统中的触点竞争和时序失配问题，从而从根本上提高了系统的抗干扰能力，增强了系统的可靠性。

　　2）降低了系统的响应速度

　　PLC 输出对输入的响应滞后，即从 PLC 输入端的输入信号发生变化到 PLC 输出端对该输入变化做出反应需要一段时间。对于一般的工业控制，这种滞后是完全允许的。

　　注意：这种响应滞后不仅是由于 PLC 扫描工作方式造成的，更主要的是由于 PLC 输入接口滤波环节带来的输入延迟和输出接口中驱动器件的动作时间带来的输出延迟。它还与程序设计有关。

　　对于小型 PLC 而言，I/O 点数较少、用户程序较短，一般采用集中采样、集中输出的工作方式。

　　对于大、中型 PLC 而言，I/O 点数较多，控制功能强，用户程序较长，为了提高系统的响应速度，可以采用定期采样、定期输出方式或中断输入/输出方式，以及采用智能 I/O 接口等多种方式。

1.1.4　S7-200 系列 PLC 的内存结构及寻址方式

　　PLC 的内存分为程序存储区和数据存储区两大部分。程序存储区用于存放用户程序，由机器自动按顺序存储程序，用户不必为哪条程序存放在哪个地址而费心。数据存储区用

于存放输入/输出状态及各种各样的中间运行结果，是用户实现各种控制任务必须了如指掌的内部资源。

1. 内存结构

扫一扫看 PLC 的内存结构微视频

http://dsw.jsou.cn/album/5665/material/6662

S7-200 系列 PLC 的数据存储区按存储器存储数据的长短可划分为字节存储器、字存储器和双字存储器三类。S7-200 系列 PLC 具有 7 个字节存储器，分别是输入映像寄存器 I、输出映像寄存器 Q、变量存储器 V、内部位存储器 M、特殊存储器 SM、顺序控制状态寄存器 S 和局部变量存储器 L；具有 4 个字存储器，分别是定时器 T、计数器 C、模拟量输入寄存器 AI 和模拟量输出寄存器 AQ；具有 2 个双字存储器，分别是累加器 AC 和高速计数器 HC。

1）输入映像寄存器 I

输入映像寄存器 I 是 PLC 用来接收用户设备发来的控制信号的接口，工程技术人员常将其称为输入继电器，如图 1-12 所示，每个输入继电器线圈都与相应的 PLC 输入端相连（如 I0.0 的线圈与 PLC 的输入端子 0.0 相连）。当控制信号接通时，输入继电器线圈得电，对应的输入映像寄存器 I 的 I0.0 位为"1"态；当控制信号断开时，输入继电器线圈失电，对应的输入映像寄存器 I 的 I0.0 位为"0"态。输入接线端子可以接常开触点或常闭触点，也可以接多个触点的串、并联。

2）输出映像寄存器 Q

输出映像寄存器 Q 是 PLC 用来将输出信号传送到负载的接口，常称为输出继电器，如图 1-12 所示，每个输出继电器都有无数对常开触点和常闭触点供编程使用。除此之外，还有一对常开触点与相应的 PLC 输出端相连（如输出继电器 Q0.0 有一对常开触点与 PLC 的输出端子 0.0 相连，这也是 S7-200 系列 PLC 内部继电器输出型中唯一可见的物理器件），用于驱动负载。输出继电器线圈的通/断状态只能在程序内部用指令驱动。

以上介绍的两种软继电器都是和用户有联系的，因而又称为 PLC 与外部联系的窗口。下面所介绍的则是与外部设备没有联系的内部继电器，它们既不能用来接收外部的用户信号，也不能用来驱动外部负载，只能用于编制程序，即线圈和触点都只能出现在梯形图中。

3）变量存储器 V

变量存储器 V 主要用于模拟量控制、数据运算、设置参数等，而且既可以用来存放程序执行过程中控制逻辑的中间结果，也可以用来保存与工序或任务有关的其他数据。

4）内部位存储器 M

PLC 中备有许多内部位存储器 M，常称为辅助继电器。其作用相当于继电器控制电路中的中间继电器，如图 1-14 中的 M1.0。辅助继电器线圈的通/断状态只能在程序内部用指令驱动，不能直接输出驱动外部负载。每个辅助继电器都有无数对常开触点和常闭触点供编程使用，只能用于在程序内部完成逻辑关系或在程序中驱动输出继电器的线圈，再用输出继电器的触点驱动外部负载。

5）特殊存储器 SM

PLC 中还备有若干特殊存储器 SM。特殊存储器提供大量的状态和控制功能，用来在

CPU 和用户程序之间交换信息。特殊存储器能用位、字节、字或双字来存取，其位存取的编号范围为 SM0.0～SM179.7。几种常用的特殊存储器位的工作时序如图 1-15 所示。

（1）SM0.0：运行监视，它始终为"1"状态。当 PLC 在运行时可以利用其触点驱动输出继电器，在外部显示程序是否处于运行状态。

（2）SM0.1：初始化脉冲。每当 PLC 的程序开始运行时，SM0.1 线圈接通一个扫描周期随即失电，因此 SM0.1 的触点常用于调用初始化程序等。

（3）SM0.4、SM0.5：时钟脉冲。当 PLC 处于运行状态时，SM0.4 产生周期为 1 min 的时钟脉冲，SM0.5 产生周期为 1s

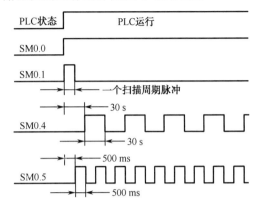

图 1-15　特殊存储器位的工作时序

的时钟脉冲。若将时钟脉冲信号送入计数器作为计数信号，则可起到定时器的作用。

S7-200 系列 PLC 特殊存储器位的功能见附录 A。

6）顺序控制状态寄存器 S

顺序控制状态寄存器 S 是使用步进控制指令编程时的重要状态元件，通常与步进指令一起使用以实现顺序功能流程图的编程。

7）局部变量存储器 L

PLC 中有 64 个字节的局部变量存储器 L，其中 60 个字节可以作为暂时存储器或用于给子程序传递参数。如果用梯形图或功能块图编程，则 STEP 7-Micro/WIN 保留这些局部变量存储器的后 4 个字节；如果用语句表编程，则可以寻址所有 64 个字节，但是不要使用局部变量存储器的最后 4 个字节。

8）定时器 T

PLC 所提供的定时器 T 的作用相当于时间继电器。每个定时器可提供无数对常开触点和常闭触点供编程使用。其设定时间由程序赋予。

9）计数器 C

计数器 C 用于累计其计数输入端接收到的由断开到接通的脉冲个数。计数器可提供无数对常开触点和常闭触点供编程使用，其设定值由程序赋予。

10）模拟量输入寄存器 AI/输出寄存器 AQ

模拟量输入信号需经 A/D 转换后送入 PLC，而 PLC 的输出信号需经 D/A 转换后送出，即在 PLC 外为模拟量，在 PLC 内为数字量。在 PLC 内的数字量字长为 16 位，即 2 个字节，因此其地址均以偶数表示，如 AIW0、AIW2…；AQW0、AQW2…。模拟量输入寄存器 AI 为只读存储器；模拟量输出寄存器 AQ 为只写存储器，用户不能读取模拟量输出。

11）累加器 AC

累加器 AC 是用来暂存数据的寄存器，可以用来存放运算数据、中间数据和结果，是可以像存储器那样使用的读/写单元。

12）高速计数器 HC

一般计数器的计数频率受扫描周期的影响，不能太高。而高速计数器 HC 可用来累计比 CPU 的扫描速度更快的事件。

高速计数器的编号范围根据 CPU 的型号而有所不同，如 CPU221/222 各有 4 个高速计数器，其编号为 HC0、HC3、HC4、HC5；CPU224/226 各有 6 个高速计数器，其编号为 HC0～HC5。

扫一扫看 PLC 的寻址方式微视频

http://dsw.jsou.cn/album/5665/material/6663

2．指令寻址方式

1）编址方式

在计算机内部，数据的存储和运算采用的是二进制数。二进制数的 1 位（bit）只有 0 和 1 两种不同的取值，可用来表示开关量或数字量的两种不同的状态，如触点的断开和接通，线圈的失电和得电等。在梯形图中，如果该位为 1 表示对应的线圈为得电状态，对应的触点为转换状态（常开触点闭合、常闭触点断开）；如果该位为 0，则表示对应的线圈、触点的状态与前者相反。

8 位二进制数组成 1 个字节（Byte），2 个字节组成 1 个字（Word），2 个字组成 1 个双字（Double Word）。

存储器的单位可以是位、字节、字、双字，其编址方式也可以是位、字节、字、双字。存储单元的地址由区域（寄存器）标识符、字节地址和位地址组成。

（1）位编址：寄存器标识符+字节地址+.+位地址，如 I3.2、M1.2、Q0.3 等。

（2）字节编址：寄存器标识符+字节长度 B+字节号，如 IB3、VB100、QB3 等。

（3）字编址：寄存器标识符+字长度 W+起始字节号，如 VW10 表示由 VB10、VB11 这 2 个字节组成的字。

（4）双字编址：寄存器标识符+双字长度 D+起始字节号，如 VD20 表示由从 VB20 到 VB23 这 4 个字节组成的双字。

位、字节、字、双字的编址如图 1-16 所示。

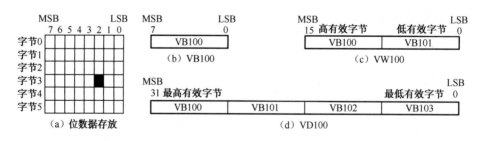

图 1-16　位、字节、字、双字的编址

2）寻址方式

编写 PLC 程序时，会用到寄存器的某 1 位、某 1 字节、某 1 字或某 1 双字。要想让指令正确地找到所需要的位、字节、字、双字的信息，就要求正确了解位、字节、字、双字寻址的方法，以便在编写程序时使用正确的指令规则。

S7-200 系列 PLC 指令系统的寻址方式有立即数寻址、直接寻址和间接寻址三大类。

（1）立即数寻址。立即数寻址是指对立即数直接进行读/写操作的寻址。立即数寻址的数据在指令中以常数的形式出现。常数的大小由数据的长度（二进制数的位数）决定。其表示的相关整型数据的大小范围如表 1-4 所示。

表 1-4　整型数据的大小范围

数据大小	无符号整数范围		有符号整数范围	
	十　进　制	十　六　进　制	十　进　制	十　六　进　制
字节 B（8 位）	0～255	0～FF	−128～+127	80～7F
字 W（16 位）	0～65 535	0～FFFF	−32 768～+32 767	8 000～7FFF
双字 D（32 位）	0～4 294 967 295	0～FFFFFFFF	−2 147 483 648～+2 147 483 647	80 000 000～7FFFFFFF

在 S7-200 系列 PLC 中，常数可为字节、字或双字。存储器以二进制方式存储所有的常数。指令中可用二进制、十进制、十六进制或 ASCII 码形式来表示常数，其具体格式如下。

① 二进制格式：用二进制数前加 2#表示，如 2#1101。

② 十进制格式：直接用十进制数表示，如 20 012。

③ 十六进制格式：用十六进制数前加 16#表示，如 16#5A6F。

④ ASCII 码格式：用单引号‘’引起的 ASCII 码文本表示，如‘good bye’。

（2）直接寻址。直接寻址是指在指令中直接使用存储器或寄存器的地址编号，直接到指定区域读取或写入数据，如 I3.2、MB20、VW100 等。

（3）间接寻址。间接寻址是指操作数不提供直接数据位置，而是通过使用地址指针来存取存储器中的数据。在 S7-200 系列 PLC 中允许使用指针对 I、Q、M、V、S、T（仅当前值）、C（仅当前值）寄存器进行间接寻址。

使用间接寻址之前，要先创建一个指向该位置的指针，指针为双字值，用来存放一个存储器的地址；只能用 V、L 或 AC 作指针。建立指针时，必须用双字传送指令（MOVD）将需要的间接寻址的存储器地址送到指针中。例如，MOVD　&VB200，AC1，其中"&VB200"表示取 VB200 的地址（VW200 的起始地址），而不是 VW200 的值，该指令的含义是将 VB200 的地址送入累加器 AC1 中。

指针建立好后，就可以利用指针存取数据了。当用指针存取数据时，操作数前加"*"号，表示该操作数为一个指针。例如，"MOVW　*AC1，AC0"表示将指针 AC1 所指的地址中的数据（即 VW200 的内容）送到累加器 AC0 中，其传送示意如图 1-17 所示。

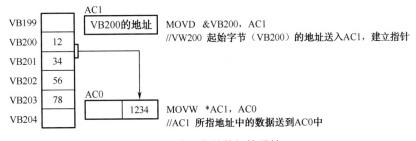

图 1-17　使用指针的间接寻址

S7-200 系列 PLC 的存储器寻址范围如表 1-5 所示。

表 1-5　S7-200 系列 PLC 的存储器寻址范围

寻 址 方 式	CPU221	CPU222	CPU224	CPU224XP	CPU226
位存取 （字节，位）	I0.0～I15.7　Q0.0～Q15.7　M0.0～M31.7　T0～T255　C0～C255　L0.0～L59.7				
	V0.0～I2 047.7		V0.0～I8 191.7	V0.0～I10 239.7	
	SM0.0～SM179.7	SM0.0～SM299.7	SM0.0～SM549.7		
字节存取	IB0～IB15　QB0～QB15　MB0～MB31　SB0～SB31　LB0～LB59　AC0～AC3				
	VB0～VB2 047		VB0～VB8 191	VB0～VB10 239	
	SMB0～SMB179	SMB0～SMB299	SMB0～SMB549		
字存取	IW0～IW14　QW0～QW14　MW0～MW30　SW0～SW30　T0～T255　C0～C255　LW0～LW58　AC0～AC3				
	VW0～VW2 046		VW0～VW8 190	VW0～VW10 238	
	SMW0～SMW178	SMW0～SMW298	SMW0～SMW548		
	AIW0～AIW30　AQW0～AQW30		AIW0～AIW62　AQW0～AQW62		
双字存取	ID0～ID12　QD0～QD12　MD0～MD28　SD0～SD28　LD0～LD56　AC0～AC3				
	VD0～VD2 044		VD0～VD8 188	VD0～VD10 236	
	SMD0～SMD176	SMD0～SMD296	SMD0～SMD546		

任务训练1

如图 1-18 所示是 CPU226 DC/DC/DC 的端子连接。训练要求如下：

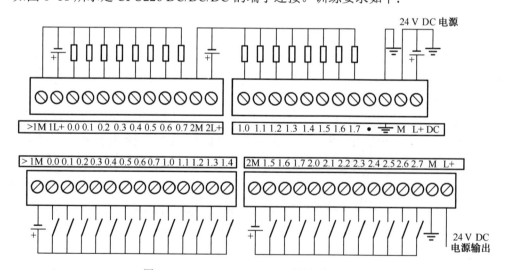

图 1-18　CPU226 DC/DC/DC 的端子连接

（1）列出任务清单，配齐所用电器元件并进行质量检查；

（2）对 PLC 进行端子接线并借助输入按钮进行试车验收。

思考练习1

一、思考题

1．试比较继电器控制系统与 PLC 控制系统的特点。

2．简述 PLC 的基本工作原理。PLC 的扫描工作方式有何特点？

3．在一个扫描周期中，如果在程序执行期间输入状态发生变化，则输入映像寄存器的状态是否也随之改变？为什么？

4．S7-200 系列 PLC 的输入/输出地址是如何编号的？

5．S7-200 系列 PLC 的寻址方式有哪几种？间接寻址是如何操作的？

二、正误判断题

1．S7-200 系列 PLC 的输入回路为双向光耦合输入电路。

2．小型 PLC 一般采用集中采样、集中输出的工作方式。

3．可编程控制系统的控制功能必须通过修改控制器件和接线来实现。

4．S7-200 系列 PLC 的输出电路只有继电器和晶体管两种类型。

5．在 S7-200 系列 PLC 的指令中可用二进制、十进制、十六进制或 ASCII 码形式来表示常数。

三、单项选择题

1．在扫描输入阶段，PLC 将所有输入端的状态送到（　　）保存。

　　A．输出映像寄存器　　　　　　　　B．变量寄存器

　　C．内部寄存器　　　　　　　　　　D．输入映像寄存器

2．提供一个周期是 1 s，占空比是 50%的特殊存储器位是（　　）。

　　A．SM0.3　　　　B．SM0.4　　　　C．SM0.5　　　　D．SM0.0

3．当 PLC 的输出电路为晶体管输出时，PLC 的供电电源为（　　）。

　　A．24 V DC　　　B．5 V DC　　　　C．220 V AC　　　D．380 V AC

4．VD20 表示的是（　　）。

　　A．由 V20.0 到 V20.7 一个字节组成　　　B．由 VB20 到 VB21 两个字节组成

　　C．由 VB20 到 VB23 四个字节组成　　　D．由 VW20 到 VW23 四个字组成

5．以下选项不属于 PLC 工作过程的是（　　）。

　　A．输入采样　　　B．程序执行　　　C．程序编译　　　D．通信服务

任务 1.2　S7-200 系列 PLC 的基本编程实践

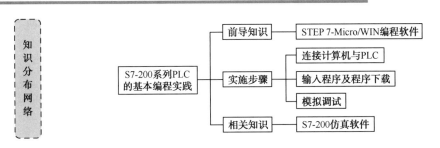

（1）根据任务内容，熟悉 S7-200 系列 PLC 的编程软件 STEP 7-Micro/WIN 的使用。

（2）能够熟练运用编程软件进行联机调试。

前导知识

1.2.1 STEP 7-Micro/WIN 编程软件

1. STEP 7-Micro/WIN 编程软件简介

STEP 7-Micro/WIN 是 S7-200 系列 PLC 的专用编程软件，它是基于 Windows 的应用软件，其功能强大，主要用于开发程序，也可用于实时监控用户程序的执行状态。

STEP 7-Micro/WIN 的主界面如图 1-19 所示。它分为以下几个部分：菜单条、工具条、浏览条、指令树、用户窗口、输出窗口和状态条。除菜单条外，用户可以根据需要通过查看菜单和窗口菜单决定其他窗口的取舍和样式的设置。

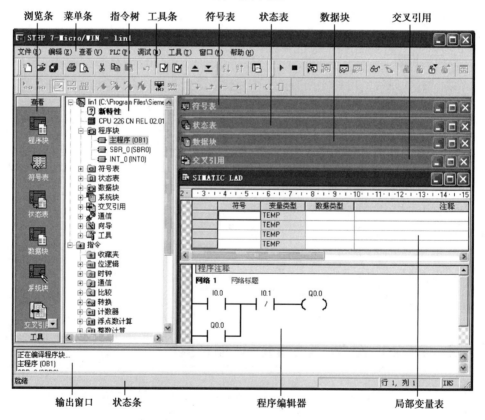

图 1-19　STEP 7-Micro/WIN 的主界面

（1）菜单条：包括文件、编辑、查看、PLC、调试、工具、窗口和帮助 8 个主菜单项。各主菜单的功能如下。

① 文件菜单：其操作项目主要有对文件进行新建、打开、关闭、保存、另存为、导入、导出、上载、下载、页面设置、打印、预览和退出等。

② 编辑菜单：可以实现剪切/复制/粘贴、插入、查找/替换/转至等操作。

③ 查看菜单：用于选择各种编辑器，如程序编辑器、数据块编辑器、符号表编辑器、状态表编辑器，查看交叉引用及设置系统块和通信参数等。查看编辑器还可以控制程序注释、网络注释，以及浏览条、指令树和输出窗口的显示与隐藏，并且可以对程序块的属性进行设置。

④ PLC 菜单：用于与 PLC 联机时的操作，如用软件改变 PLC 的运行方式（运行、停止）、对用户程序进行编译、清除 PLC 程序、电源启动重置、查看 PLC 的信息、时钟、存储卡的操作、程序比较、PLC 类型选择等。其中对用户程序进行编译可以离线操作。

⑤ 调试菜单：用于联机时的动态调试。调试时可以指定 PLC 对程序执行有限次扫描（从 1 次扫描到 65 535 次扫描）。通过选择 PLC 运行的扫描次数，可以在程序改变过程变量时对其进行监控。第一次扫描时，SM0.1 的数值为 1（打开）。

⑥ 工具菜单：提供复杂指令向导（PID、HSC、NETR/NETW 指令），使复杂指令编程时的工作简化；提供多种文本显示器（TD200、TD400 等）设置向导；定制子菜单可以更改 STEP 7-Micro/WIN 工具条的外观或内容，以及在工具菜单中增加常用工具；选项子菜单可以设置 3 种编辑器的风格，如字体、指令盒的大小等样式。

⑦ 窗口菜单：可以设置窗口的排放形式（层叠、水平、垂直）及选择各种编辑器。

⑧ 帮助菜单：可以提供 S7-200 的指令系统及编程软件的所有信息，并提供在线帮助、网上查询和访问等功能。

（2）工具条：包括标准工具条、调试工具条、公用工具条和 LAD（或 FDB）指令工具条。工具条提供了各种操作的快捷按钮。

（3）浏览条（操作栏）：为编程提供按钮控制，可以实现窗口的快速切换，即对编程工具执行直接按钮存取，包括程序块、符号表、状态表、数据块、系统块、交叉引用和通信。单击上述任意按钮，则主窗口换成对应的窗口。

（4）指令树：以树形结构提供编程时用到的所有快捷操作命令和 PLC 指令。它可分为项目分支和指令分支。项目分支用于组织程序项目，指令分支用于程序的输入。

（5）用户窗口：可同时或分别打开 5 个用户窗口，分别为符号表、状态表、数据块、交叉引用、程序块（含程序编辑器和局部变量表）。

① 符号表（全局变量表）：是用符号编址的一种工具表。为了便于记忆和理解，编程人员可以用有实际含义的自定义符号作为编程元件的操作数，而不采用元件的直接地址作为操作数。符号表建立了自定义符号与直接地址编号之间的关系，在编写 PLC 程序时，可以直接采用该符号作为操作数来编程，特别是当编程元件的绝对地址发生变化时，不需要在程序中逐个修改，而只需要修改符号表中的地址就能达到一改则全改的目的。当程序被编译后下载到 PLC 时，所有符号地址被转换为绝对地址。符号表中的信息并不下载到 PLC 中。

② 状态表：是监视用户程序运行的一种工具。将程序下载到 PLC 后，可以建立一个或多个状态表。在联机调试时，用户可以进入状态表监控状态，可监视各变量的值和状态。状态表并不下载到 PLC 中。

③ 数据块：由数据（存储器的初始值和常数值）和注释组成，用户可以对其进行设置

和修改。

④ 交叉引用：可以查看并索引用户程序中所使用的各个操作数的位置、梯形图符号和指令的助记符，还可以查看存储器的哪些区域已经被使用，作为位还是字节使用。当在运行模式下编辑程序时，可以查看程序当前正在使用的跳变信号的地址。交叉引用不下载到PLC 中，但只有在程序编译成功后，才能打开交叉引用。在交叉引用中双击某操作数，可以显示出包含该操作数的那一部分程序。

⑤ 程序块：包含用于项目的程序（LAD、STL 或 FBD 方式）和局部变量表。如果需要，用户可以拖动分割条，扩展程序编辑器，并覆盖局部变量表。如果在主程序之外，当建立子程序或中断程序时，标记出现在程序编辑器窗口的底部。可单击该标记，在主程序（MAIN）、子程序（SBR）和中断程序（INT）之间移动。

程序中的每个程序块都有自己的局部变量表，用来定义局部变量，局部变量存储器（L）有 64 个字节。局部变量只有在建立该局部变量的程序块中才有效。在带参数的子程序调用中，参数就是通过局部变量表传递的。

（6）输出窗口：用来显示程序编译的结果。当输出窗口列出程序错误时，可双击错误信息，这会在程序编辑器窗口中显示适当的网络位置。通过菜单命令"查看"→"框架"→"输出窗口"，可打开或关闭输出窗口。

（7）状态条：提供程序编辑器中有关操作的信息，表明正在编辑的是程序注释、网络标题或网络注释，是哪一个网络的第几行或第几列，是插入状态或改写状态等。

2．STEP 7-Micro/WIN 编程软件的使用

每个实际的 S7-200 系列 PLC 应用程序会生成一个项目，项目的扩展名为.mwp。打开一个.mwp 文件就打开了相应的工程项目。S7-200 系列 PLC 的程序组织方式为主程序、子程序和中断程序。下面以梯形图程序为例来说明。

1）程序的输入和编辑

（1）建立或打开项目。双击 STEP 7-Micro/WIN 图标，或从"开始"菜单选择SIMATIC→STEP 7-Micro/WIN，启动应用程序，建立一个新项目；双击要打开的.mwp 文件，打开已有的项目。

（2）输入程序。在程序编辑器中使用的梯形图元素主要有触点、线圈和指令盒，梯形图的每个网络必须从触点开始，以线圈或没有 ENO 输出的指令盒结束。线圈不允许串联使用。

在程序编辑器中可以使用以下方法输入程序：①在指令树中选择需要的指令，拖动到需要的位置；②将光标定在需要的位置，在指令树中双击指令；③将光标定在需要的位置，单击工具条按钮，打开一个通用指令窗口，选择需要的指令；④使用功能键（F4=触点、F6=线圈、F9=指令盒）打开一个通用指令窗口，选择需要的指令。

当编程元件图形出现在指定位置后，再单击编程元件符号的??.?或????，输入元件编号或操作数。红色字样表示语法错误。当把不合法的地址或符号改为合法时，红色消失。若数值下面出现红色或绿色波浪线，则表示输入的操作数超出范围或与指令的类型不匹配。

水平线和垂直线可以利用工具条输入，或按住 Ctrl 键并按左右、上下箭头绘制。

在程序编辑器中可以对程序进行注释。注释级别共有 4 个：程序注释、网络标题、网络注释和程序属性。

使用菜单命令"查看"→"属性"，在弹出的对话框中可以看到两个标签："常规"和"保护"。选择"常规"可为子程序、中断程序和主程序重新编号和重新命名，并为该项目指定一个作者。选择"保护"则可以选择一个密码保护程序，以使其他用户无法看到该程序，并在下载时加密。若使用密码保护程序，则选择"用密码保护本 POU"复选框。输入一个4个字符的密码并验证该密码，如图1-20所示。

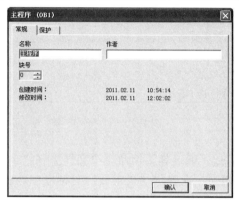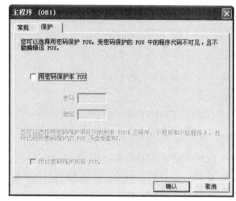

图 1-20　为 PLC 程序设置密码保护

（3）编辑程序。通过 Shift 键+鼠标单击或 Shift 键+Up、Down 键，可以选择多个相邻的网络，进行剪切、复制、粘贴或删除等操作。

注意：不能选择网络中的一部分，只能选择整个网络；用光标选中需要进行编辑的单元，单击鼠标右键，弹出快捷菜单，可以进行插

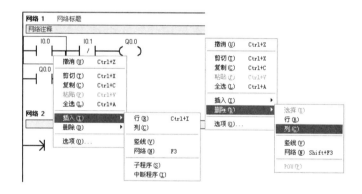

图 1-21　程序的编辑

入或删除行、列垂直线或水平线的操作。删除垂直线时，把方框放在垂直线左边单元上，删除时选"行"或按"Del"键；进行插入编辑时，先将方框移至欲插入的位置，然后选择"列"，如图 1-21 所示。

2）程序的下载和上载

（1）下载。如果已经成功地在运行 STEP 7-Micro/WIN 的个人计算机和 PLC 之间建立了通信，就可以将编译好的程序下载至 PLC 中。如果 PLC 中已经有该内容，则原内容将被覆盖。单击工具条中的"下载"按钮 ，或选择菜单命令"文件"→"下载"，将弹出"下载"对话框（如图1-22所示）。根据默认值，在初次发出下载命令时，"程序块"、"数据块"和"系统块"复选框都被选中。如果不需要下载某个模块，可以清除该复选框。单击

"下载"按钮，开始下载程序。如果下载成功，则出现一个确认框，该确认框会显示以下信息：下载成功。下载成功后，单击工具条中的"运行"按钮 ▶，或使用菜单命令"PLC"→"运行"，PLC 进入 RUN（运行）工作方式。

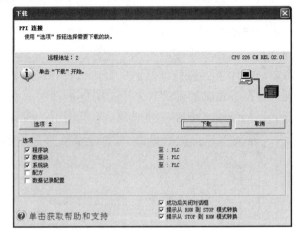

图 1-22　程序下载

注意：程序的下载应在 STOP 模式下进行，下载时 CPU 可自动切换到 STOP 模式，可根据提示进行操作。如果 STEP 7-Micro/WIN 中设置的 PLC 型号与实际 PLC 型号不符将出现警告信息，应修改 CPU 型号后再下载。

（2）上载。可用下面的几种方法从 PLC 中将项目文件上载到 STEP 7-Micro/WIN 编辑器：单击"上载"按钮 ▲，或选择菜单命令"文件"→"上载"；按快捷键组合 Ctrl+U。执行的步骤与下载基本相同，在弹出的"上载"对话框中选择需上载的块（程序块、数据块和系统块），单击"上载"按钮，上载的程序将从 PLC 中复制到当前打开的项目中，随后即可保存上载的程序。

3）程序的调试与监控

在 STEP 7-Micro/WIN 编程设备和 PLC 之间建立了通信并向 PLC 下载了程序后，可使 PLC 进入运行状态，进行程序的调试与监控。

（1）程序状态监控。在程序编辑器窗口中显示希望测试的部分程序和网络，将 PLC 置于 RUN 运行方式，单击工具栏中的"程序状态监控"按钮 🔲，或使用菜单命令"调试"→"开始程序状态监控"，将进入梯形图的监控状态（如图 1-23 所示）。在梯形图的监控状态，用高亮度显示位操作数的线圈得电状态或触点的通/断状态，即当触点或线圈得电时，该触点或线圈高亮度显示。在运行过程中，梯形图内的各元件状态将随程序执行过程连续更新变换。对于定时器和计数器指令盒，其定时值和计数值在"程序状态监控"下显示当前程序运行状况的实际值。

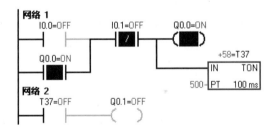

图 1-23　梯形图的程序状态监控

（2）状态表监控。单击浏览条上的"状态表"按钮，或使用菜单命令"查看"→"组件"→"状态表"，可以打开状态表编辑器。在状态表地址栏输入要监控的开关量或数字量

地址，单击工具栏中的"状态表监控"按钮 或调试菜单中的"开始状态表监控"，可进入
状态表监控状态（如图 1-24 所示）。在
此状态，可通过工具栏强制进行 I/O 点
的操作，观察程序的运行情况，也可以
通过工具栏对内部位及内部存储器进行
"写"操作来改变其状态，进而观察程
序的运行情况。可以通过按钮或菜单操
作随时暂停或停止状态表监控。

	地址	格式	当前值	新值
1	I0.0	位	2#0	2#0
2	I0.1	位	2#0	
3	Q0.0	位	2#0	
4	Q0.1	位	2#0	
5	T37	位	2#0	

图 1-24　PLC 程序的状态表监控

　　状态表监控欠直观，但可以同时观测到表中的全部变量。在状态表监控状态下，还可
进入查看趋势图，以增加直观性。对于定时器和计数器指令盒，其定时值和计数值在"状
态表监控"下也显示当前程序运行状况的实际值。

任务内容

　　三相异步电动机定子绕组串接电阻减压启动控制主电路及 PLC 控制外部接线图如图 1-25
所示。

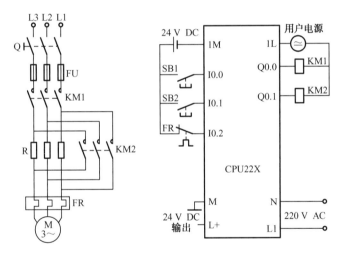

图 1-25　三相异步电动机定子绕组串接电阻减压启动控制主电路及 PLC 控制外部接线图

　　其工作过程如下：按下启动按钮 SB1 后，接触器 KM1 的主触点闭合，电动机 M 的定
子绕组串接启动电阻进行减压启动，延时 5s 后，减压启动结束，接触器 KM2 的主触点闭
合，将启动电阻 R 短接，电动机全压运行；按下停止按钮 SB2 后，电动机停止。该系统
具有热继电器 FR，用于过载保护。

任务实施

1. 连接计算机与 PLC

　　在断电状态下，用 PC/PPI 电缆连接好计算机与 PLC，然后给计算机与 PLC 通电，打开

STEP 7-Micro/WIN 编程软件，创建一个项目。使用菜单命令"PLC"→"类型"设置 PLC 型号，如 CPU226CN。使用菜单命令"工具"→"选项"，在弹出的对话框中单击"常规"选项，选择 SIMATIC 编程模式和梯形图编辑器。

2．输入程序

这是一个很简单的控制程序，可以没有子程序、中断程序和数据块，且不使用局部变量表，全部程序都在主程序中。其梯形图如图 1-26 所示。

由于控制系统对 CPU 和输入/输出特性没有特殊要求，所以可以全部采用系统块默认值。为了使程序有良好的可读性，且便于调试，可以使用符号表编程。尤其是当系统的控制规模较大时，一般都要采用符号表编程。

在此任务中，编写的符号表如图 1-27 所示。表中，符号项中的内容为编程元件的符号地址，地址项中的内容为编程元件的绝对地址。编写控制程序时，既可以输入编程元件的符号地址，也可以输入编程元件的绝对地址。

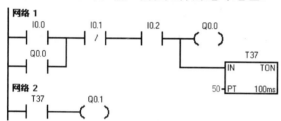

| 图 1-26　梯形图 | 图 1-27　符号表 |

通过菜单命令"查看"→"符号表地址"，可以选择在梯形图程序中只显示编程元件的绝对地址或两种地址都显示出来。通过菜单命令"查看"→"符号表信息"，可以在网络中显示或关闭相应编程元件的符号表，如图 1-28 所示。

3．程序下载

对控制程序进行编译并下载到 PLC 中。

4．模拟调试

（1）将 I0.2 端子与 24 V DC 的 L+端连接，模拟热继电器 FR 的常闭触点在正常运行时的状态。

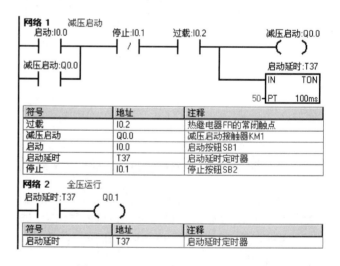

图 1-28　显示地址及符号表的梯形图

（2）将 I0.0 端子与 24 V DC 的 L+端连接一下随即断开，模拟按下启动按钮又松开的状态，观察 Q0.0 的 LED 灯是否为 ON。

（3）5 s 后，观察 Q0.0 和 Q0.1 的 LED 灯是否为 ON。

（4）将 I0.1 端子与 24 V DC 的 L+端连接一下随即断开，模拟按下停止按钮又松开的状态，观察 Q0.0 和 Q0.1 的 LED 灯是否为 OFF。

（5）再次将 I0.0 端子与 24 V DC 的 L+端连接，模拟再次启动，观察启动过程是否正常。

（6）断开 I0.2 端子与 24 V DC 的 L+端的连接，模拟热继电器过载动作，常闭触点断开，观察 Q0.0 和 Q0.1 的 LED 灯是否为 OFF。

检查评价

在规定时间内完成任务，各组自我评价并进行展示，各组之间根据评价表进行检查。检查与评价表如表 1-6 所示。

表 1-6 检查与评价表

项 目	要 求	配 分	评 分 标 准	得 分
PLC 联机	（1）正确与计算机连接 （2）能正确设置通信参数	30	不正确，每处扣 5 分	
程序输入	（1）能正确将程序输入计算机 （2）能正确进行符号表的编辑	30	不正确，每处扣 5 分	
程序下载 与调试	（1）能正确将程序下载到 PLC （2）能按照要求进行调试	30	程序下载不正确，扣 5 分； 调试方法不正确，缺少一个动作 调试扣 5 分	
文明安全	安全用电，无人为损坏仪器、元件和设备，小组成员团结协作	10	成员不积极参与，扣 5 分；违反 文明操作规程，扣 5～10 分	
总 分				

相关知识

1.2.2 S7-200 仿真软件

仿真软件可以在不连接 PLC 的情况下模拟 PLC 的运行，以检验程序的正确性。

近年来，在网上流行一种 S7-200 仿真软件（该软件可以用 Baidu 等工具进行搜索），它是一种免安装软件，有英文版和汉化版两个版本。使用时，直接用鼠标左键双击 S7-200 ⬛S7_200.exe 或 S7-200 汉化版 ⬛S7_200汉化版.exe 图标即可打开它。用鼠标左键单击屏幕中间出现的窗口，在密码输入框中输入密码"6596"即可进入仿真软件，如图 1-29 所示。

该仿真软件可以仿真 S7-200 系列 PLC 大量的指令（支持常用的位触点指令、定时器指令、计数器指令、比较指令、逻辑运算指令和大部分的数学运算指令等，但部分指令如顺序控制指令、循环指令、高速计数器指令和通信指令等尚无法支持）。该仿真软件提供了数字信号输入开关、两个模拟电位器和 LED 输出显示，同时还支持对 TD200 文本显示器的仿真。在实验条件尚不具备的情况下，它完全可以作为学习 S7-200 系列 PLC 的一个辅助工具。

注意：（1）仿真软件不提供源程序的编辑功能，因此必须和 STEP 7-Micro/WIN 程序编辑软件配合使用；

（2）汉化版本功能可能会与原版本功能有差异，因此，使用汉化版出现错误时，可先

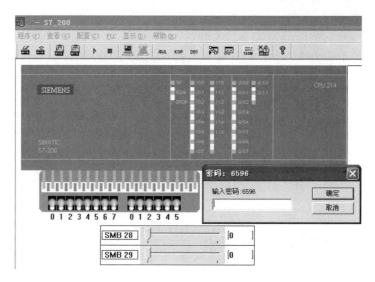

图 1-29　S7-200 仿真软件的界面

用英文版进行相同的操作，以确定是否为汉化产生的错误。

使用 S7-200 仿真软件的操作步骤如下。

1．准备工作

在 STEP 7-Micro/WIN 编程软件中编辑梯形图程序，全部编译正确后保存。执行菜单命令"文件"→"导出"或用鼠标右键单击某一程序块，在弹出的对话框中输入 ASCII 文本文件的文件名。该文本文件的默认扩展名为".awl"。

2．程序仿真

（1）打开 S7-200 仿真软件。

（2）选择 CPU 型号。执行菜单命令"Configuration（配置）"→"CPU Type（CPU 型号）"或在已有的 CPU 图案上双击鼠标左键，在弹出的对话框中选择 CPU 型号，再单击 Accept 按钮即可，如图 1-30 所示。

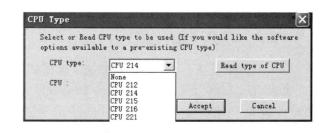

图 1-30　S7-200 仿真软件中 PLC 型号的选择

（3）模块扩展（对于不需要模块扩展的程序，该步骤可以省略）。在模块扩展区的空白处双击，弹出模块组态窗口，该窗口中列出了可以在仿真软件中扩展的模块。选择需要扩展的模块类型后，单击 Accept 按钮即可。添加扩展模块后的仿真软件界面如图 1-31 所示。

注意：不同类型 CPU 可扩展的模块数量是不同的，每一处空白只能添加一种模块。

（4）装载程序。执行菜单命令"Program（程序）"→"Load Program（装载程序）"或用鼠标单击工具条中的第二个按钮 ，弹出"Load in CPU"装载程序对话框，选择 STEP 7-Micro/WIN 的版本，再单击 Accept 按钮，在弹出的"打开"对话框中选择从 STEP 7-Micro/WIN 项目中导出的.awl 文件。

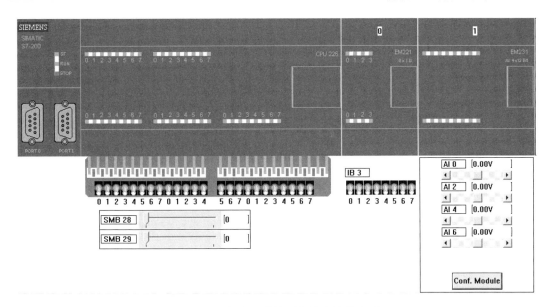

图 1-31　添加扩展模块后的仿真软件界面

注意：① 将先前导出的文件打开，会提示无法打开文件（可以不用管它，直接确定），出错的原因是无法打开 CPU 配置（Configuration CPU）文件，因此装载程序时不要全部装载，只装载逻辑块（Logic Block）和数据块（Data Block）便不会出现错误；

② 如果程序中需要数据块，则需要将数据块导出为 .txt 文件（数据块默认的文件格式为 .dbl 文件，可在文件类型选择框中选择 .txt 文件）。

装载成功后，程序的名称会显示在 CPU 模块上。在仿真软件的 AWL、KOP 和 DB1 观察窗口中可以分别观察到加载的语句表程序、梯形图程序和数据块。

（5）单击工具栏中的运行按钮 ▷，启动仿真，CPU 将从 STOP 模式切换到 RUN 模式，"RUN" LED 灯变为绿色。单击工具栏中的停止按钮 ■，CPU 将从 RUN 模式返回到 STOP 模式。

（6）仿真程序的调试与监控。在 CPU 运行模式下，单击 CPU 模块或扩展模块下放的模拟开关手柄，手柄向上，输入触点闭合，PLC 输入点对应的 LED 灯变为绿色。再次单击模拟开关手柄，手柄向下，输入触点断开，PLC 输入点对应的 LED 灯熄灭。

① 程序状态监控：单击工具栏中的 🖳 按钮，启动程序状态监控。

② 状态表监控：单击工具栏中的 🖳 按钮，启动状态表监控。

任务训练 2

1. 认知 PLC。记录所使用的 PLC 型号、输入/输出点数，观察主机面板的结构。使用 PC/PPI 电缆连接计算机和 PLC，给计算机和 PLC 上电。

2. 在计算机上启动 STEP 7-Micro/WIN 编程软件，建立计算机与 PLC 的通信，新建一个项目。

3．程序录入。

（1）在 LAD 编辑器中输入、编辑如图 1-32 所示的梯形图，并观察 STL 编辑器中的语句表指令。

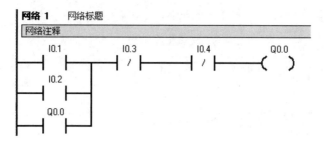

图 1-32　梯形图

（2）给梯形图加 POU 注释（程序注释）、网络标题、网络注释。

4．建立符号表。建立如图 1-33 所示的符号表，在梯形图程序中选择操作数显示形式为符号和地址同时显示。

			符号	地址	
1			启动按钮1	I0.1	
2			启动按钮2	I0.2	
3			停止按钮1	I0.3	
4			停止按钮2	I0.4	
5			灯	Q0.0	

图 1-33　符号表

5．编译。编译程序并观察编译结果，若提示错误，则修改，直到编译成功为止。

6．下载。下载程序到 PLC 中。

7．建立状态表。建立如图 1-34 所示的状态表。

	地址	格式	当前值	新值
1	I0.1	位		
2	I0.2	位		
3	I0.3	位		
4	I0.4	位		
5	Q0.0	位		

图 1-34　状态表

8．运行程序。

9．进入状态表监控状态。

（1）输入强制操作。因为不带负载进行运行调试，所以采用强制功能模拟物理条件。对 I0.1 或 I0.2 进行强制 ON，在对应 I0.1 或 I0.2 的新值列输入 1；对 I0.3 或 I0.4 进行强制 OFF，在对应 I0.3 或 I0.4 的新值列输入 0。然后单击工具条中的"强制"按钮。

（2）监视运行结果。在状态表中观察数据的变化情况，在状态趋势图中观察时序的变化情况。

10．梯形图程序状态监控。通过工具栏进入"程序状态监控"环境，根据触点、线圈

的高亮显示情况，了解触点和线圈的工作状态。

思考练习 2

一、思考题

1．程序状态监控和状态表监控有什么异同？

2．强制有什么特点和作用？

3．如果一个正确的 PLC 程序没有经过独立的编译步骤，是否可以直接下载到 PLC 中？为什么？

4．什么是符号地址？采用符号地址有哪些好处？

5．怎样将用户程序下载到 S7-200 仿真软件中？

二、正误判断题

1．局部变量只有在建立该局部变量的程序块中才有效。

2．PLC 程序上载是指将编程器编译好的 PLC 程序传至 PLC 中。

3．程序下载时应在 STOP 模式下进行，此时必须通过拨断开关将 PLC 切换到 STOP 模式。

4．仿真软件可以在不连接 PLC 的情况下模拟 PLC 的运行，以检验程序的正确性。

5．如果 STEP 7-Micro/WIN 中设置的 PLC 型号与实际 PLC 型号不符将出现警告信息，但可以不修改 CPU 型号而直接下载 PLC 程序。

三、单项选择题

1．在 STEP 7-Micro/WIN 中，建立自定义符号名与直接地址编号之间关系的工具是（　　）。

　　A．状态表　　　　B．全局变量表　　　　C．交叉引用　　　D．指令树

2．在 STEP 7-Micro/WIN 中，可以查看并索引用户程序中所使用的各个操作数的位置、梯形图符号和指令的助记符的是（　　）。

　　A．交叉引用　　　B．状态表　　　　　　C．全局变量表　　D．指令树

3．在程序编辑器中使用功能键方法输入程序时，选择指令盒的功能键是（　　）。

　　A．F4　　　　　　B．F6　　　　　　　　C．F8　　　　　　D．F9

4．在 STEP 7-Micro/WIN 中，提供复杂指令向导（PID、HSC、NETR/NETW 指令），使复杂指令编程时的工作简化的主菜单是（　　）。

　　A．文件菜单　　　B．调试菜单　　　　　C．工具菜单　　　D．帮助菜单

5．S7-200 系列 PLC 应用程序的扩展名为（　　）。

　　A．.awl　　　　　B．.mwp　　　　　　　C．.mpw　　　　　D．.alw

模块 2

电动机控制

电动机作为自动控制中最常用的设备之一，在电气控制系统中起着举足轻重的作用。为了使电动机在启动、调速、制动等方面的控制更加准确可靠，在构建复杂控制系统时常采用 PLC 来实现。

学习目标

通过 3 项与电动机控制相关的任务的实施，熟悉梯形图的设计规则，掌握基本逻辑指令的应用，进一步掌握 PLC 的接线方法，熟练运用编程软件进行联机调试；了解经验设计法的一般步骤，了解联锁控制的意义并掌握 PLC 联锁控制的设计要点，掌握堆栈操作指令的应用；掌握定时器的种类及基本用法，掌握定时器常见的基本应用电路，掌握复位/置位指令、边沿触发指令的用法。

任务 2.1　三相异步电动机连续控制

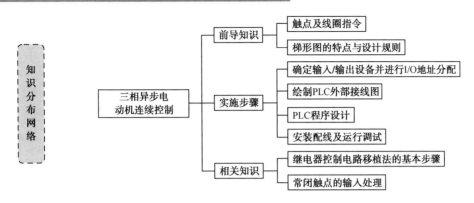

任务目标

（1）熟悉梯形图的设计规则。

（2）掌握基本逻辑指令的应用。

（3）进一步掌握 PLC 的接线方法，能够熟练运用编程软件 STEP 7-Micro/WIN 对三相异步电动机的连续控制系统进行联机调试。

前导知识

S7-200 系列 PLC 具有丰富的指令集，按功能可分为基本逻辑指令、算术与逻辑运算指令、数据处理指令、程序控制指令及集成功能指令 5 部分。其中前 4 部分是编写 PLC 基本应用程序经常用到的，称为基本指令，最后一部分是 PLC 完成复杂的功能控制所需要的，称为功能指令。

指令是程序的最小独立单位，用户程序由若干条顺序排列的指令构成。对于各种编程语言（如梯形图和语句表），尽管其表达形式不同，但表达的内容是相同或类似的。

基本逻辑指令是 PLC 中应用最多的指令，是构成基本逻辑运算功能指令的集合，包括基本位操作、取非和空操作、置位/复位、边沿触发、逻辑堆栈、定时、计数、比较等逻辑指令。从梯形图指令的角度来讲，这些指令可分为触点指令和线圈指令两大类。这里仅介绍与本任务有关的部分指令。

2.1.1　触点及线圈指令

1. 触点指令

触点指令是用来提取触点状态或触点之间逻辑关系的指令集。触点分为常开触点和常闭触点两种形式。在梯形图中，触点之间可以自由地以串联或并联的形式存在。

触点指令代表 CPU 对存储器的读操作，常开触点和存储器的位状态一致，常闭触点和存储器的位状态相反。当常开触点对应的存储器地址位为"1"状态时，触点闭合；当常闭

扫一扫看触点、线圈指令及应用微视频

http://dsw.jsou.cn/album/5665/material/6664

触点对应的存储器地址位为"0"状态时，触点闭合。用户程序中的同一触点可以多次使用。S7-200系列PLC部分触点指令的格式及功能如表2-1所示。

表2-1　S7-200系列PLC部分触点指令的格式及功能

梯形图LAD	语句表STL		功　能	
	操作码	操作数	梯形图含义	语句表含义
┤bit├	LD	bit	将一常开触点bit与母线相连接	将bit装入栈顶
	A	bit	将一常开触点bit与上一触点串联，可连续使用	将bit与栈顶相与后存入栈顶
	O	bit	将一常开触点 bit与上一触点并联，可连续使用	将bit与栈顶相或后存入栈顶
┤bit/├	LDN	bit	将一常闭触点 bit与母线相连接	将bit取反后装入栈顶
	AN	bit	将一常闭触点bit与上一触点串联，可连续使用	将bit取反与栈顶相与后存入栈顶
	ON	bit	将一常闭触点 bit与上一触点并联，可连续使用	将bit取反与栈顶相或后存入栈顶
┤NOT├	NOT	无	串联在需要取反的逻辑运算结果之后	对该指令前面的逻辑运算结果取反

说明：

（1）语句表程序的触点指令由操作码和操作数组成，在语句表程序中，控制逻辑的执行通过CPU中的一个逻辑堆栈来实现，这个堆栈有9层深度，每层只有1位宽度，语句表程序的触点指令运算全部都在栈顶进行；

（2）表中的操作数bit可寻址寄存器I、Q、M、SM、T、C、V、S、L的位值。

2．线圈指令

线圈指令是用来表达一段程序的运行结果的指令集。线圈指令包括普通线圈指令、置位及复位线圈指令、立即线圈指令等。

线圈指令代表CPU对存储器的写操作。若线圈左侧的逻辑运算结果为"1"，则表示能流能够到达线圈，CPU将该线圈所对应的存储器的位置"1"；若线圈左侧的逻辑运算结果为"0"，则表示能流不能到达线圈，CPU将该线圈所对应的存储器的位写入"0"。在同一程序中，同一线圈一般只能使用一次。S7-200系列PLC普通线圈指令的格式及功能如表2-2所示。

表2-2　S7-200系列PLC普通线圈指令的格式及功能

梯形图LAD	语句表STL		功　能	
	操作码	操作数	梯形图含义	语句表含义
─(bit)─	=	bit	当能流流进线圈时，线圈所对应的操作数bit置1	复制栈顶的值到指定bit

说明：

（1）线圈指令的操作数bit可寻址寄存器I、Q、M、SM、T、C、V、S、L的位值；

（2）线圈指令对同一元件（操作数）一般只能使用一次。

3．触点及线圈指令的使用

1）LD、LDN和 = 指令

LD（Load）：装载指令，用于常开触点与起始母线的连接。每一个以常开触点开始的逻

辑行（或电路块）均使用这一指令。

LDN（Load Not）：装载指令，用于常闭触点与起始母线的连接。每一个以常闭触点开始的逻辑行（或电路块）均使用这一指令。

=（Out）：线圈驱动指令，用于驱动各类继电器的线圈。

LD、LDN、= 指令的使用方法如图2-1所示。

说明：

（1）LD与LDN指令既可用于与起始母线相连接的触点，也可与OLD、ALD指令配合，用于分支电路的起点；

（2）= 指令是驱动线圈的指令，用于驱动各类继电器的线圈，但梯形图中不应出现输入继电器的线圈；

（3）并行的 = 指令可以使用任意次，但不能串联使用。

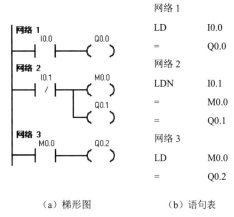

（a）梯形图　　　　（b）语句表

图2-1　LD、IDN、= 指令的使用方法

2）A和AN指令

A（And）：与操作指令，用于单个常开触点与前面的触点（或电路块）的串联连接。

AN（And Not）：与操作指令，用于单个常闭触点与前面的触点（或电路块）的串联连接。

A、AN指令的使用方法如图2-2所示。

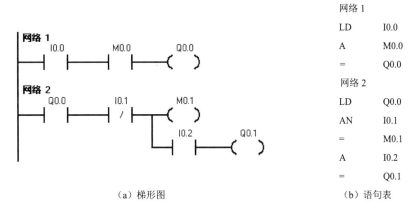

（a）梯形图　　　　（b）语句表

图2-2　A、AN指令的使用方法

说明：

A和AN指令用于单个触点与前面的触点（或电路块）的串联（此时不宜用LD、LDN指令），串联触点的次数不限，即该指令可多次重复使用。

3）O和ON指令

O（Or）：或操作指令，用于单个常开触点与上面的触点（或电路块）的并联连接。

ON（Or Not）：或操作指令，用于单个常闭触点与上面的触点（或电路块）的并联连接。

O、ON 指令的使用方法如图 2-3 所示。

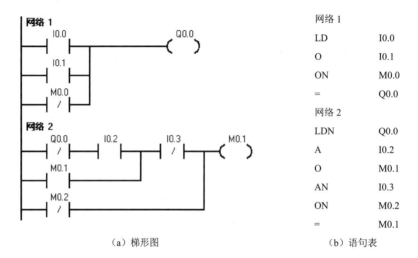

（a）梯形图　　　　　　　　　　（b）语句表

图 2-3　O、ON 指令的使用方法

说明：

（1）O、ON 是用于将单个触点与上面的触点（或电路块）并联连接的指令；

（2）O 和 ON 指令引起的并联是从 O 和 ON 一直并联到前面最近的母线上的，并联的数量不受限制。

2.1.2　梯形图的特点与设计规则

扫一扫看梯形图的特点与设计规则微视频
http://dsw.jsou.cn/album/5665/material/6665

梯形图直观易懂，与继电器控制电路图相近，很容易被电气技术人员掌握，是应用最多的一种编程语言。尽管梯形图与继电器控制电路图在结构形式、元件符号及逻辑控制功能等方面相类似，但它们又有很多不同之处。梯形图具有自己的特点及设计规则。

1．梯形图的特点

（1）梯形图按自上而下、从左到右的顺序排列。每个继电器线圈为一个逻辑行，即一层阶梯。每一个逻辑行起于左母线，然后是触点的连接，最后终止于继电器线圈及右母线（有些 PLC 的右母线可省略，如 S7-200 系列 PLC）。

在 S7-200 系列 PLC 的编程软件 STEP 7-Micro/WIN 中，一个或几个逻辑行构成一个网络，用 NETWORK*** 表示，这里的 NETWORK 为网络段，后面的*** 是网络段序号。为了使程序易读，可以在 NETWORK 后面输入网络标题或注释，但不参与程序执行。

注意： 左母线与线圈之间一定要有触点，线圈与右母线之间则不能有任何触点。

（2）梯形图中的继电器不是物理继电器，每个继电器均为存储器中的一位，因此称为"软继电器"。当存储器的相应位的状态为"1"时，表示该继电器线圈得电，其常开触点闭合或常闭触点断开。也就是说，线圈通常代表逻辑"输出"结果，如输出继电器的线圈可以代表指示灯、接触器、中间继电器、电磁阀等。

对 S7-200 系列 PLC 来说，还有一种输出"盒"（也称为功能框或指令盒），它代表附加指令，如定时器、计数器、移位寄存器及各种数学运算等功能指令。

因此，可以说梯形图中的线圈是广义的，它只代表逻辑"输出"结果。

（3）梯形图是 PLC 形象化的编程手段，梯形图两端的母线并非实际电源的两端。因此，梯形图中流过的电流也不是实际的物理电流，而是"概念"电流，也称为"能流或使能"，是用户程序执行过程中满足输出条件的形象表示方式。

在梯形图中，能流只能从左到右流动，层次改变只能为先上后下。PLC 总是按照梯形图排列的先后顺序（从上到下、从左到右）逐一进行处理的。

（4）一般情况下，在梯形图中，某个编号的继电器线圈只能出现一次，而继电器触点（常开或常闭）可无限次引用。

如果在同一程序中，同一继电器的线圈使用了两次或多次，则称为"双线圈输出"。对于"双线圈输出"，有些 PLC 将其视为语法错误，绝对不允许；有些 PLC 则将前面的输出视为无效，只有最后一次输出有效；而有些 PLC 在含有跳转、步进等指令的梯形图中允许双线圈输出。

（5）在梯形图中，前面所有逻辑行的逻辑执行结果将立即被后面逻辑行的逻辑操作所利用。

（6）在梯形图中，除了输入继电器没有线圈，只有触点外，其他继电器既有线圈，又有触点。

2．梯形图设计规则

梯形图的设计必须满足控制要求，这是设计梯形图的前提条件。此外，在绘制梯形图时，还要遵循以下基本规则。

（1）在每一个逻辑行中，串联触点多的支路应放在上方。如果将串联触点多的支路放在下方，则语句增多、程序变长，如图 2-4 所示。

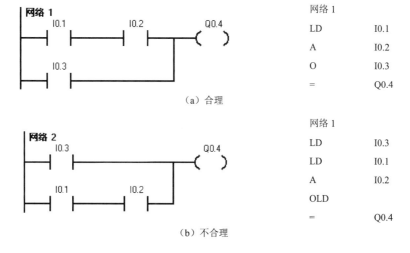

图 2-4　梯形图设计规则 1

（2）在每一个逻辑行中，并联触点多的电路应放在左方。如果将并联触点多的电路放在右方，则语句增多、程序变长，如图 2-5 所示。

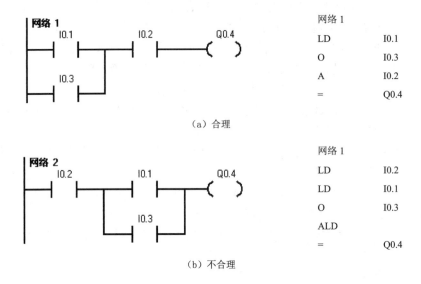

图 2-5　梯形图设计规则 2

（3）在梯形图中，不允许一个触点上有双向能流通过。如图 2-6（a）所示，触点 I0.5 上有双向能流通过，该梯形图不可编程。对于这样的梯形图，应根据其逻辑功能进行适当的等效变换，再将其简化成如图 2-6（b）所示形式。

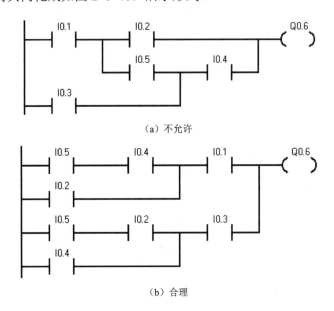

图 2-6　梯形图设计规则 3

（4）在梯形图中，当多个逻辑行都具有相同的条件时，为了节省语句数量，常将这些逻辑行合并，如图 2-7（a）所示，并联触点 I0.1、I0.2 是各个逻辑行所共有的相同条件，可合并成如图 2-7（b）所示的梯形图，利用堆栈指令或分支指令来编程。当相同条件复杂时，这样做可节约许多存储空间，这对存储容量小的 PLC 很有意义。

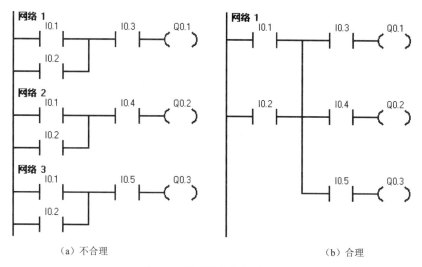

（a）不合理　　　　　　　　　　　　　　　　（b）合理

图 2-7　梯形图设计规则 4

任务内容

如图 2-8 所示是采用继电器控制的电动机单向连续运行控制电路。主电路由电源开关 Q、熔断器 FU1、交流接触器 KM 的常开主触点、热继电器 FR 的热元件和电动机 M 构成；控制电路由熔断器 FU2、启动按钮 SB1、停止按钮 SB2、交流接触器 KM 的常开辅助触点、热继电器 FR 的常闭触点和交流接触器 KM 的线圈组成。

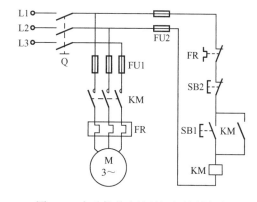

图 2-8　电动机单向连续运行控制电路

采用继电器控制的电动机单向连续运行控制电路的工作过程如下。

先接通三相电源开关 Q

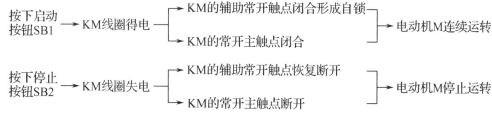

试设计 PLC 控制的三相异步电动机单向连续运行控制系统，功能要求如下：

（1）当接通三相电源时，电动机 M 不运转；

（2）当按下启动按钮 SB1 时，电动机 M 连续运转；

（3）当按下停止按钮 SB2 时，电动机 M 停止运转；

（4）电动机具有长期过载保护。

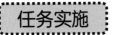

1．分析控制要求，确定输入/输出设备

通过对采用继电器控制的电动机单向连续运行控制电路的分析，可以归纳出该电路中出现了 3 个输入设备，即启动按钮 SB1、停止按钮 SB2 和热继电器 FR 的触点；1 个输出设备，即接触器 KM 的线圈。这是将继电器控制转换为 PLC 控制必做的准备工作。

2．对输入/输出设备进行 I/O 地址分配

根据电路要求，I/O 地址分配如表 2-3 所示。

表 2-3　I/O 地址分配

输 入 设 备			输 出 设 备		
名　　称	符　　号	地　　址	名　　称	符　　号	地　　址
启动按钮	SB1	I0.1	接触器线圈	KM	Q0.0
停止按钮	SB2	I0.2			
热继电器	FR	I0.3			

3．绘制 PLC 外部接线图

根据 I/O 地址分配结果，绘制 PLC 外部接线图，如图 2-9 所示。

4．PLC 程序设计

根据控制电路的要求，设计 PLC 控制程序，如图 2-10 所示。

5．安装配线

按照图 2-9 进行配线，其安装方法及要求与继电器控制电路相同。

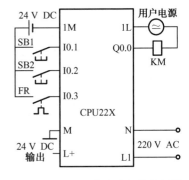

图 2-9　三相异步电动机单向连续运行控制电路的 PLC 外部接线图

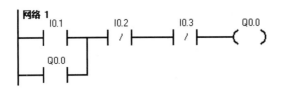

（a）梯形图　　　　　　　　　　　　　（b）语句表

图 2-10　三相异步电动机单向连续运行控制电路的 PLC 控制程序

6．运行调试

（1）在断电状态下，连接好 PC/PPI 电缆。

（2）运行 STEP 7-Micro/WIN 编程软件，打开 PLC 的前盖，将运行模式开关拨到 STOP 位置，或者单击工具栏中的"STOP"按钮，此时 PLC 处于停止状态，可以进行程序输入或编写。

（3）执行菜单命令"文件"→"新建"，生成一个新项目；执行菜单命令"文件"→"打开"，打开一个已有的项目；执行菜单命令"文件"→"另存为"，可以修改项目名称。

（4）执行菜单命令"PLC"→"类型"，设置 PLC 型号。

（5）设置通信参数。

（6）编写控制程序。

（7）单击工具栏中的"编译"按钮或"全部编译"按钮来编译输入的程序。

（8）下载程序文件到 PLC 中。

（9）将运行模式选择开关拨到 RUN 位置，或者单击工具栏中的"RUN"按钮使 PLC 进入运行方式。

（10）按下启动按钮 SB1，观察电动机是否启动。

（11）按下停止按钮 SB2，观察电动机是否能够停止。

（12）再次按下启动按钮 SB1，如果系统能够重新启动运行，并能在按下停止按钮 SB2 后停止运行，则程序调试结束。

检查评价

在规定时间内完成任务，各组自我评价并进行展示，各组之间根据评价表进行检查。检查与评价表如表 2-4 所示。

表 2-4　检查与评价表

项　目	要　求	配　分	评 分 标 准	得　分
I/O 分配表	（1）能正确分析控制要求，完整、准确确定输入/输出设备 （2）能正确对输入/输出设备进行 I/O 地址分配	20	不完整，每处扣 2 分	
PLC 接线图	按照 I/O 分配表绘制 PLC 外部接线图，要求完整、美观	10	不规范，每处扣 2 分	
安装与接线	（1）能正确进行 PLC 外部接线，正确安装元件及接线 （2）线路安全简洁，符合工艺要求	30	不规范，每处扣 5 分	
程序设计与调试	（1）程序设计简洁易读，符合任务要求 （2）在保证人身和设备安全的前提下，通电试车一次成功	30	第一次试车不成功扣 5 分；第二次试车不成功，扣 10 分	
文明安全	安全用电，无人为损坏仪器、元件和设备，小组成员团结协作	10	成员不积极参与，扣 5 分；违反文明操作规程，扣 5~10 分	
总　　分				

扫一扫看 PLC
程序的移植法
设计微视频

http://dsw.jsou.cn/album/5665/
material/6666

相关知识

2.1.3 PLC 程序的继电器控制电路移植法

PLC 在控制系统的应用中，其外部硬件接线部分较为简单，对被控对象的控制作用都体现在 PLC 的程序上。因此，PLC 程序设计的好坏，直接影响控制系统的性能。

PLC 在逻辑控制系统中的程序设计方法主要有继电器控制电路移植法、经验设计法、逻辑设计法及顺序功能图设计法。这里先介绍继电器控制电路移植法。

1．继电器控制电路移植法的基本步骤

继电器控制电路移植法主要用于继电器控制电路改造时的编程，按原电路的逻辑关系对照翻译即可。其具体步骤大致如下。

（1）认真研究继电器控制电路及有关资料，深入理解控制要求，这是设计 PLC 控制程序的基础。找出主电路和控制电路的关键元件和电路，逐一对它们进行功能分析，如哪些是主令电器，哪些是执行电器等。也就是说，找出哪些电器元件可以作为 PLC 的输入/输出设备。

（2）对照 PLC 的输入/输出接线端，对继电器控制电路中归纳出的输入/输出设备进行 PLC 控制的 I/O 编号设置，也即对输入/输出设备进行 PLC I/O 地址分配，并绘制出 PLC 的输入/输出接线图，即 PLC 的外部接线图。要特别注意对原继电器控制电路中作为输入设备的常闭触点形式的处理。

（3）将现有继电器控制电路的中间继电器、时间继电器用 PLC 内部的辅助继电器、定时器代替。

（4）完成翻译后，对梯形图进行简化、修改完善（注意避免可能因 PLC 的周期扫描工作方式导致的错误），并且联机调试。

2．常闭触点的输入处理

PLC 是继电器控制系统的理想替代物，在实际应用中，常遇到对老设备的改造问题，即用 PLC 取代传统的继电器控制系统。这时已有了继电器控制原理图，此原理图与 PLC 的梯形图相类似，因此可以进行相应的转换，但在转换过程中必须注意对作为 PLC 输入信号的常闭触点的处理。

以前述三相异步电动机单向连续运行控制电路为例，在进行 PLC 改造时，仍沿用继电器控制的习惯，启动按钮 SB1 选用常开形式，停止按钮 SB2 选用常闭形式，热继电器 FR 的触点选用常闭形式，则改造后的 PLC 输入/输出接线如图 2-11（a）所示，此时如果直接将图 2-11（b）所示的原继电器控制原理图转换为图 2-11（c）所示的 PLC 梯形图，则运行程序时会发现输出继电器 Q0.0 无法接通，电动机不能启动。这是因为图 2-11（a）中的停止按钮 SB2 的输入为常闭形式，在没有按下 SB2 时，此触点始终保持闭合状态，即输入继电器 I0.2 始终得电。图 2-11（c）所示梯形图中的 I0.2 常闭触点一直处于断开状态，因此输出继电器 Q0.0 无法得电。必须将图 2-11（c）所示梯形图中的 I0.2 的触点形式改变为常开形式，如图 2-11（d）所示，才能满足控制要求。此类梯形图形式与我们的通常习惯并不符合。

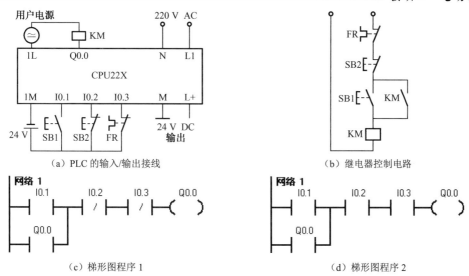

（a）PLC 的输入/输出接线　　　　　　（b）继电器控制电路

（c）梯形图程序 1　　　　　　　（d）梯形图程序 2

图 2-11　常闭输入触点的处理

实际设计梯形图时，输入继电器的触点状态全部按相应的输入设备为常开形式进行设计更为合适。因此，建议尽可能用输入设备的常开触点与 PLC 输入端连接，尤其是在旧设备改造项目中，要尽量将作为 PLC 输入的原常闭触点的接线形式改为常开触点的接线形式（某些只能用常闭触点输入的除外）。

采用常开触点输入时，可使 PLC 的输入端口在大多数时间内处于断开状态，这样做既可以节电，又可以延长 PLC 输入端口的使用寿命，同时在将继电器控制电路转换为 PLC 梯形图程序时也能保持与继电器控制原理图的习惯相一致，不会给编程带来麻烦。

任务训练 3

在电力拖动系统中，采用继电器控制方式实现对两台三相异步电动机的顺序启动控制的主电路及两种控制电路如图 2-12 所示。任务要求如下：

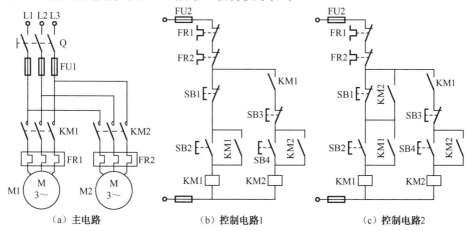

（a）主电路　　　　　　　　（b）控制电路 1　　　　　　　（c）控制电路 2

图 2-12　两台三相异步电动机的顺序启动控制电路

（1）分析继电器控制电路的工作过程；

（2）确定哪些电器元件可作为 PLC 的输入/输出设备，并进行 I/O 地址分配；

（3）用继电器控制电路移植法进行 PLC 控制的改造，并编写 PLC 控制程序；

（4）进行 PLC 的接线并联机调试。

思考练习 3

一、思考题

1．触点指令和线圈指令分别代表 CPU 对存储器的何种操作？

2．一般情况下为什么不允许双线圈输出？

3．为什么梯形图中同一编程元件的触点数量没有限制？

4．在 PLC 的外部输入电路中，为什么要尽量少用常闭触点？

5．改正图 2-13 中的错误；写出图 2-14 的语句表指令，并说明该程序的功能。

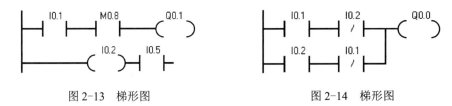

图 2-13　梯形图　　　　　　　　　图 2-14　梯形图

二、正误判断题

1．触点指令代表 CPU 对存储器的读操作，常开触点和存储器的位状态一致，常闭触点和存储器的位状态相反。

2．在梯形图中，允许一个触点上有双向能流通过。

3．采用常开触点输入时，可使 PLC 的输入端口在大多数时间内处于断开状态。

4．在某一 S7-200 系列 PLC 程序中，如果某个编号的继电器线圈出现多次，则编译时将会出现语法错误提示。

5．在梯形图中，除了输入继电器没有线圈，只有触点外，其他继电器既有线圈，又有触点。

三、单项选择题

1．在语句表程序中，控制逻辑的执行通过 CPU 中的一个逻辑堆栈来实现，这个堆栈有 9 层深度，每层有（　　）位宽度。

　　A．1　　　　　　　　B．8　　　　　　　　C．16　　　　　　　　D．32

2．在梯形图中，能流的流动方向及层次改变只能（　　）。

　　A．从左到右、先下后上　　　　　　B．从左到右、先上后下

　　C．从右到左、先上后下　　　　　　D．从右到左、先下后上

3．关于梯形图程序的说法中，下面哪句话是错误的？（　　）

　　A．左母线与线圈之间一定要有触点　B．线圈与右母线之间则不能有任何触点

　　C．输入继电器没有线圈　　　　　　D．梯形图两端的母线是实际电源的两端

4．在编写梯形图程序时，下面哪句话是正确的？（　　　）

A．触点之间可以自由地以串联或并联的形式存在

B．触点只能以单个形式存在

C．线圈之间可以自由地以串联或并联的形式存在

D．线圈只能以单个形式存在

5．线圈指令的操作数可以寻址有关寄存器的（　　　）。

A．位值　　　　　B．字节值　　　　　C．字值　　　　　D．双字值

四、程序设计题

1．有 1 台电动机 M，要求实现在 3 个不同的地点都能分别启动或停止。试设计梯形图程序。

2．要求用 1 个按钮控制 1 个指示灯的亮灭，当按下按钮后灯亮，当再次按下按钮后灯灭。试设计梯形图程序。

任务 2.2　三相异步电动机正、反转控制

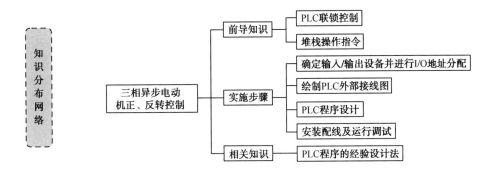

任务目标

（1）了解经验设计法的一般步骤。

（2）了解联锁控制的意义，并掌握 PLC 联锁控制的设计要点。

（3）掌握堆栈指令的应用。

（4）运用"经验设计法"设计三相异步电动机正、反转控制系统的梯形图程序，并且能够熟练运用编程软件进行联机调试。

前导知识

2.2.1　PLC 联锁控制

在生产机械的各种运动之间，往往存在某种相互制约或由一种运动制约另一种运动的控制关系，一般均采用联锁控制来实现。

如图 2-15 所示，为了使两个或者两个以上的输出线圈不能同时得电，可以将各自的常闭触点串接于对方的控制线路中，以保证它们在任何时候都不能同时启动，从而防止误操作，达到联锁控制的要求。该种控制方式又称为互锁。

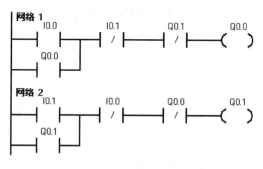

图 2-15 互锁控制梯形图

这种互锁控制方式经常被用于控制电动机的减压启动、正反转、机床刀架的机动进给与快速移动、横梁升降及机床夹具的夹紧与放松等一系列不能同时发生的运动控制。

2.2.2 堆栈操作指令

扫一扫看堆栈操作指令及应用（上）微视频
http://dsw.jsou.cn/album/5665/material/6667

采用梯形图程序指令编写程序时，程序由一系列图形组合而成，用户可以方便地根据需要进行梯形图的绘制。但是在使用语句表程序指令编程时，如果遇到复杂电路则不能直接使用触点"与"或触点"或"指令进行描述。为此，各类型 PLC 均有专门用于描述复杂电路的语句表指令，称为堆栈操作指令。

S7-200 系列 PLC 中采用了模拟堆栈的结构，用于保存逻辑运算结果及断点地址，称为逻辑堆栈。S7-200 系列 PLC 使用一个 9 层堆栈来处理所有的逻辑操作，它和计算机中的堆栈结构相似。堆栈是一组能够存储和取出数据的暂存单元，其特点是"先进后出"，即每进行一次入栈操作，新值放入栈顶，栈底值丢失；每进行一次出栈操作，栈顶值弹出，栈底值补进随机数。西门子公司的使用手册中将 ALD、OLD、LPS、LRD、LPP 和 LDS 都归纳为堆栈操作指令。S7-200 系列 PLC 的堆栈操作指令的格式及功能如表 2-5 所示。

表 2-5 S7-200 系列 PLC 的堆栈操作指令的格式及功能

指令名称	语句表 STL		功　能
	操 作 码	操 作 数	
栈装载与指令（And Load）	ALD	无	对堆栈中第一层和第二层的值进行逻辑"与"操作，结果放入栈顶；执行完 ALD 指令后，堆栈深度减 1
栈装载或指令（Or Load）	OLD	无	对堆栈中第一层和第二层的值进行逻辑"或"操作，结果放入栈顶；执行完 OLD 指令后，堆栈深度减 1
逻辑推入栈指令（Logic Push）	LPS	无	复制栈顶的值，并将其推入堆栈，栈底的值被推出并消失
逻辑读栈指令（Logic Read）	LRD	无	复制堆栈第二层的值到栈顶，堆栈没有推入栈或弹出栈操作，但旧的栈顶值被新的复制值取代
逻辑弹出栈指令（Logic Pop）	LPP	无	弹出栈顶的值，堆栈第二层的值成为新的栈顶值
装入栈指令（Load Stack）	LDS	n	复制堆栈中的第 n 个值到栈顶，而栈底丢失

说明： LDS 指令中的操作数 n 为 0～8 的整数，该指令在编程中使用得较少。

堆栈指令的具体操作如图 2-16 所示。

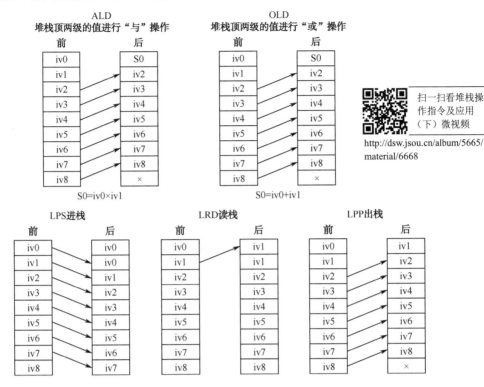

扫一扫看堆栈操作指令及应用（下）微视频
http://dsw.jsou.cn/album/5665/material/6668

图 2-16　执行 ALD、OLD、LPS、LRD、LPP 指令对逻辑堆栈的影响

由于 ALD 和 OLD 指令用于电路块的操作，所以也把这两条指令称为块操作指令。

1）OLD（Or Load）指令

用于"串联电路块"的并联连接指令。两个或两个以上触点串联的电路称为"串联电路块"，如图 2-17 所示，在并联连接这种"串联电路块"时采用 OLD 指令。

说明：

（1）在支路起点用 LD 或 LDN 指令，在支路终点用 OLD 指令；

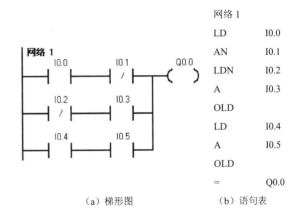

（a）梯形图　　　（b）语句表

图 2-17　OLD 指令的使用

（2）采用上述方法时，如果将多个"串联电路块"并联连接，则并联连接的电路块的个数不受限制。

2）ALD（And Load）指令

用于"并联电路块"的串联连接指令。两个或两个以上触点并联的电路称为"并联电路块"，如图 2-18 所示，将"并联电路块"与前面的电路串联连接时采用 ALD 指令。

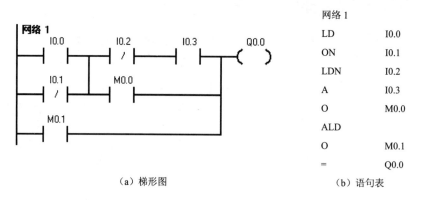

（a）梯形图　　　　　　　（b）语句表

图 2-18　ALD 指令的使用

说明：

（1）"并联电路块"始端用 LD 或 LDN 指令（使用 LD 或 LDN 指令后生成一条新母线），完成并联电路组块后使用 ALD 指令将"并联电路块"与前面的电路串联连接（使用 ALD 指令后新母线自动终结）；

（2）采用上述方法时，如果多个"并联电路块"顺次以 ALD 指令与前面的电路连接，则 ALD 指令的使用次数不受限制。

　　下面通过图 2-19 所示的例子来说明 LPS、LRD 和 LPP 指令的作用。该例子中仅用了 2 层栈。实际上因为逻辑堆栈有 9 层，故可以连续使用多次 LPS，形成多层分支。但要注意 LPS 和 LPP 必须配对使用。

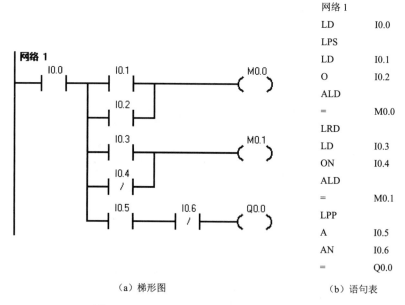

（a）梯形图　　　　　　　（b）语句表

图 2-19　LPS、LRD、LPP 指令的使用

　　LPS、LRD、LPP 指令均无操作数。LPS、LRD、LPP 也称为多重输出指令，主要用于一些复杂逻辑的输出处理。

任务内容

如图 2-20 所示是采用继电器控制的三相异步电动机正、反转控制电路。其主电路由电源开关 Q、熔断器 FU1、交流接触器 KM1 和 KM2 的常开主触点、热继电器 FR 的热元件和电动机 M 构成；控制电路由熔断器 FU2、正转启动按钮 SB1、反转启动按钮 SB2、

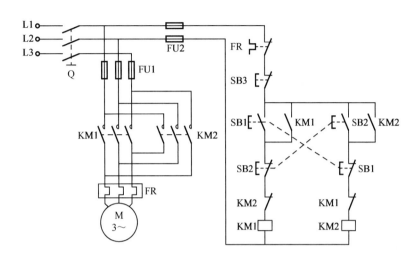

图 2-20　继电器控制的三相异步电动机正、反转控制电路

停止按钮 SB3、交流接触器 KM1 和 KM2 的常开及常闭辅助触点、热继电器 FR 的常闭触点和交流接触器 KM1 和 KM2 的线圈组成。

采用继电器控制的三相异步电动机正、反转控制电路的工作过程请读者自己分析。

设计 PLC 控制的三相异步电动机正、反转运行控制系统，功能要求如下：

（1）当接通三相电源时，电动机 M 不运转；

（2）当按下正转启动按钮 SB1 时，电动机 M 连续正转；

（3）当按下反转启动按钮 SB2 时，电动机 M 连续反转；

（4）当按下停止按钮 SB3 时，电动机 M 停止运转；

（5）电动机具有长期过载保护。

任务实施

1. 分析控制要求，确定输入/输出设备

本任务电路实质上就是在图 2-8 所示电动机单向连续运行控制电路的基础上增加反转连续运行功能，并在正、反两个方向进行互锁的电路。

通过对采用继电器控制的三相异步电动机正、反转控制电路的分析，可以归纳出该电路中出现了 4 个输入设备，即正转启动按钮 SB1、反转启动按钮 SB2、停止按钮 SB3 和热继电器 FR 的触点；2 个输出设备，即正转交流接触器 KM1 的线圈、反转交流接触器 KM2 的线圈。

2. 对输入/输出设备进行 I/O 地址分配

根据电路要求，I/O 地址分配如表 2-6 所示。

表2-6　I/O 地址分配

输 入 设 备			输 出 设 备		
名　称	符号	地址	名　称	符　号	地　址
正转启动按钮	SB1	I0.1	正转接触器线圈	KM1	Q0.1
反转启动按钮	SB2	I0.2	反转接触器线圈	KM2	Q0.2
停止按钮	SB3	I0.3			
热继电器	FR	I0.0			

3．绘制 PLC 外部接线图

根据 I/O 地址分配结果，绘制 PLC 外部接线图，如图 2-21 所示。

4．PLC 程序设计

根据控制电路的要求，设计 PLC 控制程序，如图 2-22 所示。

5．安装配线

按照图 2-21 进行配线，安装方法及要求与继电器控制电路相同。

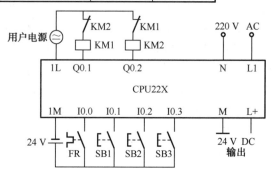

图 2-21　三相异步电动机正、反转控制电路的 PLC 外部接线图

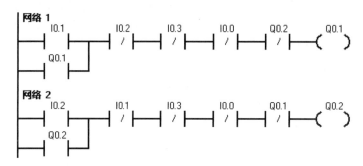

图 2-22　三相异步电动机正、反转控制电路的 PLC 控制程序

6．运行调试

（1）连接好 PC/PPI 电缆，运行 STEP 7-Micro/WIN 编程软件。

（2）打开符号表编辑器，根据表 2-6 中的要求，将相应的符号与地址分别录入符号表的符号栏和地址栏。例如，符号栏写入"正转启动按钮"，相应的地址栏则写入"I0.1"。

（3）打开梯形图（LAD）编辑器，编写控制程序并下载到 PLC 中，使 PLC 进入运行状态。

（4）执行菜单命令"调试"→"开始程序状态监控"，使 PLC 进入梯形图监控状态：

①不做任何操作，观察 I0.0、I0.1、I0.2、I0.3、Q0.1、Q0.2 的状态；

②交替按下按钮 SB1、SB2 和 SB3，观察 I0.0、I0.1、I0.2、I0.3、Q0.1、Q0.2 的状态。

（5）在操作过程中同时观察输入/输出状态指示灯的亮、灭情况。

检查评价

在规定时间内完成任务，各组自我评价并进行展示，各组之间根据评价表进行检查。检查与评价表如表 2-7 所示。

表 2-7　检查与评价表

项　目	要　求	配　分	评 分 标 准	得　分
I/O 分配表	（1）能正确分析控制要求，完整、准确确定输入/输出设备 （2）能正确对输入/输出设备进行 I/O 地址分配	20	不完整，每处扣 2 分	
PLC 接线图	按照 I/O 分配表绘制 PLC 外部接线图，要求完整、美观	10	不规范，每处扣 2 分	
安装与接线	（1）能正确进行 PLC 外部接线，正确安装元件及接线 （2）线路安全简洁，符合工艺要求	30	不规范，每处扣 5 分	
程序设计与调试	（1）程序设计简洁易读，符合任务要求 （2）在保证人身和设备安全的前提下，通电试车一次成功	30	第一次试车不成功，扣 5 分；第二次试车不成功，扣 10 分	
文明安全	安全用电，无人为损坏仪器、元件和设备，小组成员团结协作	10	成员不积极参与，扣 5 分；违反文明操作规程，扣 5～10 分	
总　　分				

相关知识

2.2.3　PLC 程序的经验设计法

1. 经验设计法的基本步骤

经验设计法也称为试凑法。在 PLC 发展的初期，沿用了设计继电器电气原理图的设计方法，即在一些典型单元电路（梯形图）的基础上，根据被控对象对控制系统的具体要求，不断地修改和完善梯形图。有时需要多次反复调试和修改梯形图，增加很多辅助触点和中间编程元件，最后才能得到一个较为满意的结果。这种设计方法没有规律可遵循，具有很大的试探性和随意性，最后的结果因人而异。其设计所用时间、设计质量与设计者的经验有很大关系，因此称为经验设计法，一般可用于较简单的梯形图程序设计。

梯形图的经验设计法是目前使用比较广泛的一种设计方法，该方法的核心是输出线圈，这是因为 PLC 的动作就是从线圈输出的（可以称为面向输出线圈的梯形图设计法）。

用经验设计法设计 PLC 程序时，大致可以按下面几个步骤来进行：

（1）分析控制要求、选择控制方案；

（2）设计主令元件和检测元件，确定输入/输出设备；

（3）设计执行元件的控制程序；

（4）检查修改和完善程序。

用经验设计法设计复杂系统梯形图存在的主要问题有：

（1）设计方法不规范、难于掌握，设计周期长；

（2）梯形图的可读性差、系统维护困难。

2. 经验设计法举例

在"电动机正、反转控制系统"的基础上，根据现有设计经验，通过进一步修改和完善梯形图来进行"工作台往复自动循环控制系统"的程序设计。

工作台往复自动循环示意图如图 2-23 所示。

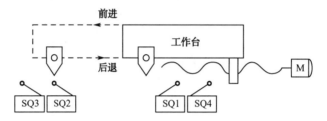

图 2-23　工作台往复自动循环示意图

控制要求：当按下启动按钮 SB1（SB2）后，工作台前进（后退），前进（后退）到位后，碰块压下行程开关 SQ2（SQ1），工作台后退（前进），后退（前进）到位后，碰块压下行程开关 SQ1（SQ2），工作台前进（后退）。如此循环，直到按下停止按钮 SB3，工作台停止运动为止。限位开关 SQ3 和 SQ4 用于限位保护，即当工作台前进或后退超出行程时，使工作台立即停止运动。

工作台往复自动循环实质上就是在电动机正、反转控制的基础上，增加了由行程开关控制电动机正、反转，并考虑了运动部件的限位保护，由限位开关控制电动机停止。可在表 2-6 的基础上，为 SQ1～SQ4 分配地址 I0.4～I0.7。在图 2-22 的基础上设计的工作台往复自动循环控制系统的 PLC 程序如图 2-24 所示。

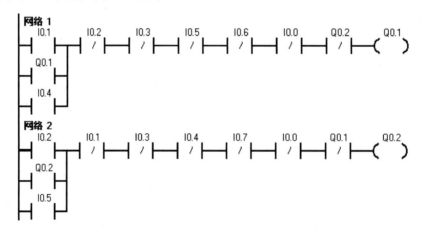

图 2-24　工作台往复自动循环控制系统的 PLC 程序

任务训练 4

某生产自动线中送货小车的工作过程如图 2-25 所示，小车由电动机拖动，电动机正转，小车前进；电动机反转，小车后退。开始时，小车在原位 0，要求在按下启动按钮 SB1 后小车前进，碰到限位开关 SQ1 后小车后退，退到原位 0 碰到限位开关 SQ3 后小车再次前进，碰到限位开关 SQ2 后小车再次后退，退到原位 0 碰到限位开关 SQ3 后小车停止。当再次按下启动按钮 SB1 后，重复上述操作。任务要求如下：

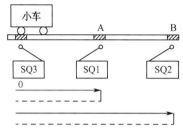

图 2-25　某生产自动线中送货小车的工作过程

（1）确定 PLC 的输入/输出设备，并进行 I/O 地址分配；
（2）编写 PLC 控制程序；
（3）进行 PLC 接线并联机调试。

思考练习 4

一、思考题

1. 堆栈在处理电路块的串、并联编程时有什么作用？
2. 用户是否能监视堆栈中的数据？
3. 触点和线圈的串联电路与它上面单独的线圈并联时，为什么不需要使用堆栈？
4. 写出图 2-26 所示梯形图程序对应的语句表指令程序。

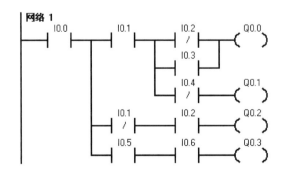

图 2-26　梯形图

5. 根据下面的语句表指令程序绘制出对应的梯形图程序。

LD	I0.0	LPP	
LPS		LPS	
A	I0.1	AN	I0.4
LPS		A	I0.5
AN	I0.2	=	Q0.2
=	Q0.0	LPP	
LPP		A	I0.6
AN	I0.3	=	Q0.3
=	Q0.1		

二、正误判断题

1. 栈装载或指令 OLD 是将堆栈中的第一层和第二层的值进行逻辑或操作，结果存入栈顶。

2. OLD 是用于"并联电路块"的串联连接指令。

3. LPS 和 LPP 可以配对使用，也可以单独使用。

4. S7-200 系列 PLC 的堆栈宽度为 1 字节。

5. 指令 LDS 与 LRD 的差别在于前者具有推入栈操作。

三、单项选择题

1. 起到弹出栈顶的值，堆栈第二层的值成为新的栈顶值功能的指令是（   ）。

    A．LPS   B．LRD   C．LPP   D．LDS

2. 起到复制堆栈第二层的值到栈顶，堆栈没有推入栈或者弹出栈操作，但旧的栈顶值被新的复制值取代功能的指令是（   ）。

    A．LPS   B．LRD   C．LPP   D．LDS

3. 下列哪种方法用于较简单的梯形图程序设计？（   ）

    A．经验设计法   B．继电器控制电路移植法

    C．逻辑设计法   D．顺序控制继电器设计法

4. LDS 指令中操作数 n 的范围为（   ）。

    A．0～8   B．0～12   C．0～256   D．0～65 536

5. 下列指令中，没有对应梯形图符号的是（   ）。

    A．LD   B．ALD   C．LDN   D．=

四、程序设计题

1. 有 3 组抢答台和 1 个主持台，每个抢答台上各有 1 个抢答按钮和 1 盏抢答指示灯，第一个按下抢答按钮的抢答台上的指示灯会亮，且释放抢答按钮后，指示灯仍然亮；此后另外两组抢答台上即使再按下各自的抢答按钮，其指示灯也不会亮。这样主持人就可以轻易地知道谁是第一个按下抢答器的。该题抢答结束后，主持人按下主持台上的复位按钮，则指示灯熄灭，又可以进行下一题的抢答比赛。试设计梯形图程序。

2. 某自动运输线由两台电动机 M1 和 M2 拖动。要求按下按钮 SB1 后，M1 启动；只有在 M1 启动后按下按钮 SB2，M2 才允许启动；按下按钮 SB3 后，M1、M2 同时停止。试设计梯形图程序。

任务 2.3　三相异步电动机 Y-△ 降压启动控制

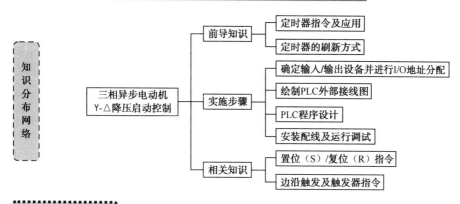

任务目标

（1）掌握定时器的种类及基本用法。

（2）掌握定时器常见的基本应用电路。

（3）掌握复位/置位指令、边沿触发指令的用法。

（4）设计三相异步电动机 Y-△降压启动控制系统的梯形图程序，并且能够熟练运用编程软件进行联机调试。

前导知识

2.3.1　定时器指令及应用

扫一扫看定时器指令及应用（上）微视频

http://dsw.jsou.cn/album/5665/material/6669

1. 定时器指令

定时器指令用于需要按时间原则进行控制的场合。在 PLC 控制系统中，可以通过对 PLC 内部的软继电器（定时器）进行操作实现定时功能。PLC 内部的定时器是 PLC 程序设计中最常用的编程元件之一，用好、用对定时器对 PLC 程序的设计非常重要。

S7-200 系列 PLC 的定时器按照工作方式可分为接通延时定时器 TON、断开延时定时器 TOF 和保持型接通延时定时器 TONR 三种类型；按时间间隔（又称时基或时间分辨率）可分为 1ms、10ms 和 100ms 三种。定时器的相关参数如表 2-8 所示。用户应根据所用 PLC 型号及时基需求正确选用定时器的编号。

表 2-8　定时器的相关参数

梯形图 LAD	语句表 STL		定时精度	最大定时时间	定时器编号
	操作码	操作数			
???? -IN　　TON ????-PT　　??? ms	TON	T××, PT	1 ms	32.767 s	T32、T96
			10 ms	327.767 s	T33～T36、T97～T100
			100 ms	3 276.7 s	T37～T63、T101～T255

续表

梯形图 LAD	语句表 STL		定 时 精 度	最大定时时间	定时器编号
	操作码	操作数			
???? IN TOF ????-PT ??? ms	TOF	T××, PT	1 ms	32.767 s	T32、T96
			10 ms	327.767 s	T33～T36、T97～T100
			100 ms	3 276.7 s	T37～T63、T101～T255
???? IN TONR ????-PT ??? ms	TONR	T××, PT	1 ms	32.767 s	T0、T64
			10 ms	327.767 s	T1～T4、T65～T68
			100 ms	3 276.7 s	T5～T31、T69～T95
操作数的类型及范围	T××：定时器编号，常数；T0～T255 IN：使能输入端，位型：I、Q、M、SM、T、C、V、S、L、使能位 PT：设定值输入端，整数：VW、IW、QW、MW、SW、SMW、LW、AIW、T、C、AC、常数、*VD、*LD、*AC				

每个定时器均有一个 16 位的当前值寄存器用于存储定时器累计的时基增量值（1～32 767），一个 16 位的预设值寄存器用于存储时间的设定值，还有一个状态位表示定时器的状态。

定时器使能端输入有效后，当前值寄存器对 PLC 内部的时基脉冲增 1 计数，最小的计时单位称为时基脉冲宽度，也称定时精度。从定时器使能端输入有效，到状态位输出有效所经历的时间称为定时时间，定时时间=时基×设定值（脉冲数）。定时器的当前值、设定值均为 16 位有符号整数（INT），允许的最大值为 $2^{15}-1=32\,767$，最长定时时间=时基×最大定时设定值。

对于不同类型的定时器，当使能端输入有效后，其状态位的初始值为 1 或 0。当当前值寄存器累计的时基增量值大于或等于预设值寄存器的设定值时，定时器的状态位发生变化，该定时器的触点转换。

除了常数外，还可以用 VW、IW 等作为它们的设定值，即定时器的设定值可以在程序中赋予或根据需要在外部进行设定。

1）TON：接通延时定时器（On Delay Timer）

接通延时定时器用于单一时间间隔的定时，其梯形图如图 2-27（a）所示。从表 2-8 中可查询到编号为 T37 的定时器是时基为 100ms 的接通延时定时器；图中的 IN 端为输入端，用于连接驱动定时器线圈的信号；PT 端为设定端，用于标定定时器的设定值。

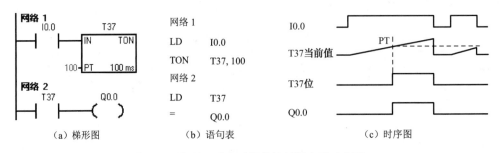

图 2-27　接通延时定时器的控制程序及时序图

定时器 T37 的工作过程（时序图）如图 2-27（c）所示。当连接于 IN 端的 I0.0 触点闭合时，T37 开始定时，当前值逐步增长；当当前值达到设定值 PT 时，也即时间累计值达到 100 ms×100=10 s 时，定时器的状态位被置 1（线圈得电），T37 的常开触点闭合，输出继电器 Q0.0 的线圈得电（此时当前值仍增长，但不影响状态位的变化）；当连接于 IN 端的 I0.0 触点断开时，状态位被清 0（线圈失电），T37 的常开触点断开，Q0.0 的线圈失电，且 T37 的当前值清 0（复位）。若 I0.0 触点在接通时间未到设定时间时就断开，则 T37 跟随复位，Q0.0 不会有输出。

注意：连接定时器 IN 端触点的接通时间必须大于或等于其设定的延时时间，定时器的状态位才会转换。

2）TOF：断开延时定时器（Off Delay Timer）

断开延时定时器用于延长时间断开或事件（故障）发生后的单一时间间隔的定时，其梯形图如图 2-28（a）所示。从表 2-8 中可查询到编号为 T37 的定时器是时基为 100 ms 的断开延时定时器；图中的 IN 端为输入端，用于连接驱动定时器线圈的信号；PT 端为设定端，用于标定定时器的设定值。

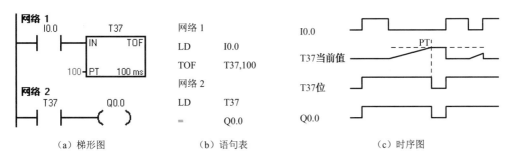

图 2-28　断开延时定时器的控制程序及时序图

定时器 T37 的工作过程（时序图）如图 2-28（c）所示。当连接于 IN 端的 I0.0 触点接通时，T37 的状态位立刻被置 1，T37 的常开触点闭合，输出继电器 Q0.0 的线圈得电，此时 T37 并不开始计时，当前值为 0；而当连接于 IN 端的 I0.0 触点由接通到断开时，T37 才开始计时，当前值逐步增长；当当前值达到设定值 PT 时，即当前时间累计值达到 100 ms× 100=10 s 时，T37 的状态位被清 0，T37 的触点恢复原始状态，其常开触点断开，输出继电器 Q0.0 的线圈失电（此时 T37 的当前值保持不变）。若 I0.0 触点在断开时间未到设定时间时就再次接通，则 T37 的当前值清 0，Q0.0 状态不变。

注意：连接定时器 IN 端触点的断开时间必须大于或等于其设定的延时时间，定时器的状态位才会转换。

另外，由于 TON 和 TOF 型定时器共用定时器编号，所以在程序中如果某一编号被用作 TON 型，则该编号不能再用作 TOF 型，反之亦然。

3）TONR：保持型接通延时定时器（Retentive On Delay Timer）

保持型接通延时定时器用于多次间隔的累计定时，其构成和工作原理与接通延时定时器类似，不同之处在于保持型接通延时定时器在使能端为 0 时，当前值将被保存；当使能端再次有效时，当前值在原保持值基础上继续递增。其梯形图如图 2-29（a）所示。从表 2-8 中可查询到编号为 T3 的定时器是时基脉冲为 10 ms 的保持型接通延时定时器。

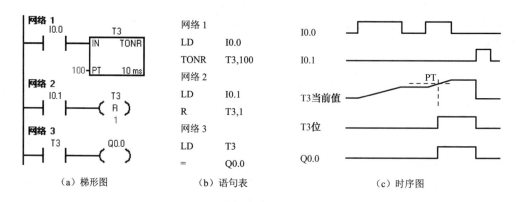

（a）梯形图　　　　（b）语句表　　　　（c）时序图

图 2-29　保持型接通延时定时器的控制程序及时序图

定时器 T3 的工作过程（时序图）如图 2-29（c）所示。当连接于 IN 端的 I0.0 触点闭合时，定时器 T3 开始计时，当前值逐步增长；若当前值还未达到设定值时，IN 端的 I0.0 触点就断开，其当前值将保持（不像 TON 一样复位）；当 IN 端的 I0.0 触点再次闭合时，定时器 T3 的当前值从原保持值开始继续增长；当当前值达到设定值 PT 时，即当前时间累计值达到 10 ms×100=1 s 时，定时器 T3 的状态位被置 1，T3 的常开触点闭合，输出继电器 Q0.0 的线圈得电（当前值仍继续增长）；此时，即使断开 IN 端的 I0.0 触点也不会使 T3 复位，要使 T3 复位必须使用复位指令（R），即只有接通 I0.1 触点才能达到复位的目的。

2．定时器的刷新方式

对于 S7-200 系列 PLC 的定时器，必须注意的是，1 ms、10 ms、100 ms 定时器的刷新方式是不同的。应保证 1 ms、10 ms、100 ms 三种定时器均运行正常。只有了解三种定时器不同的刷新方式，才能编写出可靠的程序。

如图 2-30 所示为定时器循环计时（自复位）电路。

（1）1 ms 定时器的刷新方式。1 ms 定时器采用中断的方式，系统每隔 1 ms 刷新一次，与扫描周期及程序处理无关，因此当扫描周期较长时，在一个周期内可能被多次刷新，其当前值在一个周期内不一定保持一致。

（2）10 ms 定时器的刷新方式。10 ms 定时器由系统在每个扫描周期开始时自动刷新。由于每个扫描周期只刷新一次，故在每次程序处理期间，其当前值为常数。

（3）100 ms 定时器的刷新方式。100 ms 定时器在该定时器指令执行时才被刷新。

由于定时器内部刷新机制的原因，图 2-30（a）所示的定时器循环计时（自复位）电路若选用 1 ms 或 10 ms 精度的定时器，则运行时会出现错误，而图 2-30（b）所示的电路可保证 1 ms、10 ms、100 ms 定时器均运行正常。

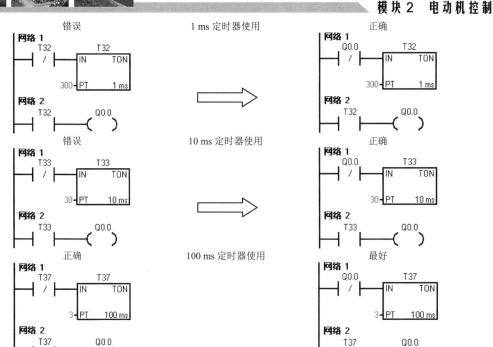

图 2-30　定时器循环计时（自复位）电路

扫一扫看定时
器指令及应用
（下）微视频

http://dsw.jsou.cn/album/5665/
material/6670

3．定时器应用

实例 2.1　廊灯（楼梯灯）应用。当感应开关（触摸、声控等形式）感应到信号后，廊灯（楼梯灯）亮。灯亮期间，如果感应开关多次感应到信号，灯总是在最后一次信号消失 20 s 后自动熄灭。

由于延时时间不长，查表 2-8 可知，TON、TOF 型定时器都可以使用。本例中采用了定时器编号为 T37 的 TON 型定时器进行延时，设定值为 20 s÷100 ms=200。感应开关与 PLC 的输入端 I0.0 相连，廊灯（楼梯灯）与 PLC 的输出端 Q0.0 相连。其梯形图、语句表及时序图如图 2-31 所示。

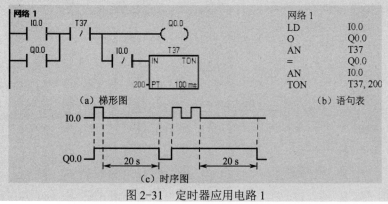

图 2-31　定时器应用电路 1

实例 2.2　合上转换开关 SA 后，润滑电动机启动，带动润滑泵对机床进行润滑，润滑一段时间后，润滑电动机自动停止一段后又重新自动启动，如此循环，直到断开转换开关为止。

　　这是电动机间歇运动控制问题，可采用两个 TON 型定时器配合实现。转换开关 SA 与 PLC 的输入端 I0.0 相连，电动机的接触器 KM 的线圈与 PLC 的输出端 Q0.0 相连。其梯形图、语句表及时序图如图 2-32 所示。

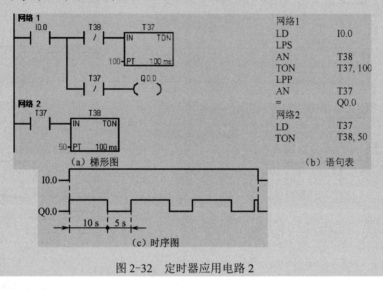

图 2-32　定时器应用电路 2

　　实例 2.3　设计一个延时 1 小时的电路。

　　一般 PLC 的一个定时器的延时时间都比较短，如果需要延时更长的时间，就需要对定时器进行扩展，可采用多个定时器串级使用来实现长时间延时。当定时器串级使用时，其总的定时时间等于各定时器的定时时间之和。由于 1 h=3 600 s，所以可采用 T37 和 T38 串联来实现，两个定时器的设定值可以是 18 000。按下启动按钮 SB，即 I0.0 闭合，辅助继电器 M0.0 通电自锁，同时 T37 定时器开始计时，延时 1 800 s。当 T37 延时时间到，其状态位置 1，对应的常开触点闭合，使 T38 定时器开始计时，延时 1 800 s；当 T38 延时时间到，其状态位置 1，对应的常开触点闭合，使 Q0.0 输出。其梯形图、语句表及时序图如图 2-33 所示。

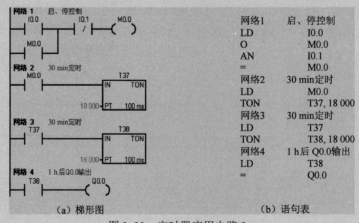

图 2-33　定时器应用电路 3

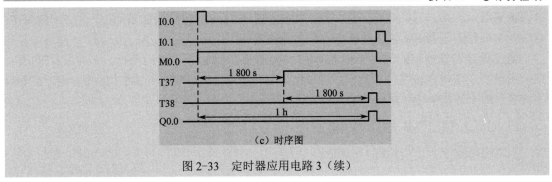

图 2-33　定时器应用电路 3（续）

任务内容

　　Y-△ 减压启动只适用于正常运行时定子绕组接成三角形的三相异步电动机。电动机启动时将定子绕组接成 Y 形，
实现减压启动；正常运转
时，再换接成 △ 形接法。
该启动方式的设备简单经
济，使用较为普遍。Y 形
连接时，启动电流仅为 △
形连接时的 $1/\sqrt{3}$，启动过
程中几乎没有电能消耗，
但由于启动转矩较小，Y
形连接时的启动转矩为 △
形连接时的 1/3，因而只能
空载或轻载启动。如图 2-34
所示是 Y-△ 减压启动的继
电器控制电路。

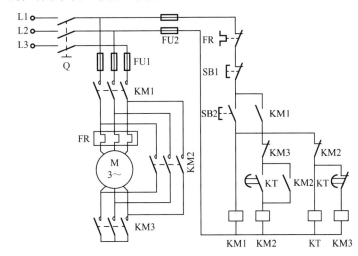

图 2-34　Y-△ 减压启动的继电器控制电路

　　三相异步电动机 Y-△ 减压启动的继电器控制电路的工作过程请读者自行分析。

　　设计采用 PLC 控制电动机 Y-△ 减压启动的控制系统，功能要求如下：

（1）当接通三相电源时，电动机 M 不运转；

（2）当按下启动按钮 SB2 后，电动机 M 的定子绕组接成 Y 形减压启动；

（3）延时一段时间后，电动机 M 的定子绕组接成 △ 形全压运行；

（4）当按下停止按钮 SB1 后，电动机 M 停止运转；

（5）电动机具有长期过载保护。

任务实施

1．分析控制要求，确定输入/输出设备

　　在继电器控制电路中，接触器 KM2 和 KM3 的常闭辅助触点构成互锁，保证电动机定子绕组只能连接成 Y 形或△形的其中一种形式，以防止接触器 KM2 和 KM3 的线圈同时得

电而造成电源短路，保证电路工作可靠。当电动机正常运行时，接触器 KM2 的常闭辅助触点断开，可使定时器 KT 的线圈断电，以节约用电。

通过对继电器控制的三相异步电动机 Y-△减压启动运行电路的分析，可以归纳出该电路中出现了 3 个输入设备，即启动按钮 SB2、停止按钮 SB1 和热继电器 FR 的触点；3 个输出设备，即交流接触器 KM1、KM2 和 KM3 的线圈。

2．对输入/输出设备进行 I/O 地址分配

根据电路要求，I/O 地址分配如表 2-9 所示。

表 2-9　I/O 地址分配

输入设备			输出设备		
名　称	符　号	地　址	名　称	符　号	地　址
启动按钮	SB2	I0.2	接触器线圈	KM1	Q0.1
停止按钮	SB1	I0.1	接触器线圈	KM2	Q0.2
热继电器	FR	I0.0	接触器线圈	KM3	Q0.3

3．绘制 PLC 外部接线图

根据 I/O 地址分配结果，绘制 PLC 外部接线图，如图 2-35 所示。

4．PLC 程序设计

根据控制要求，PLC 控制程序的设计如图 2-36 所示。

5．安装配线

按照图 2-35 进行配线，安装方法及要求与继电器控制电路相同。

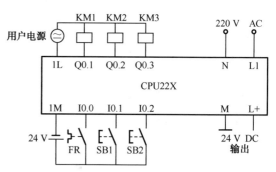

图 2-35　Y-△减压启动的控制电路的 PLC 外部接线图

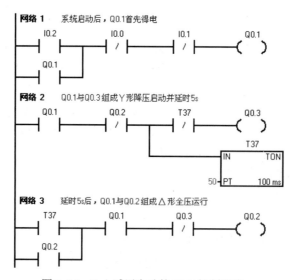

图 2-36　Y-△减压启动的 PLC 控制程序

6．运行调试

（1）在断电状态下，连接好 PC/PPI 电缆。

（2）运行 STEP 7-Micro/WIN 编程软件，设置通信参数。

（3）编写控制程序，编译并下载程序文件到 PLC 中。

（4）按下启动按钮 SB2，观察接触器 KM1、KM3 是否立即吸合，电动机的定子绕组以 Y 形连接，电动机降压启动。5 s 后，接触器 KM3 断开，接触器 KM2 吸合，电动机的定子绕组以△形连接，电动机全压运行。

（5）按下停止按钮 SB1，观察电动机是否能够停止。

检查评价

在规定时间内完成任务，各组自我评价并进行展示，各组之间根据评价表进行检查。检查与评价表如表 2-10 所示。

表 2-10　检查与评价表

项　目	要　求	配　分	评分标准	得　分
I/O 分配表	（1）能正确分析控制要求，完整、准确确定输入/输出设备 （2）能正确对输入/输出设备进行 I/O 地址分配	20	不完整，每处扣 2 分	
PLC 接线图	按照 I/O 分配表绘制 PLC 外部接线图，要求完整、美观	10	不规范，每处扣 2 分	
安装与接线	（1）能正确进行 PLC 外部接线，正确安装元件及接线 （2）线路安全简洁，符合工艺要求	30	不规范，每处扣 5 分	
程序设计与调试	（1）程序设计简洁易读，符合任务要求 （2）在保证人身和设备安全的前提下，通电试车一次成功	30	第一次试车不成功，扣 5 分；第二次试车不成功，扣 10 分	
文明安全	安全用电，无人为损坏仪器、元件和设备，小组成员团结协作	10	成员不积极参与，扣 5 分；违反文明操作规程，扣 5～10 分	
总　分				

相关知识

扫一扫看置位/复位、边沿触发及触发器指令微视频

http://dsw.jsou.cn/album/5665/material/6671

2.3.2　置位/复位、边沿触发及触发器指令

1．置位（S）/复位（R）指令

S（Set）/R（Reset）指令用于置位（置 1）及复位（置 0）线圈。S/R 指令的格式及功能如表 2-11 所示。

表 2-11 S/R 指令的格式及功能

梯形图 LAD	语句表 STL		功　　能
	操作码	操作数	
bit —(S) N	S	bit, N	当条件满足时，从指定的位地址 bit 开始的 N 个位被置"1"
bit —(R) N	R	bit, N	当条件满足时，从指定的位地址 bit 开始的 N 个位被清"0"

如图 2-37 所示为 S/R 指令的使用方法 1。图 2-37（a）中的 N=1。I0.1 一旦接通，即使再断开，Q0.0 仍保持接通；I0.2 一旦接通，即使再断开，Q0.0 仍保持断开。

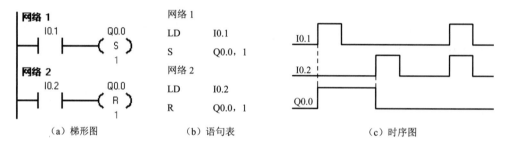

图 2-37 S/R 指令的使用方法 1

说明：

（1）bit 指定操作的起始位地址，寻址寄存器 I、Q、M、S、SM、V、T、C、L 的位值。

（2）N 指定操作的位数，其范围是 1～255，可立即数寻址，也可寄存器寻址 IB、QB、MB、SMB、SB、LB、VB、AC、*AC、*VD。

（3）S/R 指令具有"记忆"功能，当使用 S 指令时，其线圈具有自保持功能；当使用 R 指令时，自保持功能消失，如图 2-37（c）所示。

（4）S/R 指令的编写顺序可任意安排，但当一对 S、R 指令被同时接通时，编写顺序在后的指令执行有效，如图 2-38 所示。

（5）如果被指定复位的是定时器或计数器，则将定时器或计数器的当前值清 0。

（6）为了保证程序的可靠运行，S/R 指令的驱动通常采用短脉冲信号。

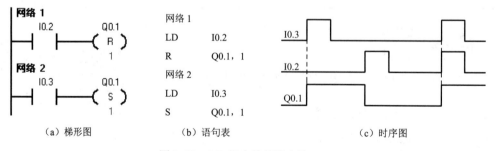

图 2-38 S/R 指令的使用方法 2

2. 边沿触发 EU/ED 指令

当信号从 0 变 1 时，将产生一个上升沿，而从 1 变 0 时，则产生一个下降沿，如图 2-39 所示。

边沿触发指令 EU（Edge Up）/ ED（Edge Down）检测到信号的上升沿/下降沿时将使输出产生一个扫描周期宽度的脉冲。EU/ED 指令的格式及功能如表 2-12 所示。

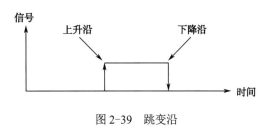

图 2-39 跳变沿

表 2-12 EU/ED 指令的格式及功能

梯形图 LAD	语句表 STL		功　能
	操作码	操作数	
─┤ P ├─	EU	无	当上升沿触发指令检测到每一次输入的上升沿出现时，都将使得电路接通一个扫描周期
─┤ N ├─	ED	无	当下降沿触发指令检测到每一次输入的下降沿出现时，都将使得电路接通一个扫描周期

说明：

（1）EU/ED 指令仅在输入信号发生变化时有效，其输出信号的脉冲宽度为一个扫描周期，即该指令在程序中检测其前方逻辑运算状态的改变，将一个长信号变为短信号；

（2）对开机时就为接通状态的输入条件，EU 指令不执行。

如图 2-40 所示为 EU/ED 指令的使用方法。

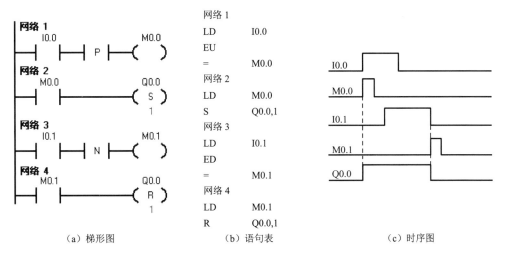

（a）梯形图　　　　　　（b）语句表　　　　　　（c）时序图

图 2-40 EU/ED 指令的使用方法

从时序图中可以清楚地看到，当 EU 指令检测到触点 I0.0 状态变化的上升沿时，M0.0 接通一个扫描周期，Q0.0 线圈保持接通状态；而当 ED 指令检测到触点 I0.1 状态变化的下降沿时，M0.1 接通一个扫描周期，Q0.0 线圈保持断开状态。

3．触发器指令

触发器指令有置位优先 SR 触发器和复位优先 RS 触发器两个梯形图指令，它们没有对应的语句表指令。其梯形图指令的格式及功能如表 2-13 所示。

表 2-13　SR/RS 指令的格式及功能

梯形图 LAD	功　能
 bit —S1　OUT→ 　SR —R	当置位优先（SR）触发器的置位信号 S1 和复位信号 R 同时为 1 时，使位置"1"
 bit —S　OUT→ 　RS —R1	当复位优先（RS）触发器的置位信号 S 和复位信号 R1 同时为 1 时，使位置"0"

说明：

bit 指定被操作的寄存器位，其寻址的寄存器是 I、Q、M、V、S 的位值。

如图 2-41、图 2-42 所示为 SR/RS 指令的使用方法。

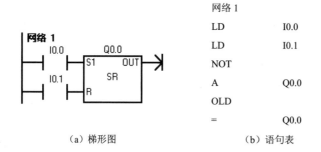

网络 1		
LD	I0.0	
LD	I0.1	
NOT		
A	Q0.0	
OLD		
=	Q0.0	

S1	R	Q0.0
0	0	原状态
0	1	0
1	0	1
1	1	1

（a）梯形图　　　　（b）语句表　　　　（c）真值表

图 2-41　SR 指令的使用方法

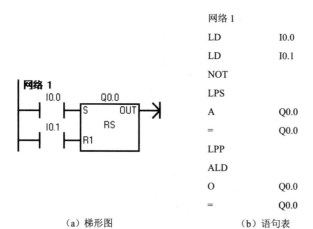

网络 1		
LD	I0.0	
LD	I0.1	
NOT		
LPS		
A	Q0.0	
=	Q0.0	
LPP		
ALD		
O	Q0.0	
=	Q0.0	

S	R1	Q0.0
0	0	原状态
0	1	0
1	0	1
1	1	0

（a）梯形图　　　　（b）语句表　　　　（c）真值表

图 2-42　RS 指令的使用方法

任务训练 5

PLC 在自动开/关门中的应用。如图 2-43 所示为自动开/关门控制示意图，PLC 用来控制自动打开和关闭仓库大门，以便让一个接近大门的物体（如车辆）进入或离开仓库。采用超声波装置和光电装置作为输入设备将信号送入 PLC。超声波装置发射超声波，当有物体进入超声波的作用范围时，超声波装置便检测出物体反射的回波。光电开关由内光源和

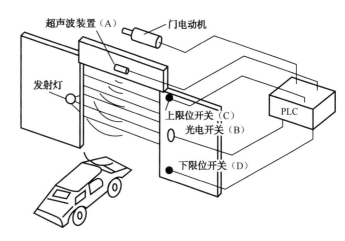

图 2-43　自动开/关门控制示意图

接收器两个元件组成，内光源连续地发射光束，由接收器加以接收。若车辆或物体遮断了光束，光电开关便检测到这一车辆或物体。

作为对检测到的超声波和光电输入信号的响应，PLC 产生输出控制信号去驱动库门电动机，从而实现升门和降门。除此之外，PLC 还接收来自门顶和门底两个限位开关的信号输入，用以控制升门动作和降门动作的完成。试设计 PLC 控制系统。任务要求如下：

（1）确定 PLC 的输入/输出设备，并进行 I/O 地址分配；

（2）编写 PLC 控制程序；

（3）进行 PLC 接线并联机调试。

思考练习 5

一、思考题

1．接通延时定时器与保持型接通延时定时器有何区别？

2．PLC 在执行程序时，要等到定时器的定时时间到才会往下接着执行程序吗？

3．在设计 PLC 程序时，如何利用定时器实现长延时？仅利用定时器是否可以实现任一时长的延时？

4．在触发器中何谓"置位优先"和"复位优先"？如何运用？置位、复位指令与触发器指令有何区别？

5．对同一元件同时置位和复位是否存在竞争关系？

二、正误判断题

1．TONR 型定时器的启动输入端 IN 由"1"变"0"时定时器复位。

2．定时器定时时间的长短取决于定时分辨率。

3．定时器的当前值不能用 R 指令清 0。

4．当 TON 型定时器的当前值逐步增长并达到设定值时，定时器的状态位被置 1，此时当前值将不再变化。

5．10 ms 定时器采用中断的方式进行刷新。

三、单项选择题

1．S7-200 系列 PLC 定时器的设定值 PT 可采用的寻址方式为（　　）。

　　A．立即数寻址　　　B．直接寻址　　　C．间接寻址　　　　D．以上三者均可

2．执行指令 S　Q0.1,3 后，输出映像寄存器被置 1 的位有（　　）。

　　A．Q0.0、Q0.1　　　　　　　　　　　　B．Q0.0、Q0.1、Q0.2

　　C．Q0.1、Q0.2　　　　　　　　　　　　D．Q0.1、Q0.2、Q0.3

3．下列定时精度中，不属于 S7-200 系列 PLC 定时器的是（　　）。

　　A．1 000 ms　　　　　B．100 ms　　　　　C．10 ms　　　　　D．1 ms

4．TOF 是（　　）定时器。

　　A．接通延时　　　　　　　　　　　　　B．断开延时

　　C．保持型接通延时　　　　　　　　　　D．保持型断开延时

5．S7-200 系列 PLC 定时器的定时时间等于（　　）。

　　A．时基×设定值　　　　　　　　　　　B．时基＋设定值

　　C．时基＋设定值　　　　　　　　　　　D．时基－设定值

四、程序设计题

1．设计周期为 10 s、占空比为 30%的方波输出信号的梯形图程序。

2．设计一个延时 2 h 的梯形图程序。

3．设计满足图 2-44 所示时序的梯形图程序。

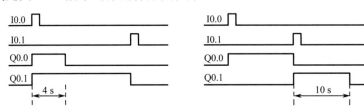

图 2-44　时序图

4．有 3 台电动机 M1、M2 和 M3，要求按下启动按钮 SB1 后 3 台电动机同时启动，按下停止按钮 SB2 后 3 台电动机同时停止。试采用 S/R 指令设计梯形图程序。

5．系统正常工作时，开关 SA 处于闭合状态、工作指示灯亮。当系统出现故障时，开关 SA 自动断开、工作指示灯灭。开关 SA 断开 1 s 后报警灯以 1 Hz 的频率闪烁。试设计梯形图程序。

模块 3

灯光及显示控制

日常生活中经常见到各种各样形式的灯光控制信号、霓虹灯及 LED 数码显示。它们是如何实现控制的呢？本模块将结合 PLC 的计数器指令、数据处理指令、逻辑运算指令和段代码指令等来实现对灯光信号等日常生活中常见对象的 PLC 控制。

学习目标

通过 3 项与本模块相关的任务的实施，进一步熟悉定时器指令的用法，掌握计数器指令及常见的基本应用电路；掌握数据传送指令、数据移位指令、逻辑运算指令的应用；掌握数据转换指令、数据加 1/减 1 及比较指令的应用。进一步掌握 PLC 的接线方法，能够熟练运用编程软件进行联机调试。

任务 3.1 交通信号灯控制

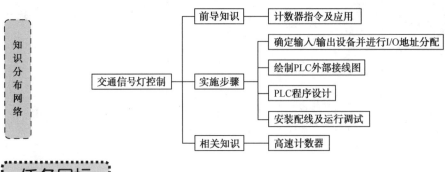

知识分布网络

交通信号灯控制
- 前导知识 —— 计数器指令及应用
- 实施步骤
  - 确定输入/输出设备并进行I/O地址分配
  - 绘制PLC外部接线图
  - PLC程序设计
  - 安装配线及运行调试
- 相关知识 —— 高速计数器

任务目标

（1）进一步熟悉定时器指令的用法。

（2）掌握计数器指令及常见的基本应用电路。

（3）运用定时器指令和计数器指令设计实现十字路口交通信号灯的控制，并且能够熟练运用编程软件进行联机调试。

前导知识

扫一扫看计数器操作指令及应用微视频

http://dsw.jsou.cn/album/5665/material/6672

3.1.1 计数器指令及应用

1．计数器指令

计数器指令用于对某事件有计数要求或完成复杂的逻辑控制任务的场合。在 PLC 控制系统中，与定时器一样，计数器也是通过对内部软继电器（计数器）进行操作实现计数功能的。PLC 内部的计数器也是 PLC 程序设计中常用的编程元件之一。

S7-200 系列 PLC 的计数器按工作方式可分为加计数器、减计数器和加/减计数器。其相关参数如表 3-1 所示。

表 3-1　计数器的相关参数

梯形图 LAD	语句表 STL		操作数的类型及范围
	操作码	操作数	
???? CU CTU R ????-PV	CTU	C××, PV	C××：计数器编号，常数；C0～C255 CU：加计数器输入端，位型；I、Q、M、SM、T、C、V、S、L、使能位 CD：减计数器输入端，位型；I、Q、M、SM、T、C、V、S、L、使能位 R：加计数器复位输入端，位型；I、Q、M、SM、T、C、V、S、L、使能位
???? CD CTD LD ????-PV	CTD	C××, PV	LD：减计数器复位输入端，位型；I、Q、M、SM、T、C、V、S、L、使能位 PV：设定值输入端，整数；VW、IW、QW、MW、SW、SMW、LW、AIW、 　　T、C、AC、常数、*VD、*LD、*AC

续表

梯形图 LAD	语句表 STL		操作数的类型及范围
	操作码	操作数	
???? CU CTUD CD R ????—PV	CTUD	C××, PV	

计数器的结构与定时器基本相同。每个计数器有一个 16 位的当前值寄存器用于存储计数器累计的脉冲数，一个 16 位的预设值寄存器用于存储计数器的设定值，均为有符号整数（INT），允许的最大值为 32 767，还有一个状态位表示计数器的状态。对于不同类型的计数器，当使能端输入有效后，其状态位的初始值为 1 或 0。当计数器完成规定的计数后，其状态位发生变化，对应的触点转换。

与定时器一样，除了常数外，还可以用 VW、IW 等作为它们的设定值，即计数器的设定值可以在程序中赋予或根据需要在外部进行设定。

1）加计数器 CTU（Counter Up）

加计数器 C5 的梯形图如图 3-1（a）所示。图中的 CU 端用于连接计数脉冲信号，R 端用于连接复位信号，PV 端用于标定计数器的设定值。

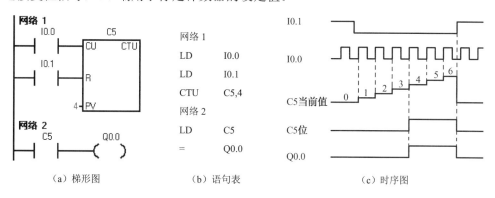

（a）梯形图　　（b）语句表　　（c）时序图

图 3-1　加计数器的控制程序及时序图

加计数器 C5 的工作过程（时序图）如图 3-1（c）所示。当连接于 R 端的 I0.1 常开触点为断开状态时，计数脉冲有效，此时每接收到来自 CU 端的 I0.0 触点由断到通的信号，计数器的值即加 1 成为当前值，直至计数至最大值 32 767；当计数器的当前值大于或等于设定值 4 时，计数器 C5 的状态位被置 1，C5 的触点转换，Q0.0 线圈得电；当连接于 R 端的 I0.1 触点接通时，C5 的状态位清 0，C5 的触点恢复到原始状态，Q0.0 线圈失电，当前值清 0。

2）减计数器 CTD（Counter Down）

减计数器 C5 的梯形图如图 3-2（a）所示。图中的 CD 端用于连接计数脉冲信号，LD 端用于连接复位信号，PV 端用于标定计数器的设定值。

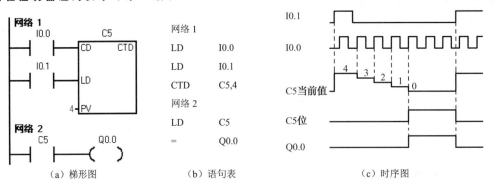

图 3-2 减计数器的控制程序及时序图

减计数器 C5 的工作过程（时序图）如图 3-2（c）所示。当连接于 LD 端的 I0.1 常开触点为断开状态时，计数脉冲有效，此时每接收到来自 CD 端的 I0.0 触点由断到通的信号，计数器的值即减 1 成为当前值；当计数器的当前值减为 0 时，计数器的状态位被置 1，C5 的触点转换，Q0.0 线圈得电，计数器停止计数；当连接于 LD 端的 I0.1 触点接通时，C5 的状态位清 0，C5 的触点恢复到原始状态，Q0.0 线圈失电，当前值恢复为设定值。

3）加/减计数器 CTUD（Counter Up/Down）

加/减计数器 C5 的梯形图如图 3-3（a）所示。图中的 CD 端为减计数脉冲输入端，其他符号的意义同加计数器 CTU。

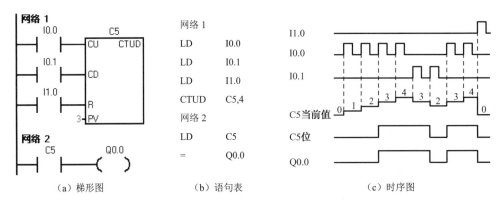

图 3-3 加/减计数器的控制程序及时序图

加/减计数器 C5 的工作过程（时序图）如图 3-3（c）所示。当连接于 R 端的 I1.0 常开触点为断开状态时，计数脉冲有效，此时每接收到来自 CU 端 I0.0 触点由断到通的信号，计数器的当前值即加 1，而每接收到来自 CD 端 I0.1 触点由断到通的信号，计数器的当前值即减 1；当计数器的当前值大于或等于设定值 3 时，计数器 C5 的状态位被置 1，C5 的触点转换；当连接于 R 端的 I1.0 触点接通时，C5 的状态位清 0，C5 的触点恢复到原始状态，当前值清 0。

加/减计数器 CTUD 的计数范围为-32 768～32 767，当前值为最大值 32 767 时，下一个 CU 端输入脉冲使当前值变为最小值-32 768；当前值为最小值-32 768 时，下一个 CD 端输入脉冲使当前值变为最大值 32 767。

注意： 不同类型的计数器不能共用同一编号。

2. 计数器应用

实例3.1 设计计数次数为 30 万次的电路。

S7-200.系列 PLC 的计数器的最大计数值是 32 767，若需要更大的计数值，则必须进行扩展。如图 3-4 所示为计数器的扩展电路。

图 3-4 中采用两个计数器构成组合电路，其中 C1 为一个设定值为 100 次的自复位计数器。对 CU 端输入信号 I0.0 的接通次数进行计数。I0.0 的触点每闭合 100 次，C1 自复位并开始重新计数。同时，C1 的常开触点闭合，使 C2 计数 1 次，当 C2 计数到 3 000 次时，I0.0 共接通 100×3 000 次=300 000 次，C2 的常开触点闭合，线圈 Q0.0 得电。该电路的计数值为两个计数器设定值的乘积，即 C 总=C1×C2。

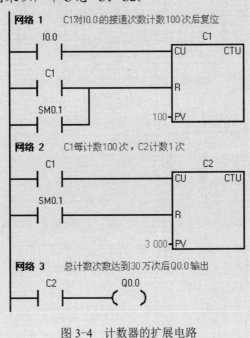

图 3-4 计数器的扩展电路

实例3.2 设计一个 365 天定时电路。

365 天定时电路既可以采用多个定时器串级实现，也可以采用计数器与定时器两者相结合来实现。如图 3-5 所示为计数器与定时器组合的电路。

图 3-5 中采用了两个 100 ms 定时器和一个计数器构成组合电路，当接入 PLC 输入端 I0.0 的启动按钮按下时，常开触点 I0.0 闭合，辅助继电器 M0.0 的线圈输出有效，M0.0 的常开触点闭合，定时器 T37 开始延时；当 T37 延时 1 800 s（30 min）时，T37 的常开触点闭合，T38 开始延时；当 T38 延时 1 800 s（30 min）时，T38 的常开触点闭合，计数器 C0 计数 1 次，延时达到 1 h；同时，T38 的常闭触点断开，使 T37 和 T38 复位，重新开始 1 h 延时。由于 365 天=24h×365=8 760 h，所以 C0 的设定值为 8 760。当计数器 C0 的计数脉冲数达到设定值时，C0 的常开触点闭合，线圈 Q0.0 得电。当接入 PLC 输入端 I0.1 的停止按

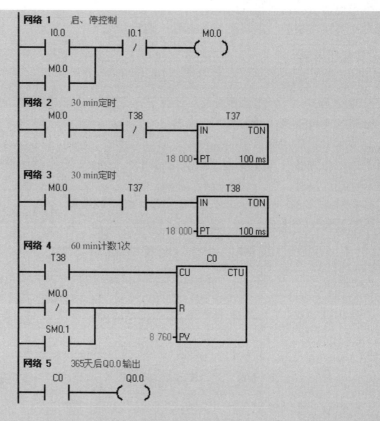

图3-5　计数器与定时器组合的电路

钮按下时，常闭触点 I0.1 断开，辅助继电器 M0.0 的线圈失电，常闭触点 M0.0 闭合，使计数器 C0 复位，Q0.0 输出结束。特殊存储器位 SM0.1 在 PLC 每一次重新开始运行时使计数器 C0 复位。

实例3.3　采用计数器与特殊存储器实现365天定时电路。

在对特殊存储器 SM 的了解过程中，可知 SM0.4、SM0.5 可分别产生 1 min 和 1 s 的时钟脉冲，若将时钟脉冲信号送入计数器作为计数信号，便可起到定时器的作用。下面采用 SM0.5 和计数器实现 365 天定时，如图 3-6 所示。

当接入 PLC 输入端 I0.0 的启动按钮按下时，常开触点 I0.0 闭合，辅助继电器 M0.0 的线圈输出有效，M0.0 的常开触点闭合，计数器 C0 开始对 SM0.4 产生的 1 min 时钟脉冲进行计数，当计满 60 次时（1 h=1 min×60），实现 1 h 延时，计数器 C0 的一常开触点闭合，作为计数器 C1 的计数脉冲使 C1 计数 1 次，C0 的另一常开触点闭合，使 C0 自复位，重新开始对 SM0.4 产生的 1 min 时钟脉冲进行计数。当 C1 计数达到设定值 8 760 时，实现 365 天定时，C1 的常开触点闭合，线圈 Q0.0 得电。当接入 PLC 输入端 I0.1 的停止按钮按下时，常闭触点 I0.1 断开，辅助继电器 M0.0 的线圈失电，常闭触点 M0.0 闭合，使计数器 C0、C1 复位，Q0.0 输出结束。特殊存储器位 SM0.1 在 PLC 每一次重新开始运行时使计数器 C0、C1 复位。

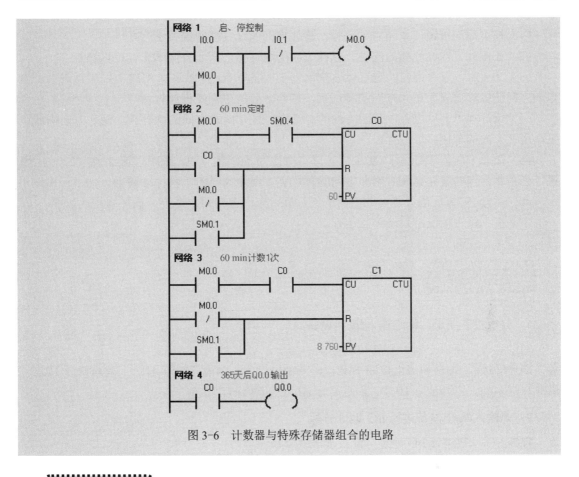

图 3-6 计数器与特殊存储器组合的电路

任务内容

某十字路口交通信号灯采用 PLC 控制，信号灯分为东西、南北两组，分别有红、黄和绿三种颜色。该交通信号灯设置示意图如图 3-7 所示。

图 3-7 交通信号灯设置示意图

控制要求如下：

（1）按下启动按钮，系统启动运行，南北方向的红灯亮并维持 25 s。

（2）在南北方向红灯亮的同时，东西方向的绿灯亮，东西方向的车辆可以通行。

（3）20 s 时，东西方向的绿灯以占空比为 50%的 1 Hz 频率闪烁 3 次（3 s）后熄灭，当东西方向的绿灯熄灭后东西方向的黄灯亮，东西方向的车辆停止通行。

（4）黄灯亮 2 s 后熄灭，东西方向的红灯亮，同时南北方向的红灯灭，南北方向的绿灯亮，南北方向的车辆可以通行。

（5）南北方向的绿灯亮了 20 s 后，以占空比为 50%的 1 Hz 频率闪烁 3 次（3 s）后熄灭，当南北方向的绿灯熄灭后南北方向的黄灯亮，南北方向的车辆停止通行。

（6）黄灯亮 2 s 后熄灭，南北方向的红灯亮，东西方向的绿灯亮，循环执行此过程。

（7）按下停止按钮，系统停止运行。

任务实施

1．分析控制要求，确定输入/输出设备

通过对十字路口交通信号灯控制要求的分析，可以归纳出该电路中出现了 2 个输入设备，即启动按钮 SB1 和停止按钮 SB2；6 个输出设备，即南北红灯 HL1、南北黄灯 HL2、南北绿灯 HL3、东西红灯 HL4、东西黄灯 HL5、东西绿灯 HL6。

2．对输入/输出设备进行 I/O 地址分配

根据 I/O 个数进行 I/O 地址分配，如表 3-2 所示。

表 3-2　输入/输出地址分配

输 入 设 备			输 出 设 备		
名　　称	符　　号	地　　址	名　　称	符　　号	地　　址
启动按钮	SB1	I0.0	南北红灯	HL1（两组）	Q0.0
停止按钮	SB2	I0.1	南北黄灯	HL2（两组）	Q0.1
			南北绿灯	HL3（两组）	Q0.2
			东西红灯	HL4（两组）	Q1.0
			东西黄灯	HL5（两组）	Q1.1
			东西绿灯	HL6（两组）	Q1.2

3．绘制 PLC 外部接线图

根据 I/O 地址分配结果，绘制 PLC 外部接线图，如图 3-8 所示。

4．PLC 程序设计

根据控制电路要求，设计 PLC 梯形图程序或语句表程序。梯形图程序如图 3-9 所示。

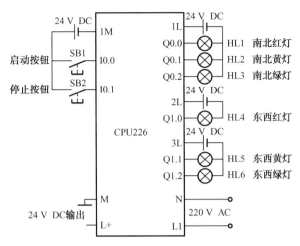

图 3-8 十字路口交通信号灯的 PLC 外部接线图

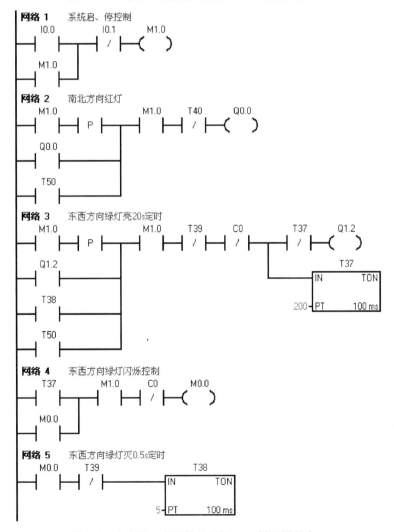

图 3-9 十字路口交通信号灯的 PLC 梯形图程序

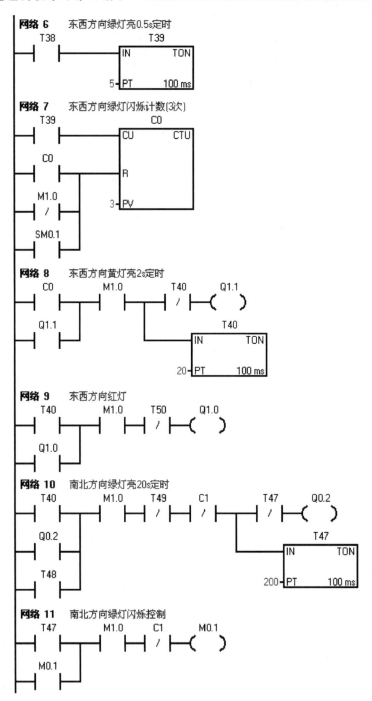

图 3-9　十字路口交通信号灯的 PLC 梯形图程序（续）

5．安装配线

按照图 3-8 进行配线，安装方法及要求与继电器控制电路相同。

6．运行调试

（1）在断电状态下，连接好 PC/PPI 电缆。

（2）运行 STEP 7-Micro/WIN 编程软件，设置通信参数。

（3）编写控制程序，编译并下载程序文件到 PLC 中。

（4）按下启动按钮 SB1，观察信号指示灯是否按控制要求工作。

（5）按下停止按钮 SB2，观察所有的灯是否能够熄灭。

 检查评价

在规定时间内完成任务，各组自我评价并进行展示，各组之间根据评价表进行检查。检查与评价表如表 3-3 所示。

表 3-3　检查与评价表

项　目	要　求	配　分	评分标准	得　分
I/O 分配表	（1）能正确分析控制要求，完整、准确确定输入/输出设备 （2）能正确对输入/输出设备进行 I/O 地址分配	20	不完整，每处扣 2 分	
PLC 接线图	按照 I/O 分配表绘制 PLC 外部接线图，要求完整、美观	10	不规范，每处扣 2 分	
安装与接线	（1）能正确进行 PLC 外部接线，正确安装元件及接线 （2）线路安全简洁，符合工艺要求	30	不规范，每处扣 5 分	
程序设计与调试	（1）程序设计简洁易读，符合任务要求 （2）在保证人身和设备安全的前提下，通电试车一次成功	30	第一次试车不成功，扣 5 分；第二次试车不成功，扣 10 分	
文明安全	安全用电，无人为损坏仪器、元件和设备现象，小组成员团结协作	10	成员不积极参与，扣 5 分；违反文明操作规程，扣 5～10 分	
总　分				

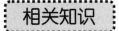 **相关知识**

3.1.2　高速计数器

PLC 的普通计数器的计数过程与扫描工作方式有关，CPU 通过每一个扫描周期读取一次被测信号的方法来捕捉被测信号的上升沿，当被测信号的频率较高时，会丢失计数脉冲，这是因为普通计数器的工作频率低，一般仅有几十赫兹。高速计数器可以对普通计数器无能为力的事件进行计数，其计数频率取决于 CPU 的类型，在 S7-200 系列 PLC 中，CPU22X 的最高计数频率为 30 kHz，用于捕捉比 CPU 扫描速度更快的事件，并产生中断，执行中断程序，完成预定的操作。高速计数器在现代自动化的精确定位控制领域具有重要的应用价值。

1. S7-200 系列 PLC 的高速计数器

不同型号的 PLC 主机，其高速计数器的数量不同，使用时，每个高速计数器都有地址编号（HSC*n*）。HSC 表示该编程元件是高速计数器，*n* 为地址编号。每个高速计数器包含两方面信息：计数器位和计数器当前值。高速计数器的当前值为双字长的符号整数，且只能读取。S7-200 系列 PLC 中，CPU22X 的高速计数器的数量与地址编号如表 3-4 所示。

表 3-4　CPU22X 的高速计数器的数量与地址编号

主　　机	CPU221	CPU222	CPU224/CPU224X	CPU226
可用 HSC 数量	4	4	6	6
HSC 地址	HSC0、HSC3 HSC4、HSC5	HSC0、HSC3 HSC4、HSC5	HSC0～HSC5	HSC0～HSC5

2. 中断事件类型

高速计数器的计数和动作可采用中断方式进行控制。各种型号的 CPU 采用高速计数器的中断事件大致分为三种方式：当前值等于预设值中断、输入方向改变中断和外部复位中断。所有高速计数器都支持当前值等于预设值中断，但并不是所有高速计数器都支持这三种方式。高速计数器产生的中断事件有 14 个。中断源优先级等详情可查阅有关技术手册。

3. 高速计数器指令

高速计数器指令有两条：HDEF 和 HSC。其指令格式及功能如表 3-5 所示。

表 3-5　高速计数器指令的格式及功能描述

梯形图 LAD	语句表 STL		功　　能
	操作码	操作数	
HDEF EN　ENO ????─HSC ????─MODE	HDEF	HSC, MODE	高速计数器定义指令，当使能输入有效时，为指定的高速计数器分配一种操作模式
HSC EN　ENO ????─IN	HSC	N	高速计数器指令，当使能输入有效时，根据高速计数器特殊存储器位的状态，并按照 HDEF 指令指定的操作模式，设置高速计数器并控制其工作

说明：

（1）在高速计数器指令 HDEF 中，操作数 HSC 指定高速计数器的编号（0～5），MODE 指定高速计数器的操作模式（0～11），每个高速计数器只能用一条 HDEF 指令；

（2）在高速计数器指令 HSC 中，操作数 N 指定高速计数器的编号（0～5）。

4. 操作模式和输入线的连接

1）操作模式

每种高速计数器有多种功能不同的操作模式，这些操作模式与中断事件密切相关。使用一个高速计数器时，首先要定义它的操作模式。可以用 HDEF 指令来进行设置。

S7-200 系列 PLC 的高速计数器最多可设置 12（用常数 0~11 表示）种不同的操作模式。不同的高速计数器有不同的模式，如表 3-6 所示。

2）输入线的连接

使用高速计数器时，需要定义它的操作模式和正确进行输入端连接。S7-200 系列 PLC 为高速计数器定义了固定的输入端。高速计数器与输入端的对应关系如表 3-7 所示。

表 3-6　高速计数器的操作模式

高速计数器	操 作 模 式
HSC0、HSC4	0、1、3、4、6、7、9、10
HSC1、HSC2	0~11
HSC3、HSC5	0

表 3-7　高速计数器与输入端的对应关系

高速计数器	使用的输入端
HSC0	I0.0、I0.1、I0.2
HSC1	I0.6、I0.7、I1.0、I1.1
HSC2	I1.2、I1.3、I1.4、I1.5
HSC3	I0.1
HSC4	I0.3、I0.4、I0.5
HSC5	I0.4

使用时必须注意，高速计数器的输入端、输入/输出中断的输入端都包括在一般数字量输入端的编号范围内。同一个输入端只能有一种功能。如果程序使用了高速计数器，则只有高速计数器不用的输入端才可以用来作为输入/输出中断或一般数字量的输入端。

任务训练 6

这是一条公路与人行横道之间的信号灯顺序控制，当没有人横穿公路时，公路绿灯与人行横道红灯始终都是亮的；当有人需要横穿公路时，按路边设有的按钮（两侧均设）SB1 或 SB2，15 s 后公路上的绿灯灭、黄灯亮，再过 10 s 红灯亮，然后过 5 s 人行横道的红灯灭、绿灯亮，绿灯亮 10 s 后又闪烁 4 s。5 s 后红灯又亮，再过 5 s，公路上的绿灯亮，在这个过程中按路边的按钮是不起作用的，只有当整个过程结束后，也就是公路上的绿灯与人行横道上的红灯同时亮时再按按钮才起作用。设计 PLC 控制系统，任务要求如下：

（1）确定 PLC 的输入/输出设备，并进行 I/O 地址分配；

（2）编写 PLC 控制程序；

（3）进行 PLC 接线并联机调试。

思考练习 6

一、思考题

1. 当加计数器 CTU 或减计数器 CTD 的信号输入端有信号出现时，两者的当前值变化有什么不同？

2. 定时器和计数器的设定值可以是变量吗？

3. 定时器与计数器有什么关系？

4. 当加/减计数器 CTUD 的当前值为最大值 32 767 时，下一个 CU 端输入脉冲使当前值变为多少？当前值为-32 768 时，下一个 CD 端输入脉冲使当前值变为多少？为什么？

5. 怎样利用定时器、计数器和特殊存储器位实现长延时？

二、正误判断题

1. 不同类型的计数器不能共用同一编号。

2. 能用复位指令来实现对计数器的复位。

3. S7-200 系列 PLC 的计数器用于累计输入端脉冲信号由高到低变化的次数。

4. CTD 型计数器的当前值等于 0 时，其状态位置位，但会继续计数。

5. 用来累计比 CPU 扫描速率还要快的事件的是高速计数器。

三、单项选择题

1. S7-200 系列 PLC 计数器的设定值 PV 可采用的寻址方式为（　　）。

    A．立即数寻址　　　　　　　　　B．直接寻址

    C．间接寻址　　　　　　　　　　D．以上三者均可

2. 下列对 CTD 型计数器的描述中，正确的是（　　）。

    A．CTD 指令在每一个 CD 端输入的下降沿递减计数

    B．CTD 计数器的当前值等于 0 时置位，但会继续计数

    C．CTD 指令在每一个 CD 端输入的上升沿递减计数

    D．当复位端为"0"时 CTD 型计数器被复位

3. S7-200 系列 PLC 计数器的最大计数值是（　　）。

    A．127　　　　　　B．255　　　　　　C．32 767　　　　　　D．65 535

4. 下面哪个编号的高速计数器并不是所有 S7-200 系列 PLC 都具有的？（　　）

    A．HSC0　　　　　B．HSC2　　　　　C．HSC4　　　　　D．HSC5

5. 当加计数器 CTU 或减计数器 CTD 的信号输入端有信号出现时，两者的当前值变化有什么不同？（　　）

    A．都增大　　　　　　　　　　　B．加计数器增加，减计数器减小

    C．都减小　　　　　　　　　　　D．加计数器减小，减计数器增大

四、程序设计题

1. 采用光敏开关检测药片，每检测到 200 片药片后自动发出换瓶指令。试分别采用加计数器、减计数器设计实现该功能的梯形图。

2. 采用一个按钮来控制组合吊灯的三挡亮度，时序图如图 3-10 所示，试采用计数器设计实现满足控制要求的梯形图并进行调试。要求在 PLC 运行开始时和组合吊灯熄灭时都对计数器进行复位。

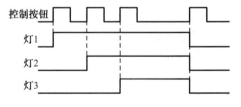

图 3-10　时序图

任务 3.2 霓虹灯控制

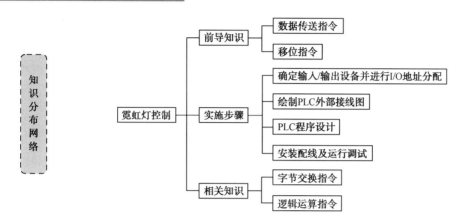

任务目标

（1）掌握数据传送指令的应用。

（2）掌握数据移位指令的应用。

（3）掌握字节交换指令、逻辑运算指令的用法。

（4）运用数据处理指令设计实现对霓虹灯的控制，并且能够熟练运用编程软件进行联机调试。

前导知识

扫一扫看数据传送、移位指令及应用微视频

http://dsw.jsou.cn/album/5665/material/6673

3.2.1 数据传送、移位指令及应用

S7-200 系列 PLC 具有较强的数据处理功能，主要包括数据的传送、移位、比较、转换、运算及各种数据表格的处理等。数据处理类指令是开发和应用 PLC 控制系统必不可少的，PLC 通过这些数据处理功能可方便地对生产现场的数据进行采集、分析和处理，进而实现对具有数据处理要求的各种生产过程的自动控制。例如，过程控制系统中温度、压力、流量的范围控制，PID 控制及伺服系统的速度控制等。合理、正确地使用数据处理类指令，对于优化程序的结构，提高应用系统的功能，简化对一些复杂问题的处理有着重要的作用。

1. 数据传送指令

数据传送指令的主要作用是将常数或某存储器中的数据传送到另一存储器中。它包括单一数据传送和成组数据传送（块传送）两大类。它通常用于设定参数、协助处理有关数据及建立数据或参数表格等。

1）单一数据传送指令 MOV

单一数据传送指令是指将输入的数据 IN 传送到输出 OUT，在传送的过程中不改变数据

的原始值。根据传送数据的类型，MOV 可分为字节传送 MOVB、字传送 MOVW、双字传送 MOVD 和实数传送 MOVR。其格式及功能如表 3-8 所示。

表 3-8　单一数据传送指令的格式及功能

梯形图 LAD	语句表 STL		功　能
	操作码	操作数	
MOV_B　EN ENO　????-IN OUT-????	MOVB	IN, OUT	
MOV_W　EN ENO　????-IN OUT-????	MOVW	IN, OUT	当使能位 EN 为 1 时，将输入的数据 IN 传送到输出 OUT，在传送的过程中不改变数据的原始值
MOV_DW　EN ENO　????-IN OUT-????	MOVD	IN, OUT	
MOV_R　EN ENO　????-IN OUT-????	MOVR	IN, OUT	

说明：

（1）操作数 IN、OUT 的寻址范围要与操作码中的数据类型一致，其中字节传送不能寻址专用的字及双字存储器，如 T、C 及 HC 等，OUT 不能寻址常数；

（2）影响允许输出 ENO 正常工作的出错条件是：0006（间接寻址）。

2）块传送指令 BLKMOV

块传送指令是指将输入 IN 指定地址的 N 个连续数据传送到从输出 OUT 指定地址开始的 N 个连续单元中，在传送的过程中不改变数据的原始值。根据传送数据的类型，BLKMOV 可分为字节块传送 BMB、字块传送 BMW、双字块传送 BMD。其格式及功能如表 3-9 所示。

表 3-9　块传送指令的格式及功能

梯形图 LAD	语句表 STL		功　能
	操作码	操作数	
BLKMOV_B　EN ENO　????-IN OUT-????　????-N	BMB	IN, OUT, N	
BLKMOV_W　EN ENO　????-IN OUT-????　????-N	BMW	IN, OUT, N	当使能位 EN 为 1 时，将从 IN 存储器单元开始的 N 个数据传送到从 OUT 开始的连续的 N 个存储单元中，在传送的过程中不改变数据的原始值
BLKMOV_D　EN ENO　????-IN OUT-????　????-N	BMD	IN, OUT, N	

说明：

（1）操作数 N 指定被传数据块的长度，可寻址常数及存储器字节地址，不能寻址专用字及双字存储器，如 T、C 及 HC 等，可取值范围为 1～255；

（2）操作数 IN、OUT 不能寻址常数，寻址范围要与操作码中的数据类型一致，其中字节传送不能寻址专用的字及双字存储器，如 T、C 及 HC 等；

（3）影响允许输出 ENO 正常工作的出错条件是：0006（间接寻址），0091（操作数超出范围）。

2．移位指令

移位指令的作用是将存储器中的数据按要求进行某种移位操作。在控制系统中，它可用于数据处理、跟踪和步进控制。根据移位方向的不同，移位指令可分为数据左/右移位、数据循环左/右移位等指令。

1）数据左/右移位指令 SHL/SHR

数据左/右移位指令是指将输入端 IN 指定的存储器中的数据传送到输出端 OUT 指定的存储器中进行左/右移 N 位操作，结果存在 OUT 指定的存储器中。根据移位的数据类型，SHL/SHR 可分为字节移位 SLB/SRB、字移位 SLW/SRW、双字移位 SLD/SRD。其格式及功能如表 3-10 所示。

表 3-10　移位指令的格式及功能

梯形图 LAD	语句表 STL		功　能
	操作码	操作数	
SHL_B EN　ENO ????-IN　OUT-???? ????-N	SLB	OUT, N	
SHR_B EN　ENO ????-IN　OUT-???? ????-N	SRB	OUT, N	
SHL_W EN　ENO ????-IN　OUT-???? ????-N	SLW	OUT, N	当使能位 EN 为 1 时，将输入数据 IN 传送到 OUT 中进行左/右移 N 位，结果存在 OUT 中
SHR_W EN　ENO ????-IN　OUT-???? ????-N	SRW	OUT, N	
SHL_DW EN　ENO ????-IN　OUT-???? ????-N	SLD	OUT, N	
SHR_DW EN　ENO ????-IN　OUT-???? ????-N	SRD	OUT, N	

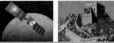

说明：

（1）操作数 N 为移位位数，对字节、字、双字的最大移位位数分别为 8、16、32，字节寻址时，不能寻址专用字及双字存储器，如 T、C 及 HCS 等；

（2）操作数 IN、OUT 的寻址范围要与操作码中的数据类型一致，不能寻址 T、C、HC 等专用存储器，操作数 OUT 不能寻址常数；

（3）移位指令影响特殊存储器的 SM1.0 和 SM1.1 位；

（4）影响允许输出 ENO 正常工作的出错条件是：0006（间接寻址）；

（5）被移位的字节数据为无符号数，字、双字数据如果为有符号数，则符号位也将被移位。

注意： 在编写语句表指令时，如果输入端 IN 指定的存储器与输出端 OUT 指定的存储器的类型或单元不同，则在使用移位指令之前需要先用传送指令将 IN 端的数据传送到 OUT 端指定的存储器中；如果 IN 端和 OUT 端指定的是同一个存储器的同一个单元，则不需要写出传送指令。

2）数据循环左/右移位指令 ROL/ROR

数据循环左/右移位指令是指将输入端 IN 指定的数据循环左/右移 N 位，结果存在 OUT 中。根据移位的数据类型，ROL/ROR 可分为字节循环移位 RLB/RRB、字循环移位 RLW/RRW、双字循环移位 RLD/RRD。其格式及功能如表 3-11 所示。

表 3-11　循环移位指令的格式及功能

梯形图 LAD	语句表 STL		功能及说明
	操作码	操作数	
ROL_B	RLB	OUT, N	
ROR_B	RRB	OUT, N	
ROL_W	RLW	OUT, N	
ROR_W	RRW	OUT, N	当使能位 EN 为 1 时，将输入数据 IN 传送到 OUT 中进行循环左/右移 N 位，结果存在 OUT 中
ROL_DW	RLD	OUT, N	
ROR_DW	RRD	OUT, N	

说明：

（1）操作数 N 为移位位数，对字节、字、双字的最大移位位数分别为 8、16、32，字节寻址时，不能寻址专用字及双字存储器，如 T、C 及 HC 等；

（2）操作数 IN、OUT 的寻址范围要与操作码中的数据类型一致，不能寻址 T、C、HC 等专用存储器，操作数 OUT 不能寻址常数；

（3）循环移位是环形的，即被移出的位将返回到另一端空出来的位；

（4）循环移位指令影响特殊存储器的 SM1.0 和 SM1.1 位；

（5）影响允许输出 ENO 正常工作的出错条件是：0006（间接寻址）；

（6）被循环移位的字节数据为无符号数，字、双字数据如果为有符号数，则符号位也将被移位。

注意：在编写语句表指令时，如果输入端 IN 指定的存储器与输出端 OUT 指定的存储器的类型或单元不同，则在使用循环移位指令之前需要先用传送指令将 IN 端的数据传送到 OUT 端指定的存储器中；如果 IN 端和 OUT 端指定的是同一个存储器的同一个单元，则不需要写出传送指令。

3. 传送与移位指令应用

实例 3.4　将变量存储器 VW100 中的内容送到 VW200 中，对应的梯形图程序及传送结果如图 3-11 所示。

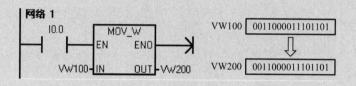

图 3-11　传送指令编程举例

实例 3.5　将变量存储器 VB10 开始的连续 4 个字节传送到 VB30～VB33 中，对应的梯形图程序及传送结果如图 3-12 所示。

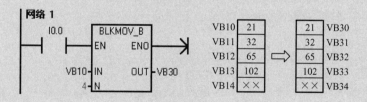

图 3-12　块传送指令编程举例

实例 3.6　将变量存储器 VB20 单元中的内容左移 3 位，将 VB40 单元中的内容传送到 VB80 中后右移 4 位，对应的梯形图、语句表及移位结果如图 3-13 所示。

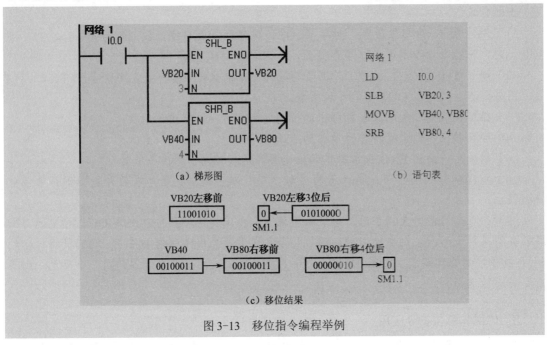

图 3-13　移位指令编程举例

实例 3.7　将 AC0 中的内容循环左移 4 位，将 VW10 中的内容循环右移 5 位，移位后的数据仍存入原来的存储单元，对应的梯形图、语句表及移位结果如图 3-14 所示。

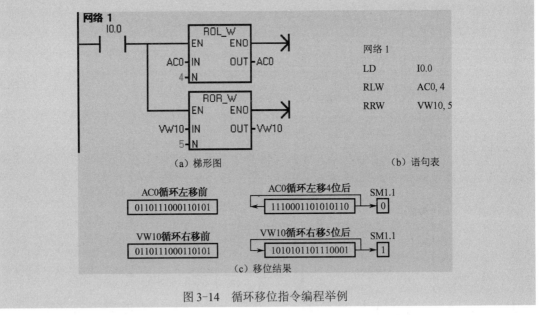

图 3-14　循环移位指令编程举例

任务内容

如图 3-15 所示为天塔之光控制模拟面板，由 12 个彩灯组成。

控制要求如下:

（1）按下启动按钮后,彩灯按以下规律显示:
L12→L11→L10→L8→L1、L2、L9→L1、L5、L8→
L1、L4、L7→L1、L3、L6→L1→L2、L3、L4、
L5→L6、L7、L8、L9→L1、L2、L6→L1、L3、
L7→L1、L4、L8→L1、L5、L9→L1、L2、L3、
L4、L5→L6、L7、L8、L9→L1、L2、L9,每一组
彩灯转换时间间隔为 1 s,循环执行此过程;

（2）按下停止按钮后,天塔之光控制系统停止
运行。

任务实施

图 3-15　天塔之光控制模拟面板

1．分析控制要求,确定输入/输出设备

通过对天塔之光控制要求的分析,可以归纳出该电路中出现了 2 个输入设备,即启动
按钮 SB1 和停止按钮 SB2;12 个输出设备,即 L1~L12。

2．对输入/输出设备进行 I/O 地址分配

根据 I/O 个数进行 I/O 地址分配,如表 3-12 所示。

表 3-12　输入/输出地址分配

输 入 设 备			输 出 设 备					
名　称	符　号	地　址	名　称	符　号	地　址	名　称	符　号	地　址
启动按钮	SB1	I0.0	彩灯	L1	Q0.0	彩灯	L7	Q0.6
停止按钮	SB2	I0.1		L2	Q0.1		L8	Q0.7
				L3	Q0.2		L9	Q1.0
				L4	Q0.3		L10	Q1.1
				L5	Q0.4		L11	Q1.2
				L6	Q0.5		L12	Q1.3

3．绘制 PLC 外部接线图

根据 I/O 地址分配结果,绘制 PLC 外部接线图,如图 3-16 所示。

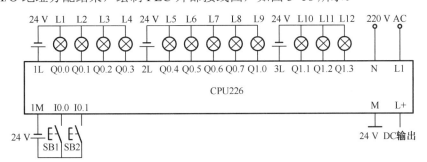

图 3-16　天塔之光的 PLC 外部接线图

4．PLC 程序设计

根据控制电路要求，设计 PLC 梯形图程序或语句表程序。梯形图程序如图 3-17 所示。

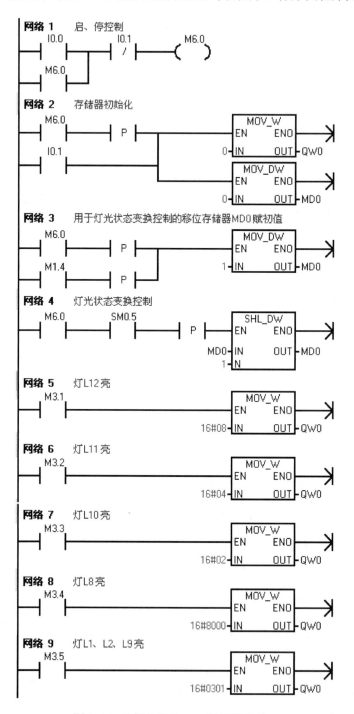

图 3-17　天塔之光的 PLC 梯形图程序

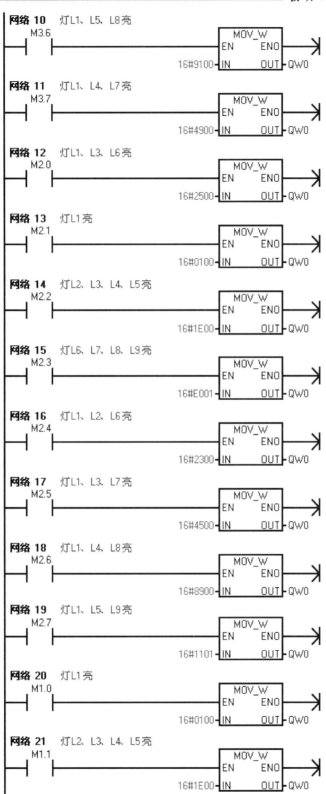

图 3-17 天塔之光的 PLC 梯形图程序（续）

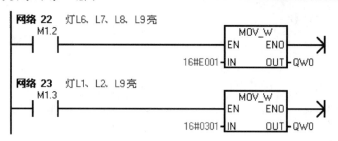

图 3-17　天塔之光的 PLC 梯形图程序（续）

5．安装配线

按照图 3-16 进行配线，安装方法及要求与继电器控制电路相同。

6．运行调试

（1）在断电状态下，连接好 PC/PPI 电缆。

（2）运行 STEP 7-Micro/WIN 编程软件，设置通信参数。

（3）编写控制程序，编译并下载程序文件到 PLC 中。

（4）按下启动按钮 SB1，观察彩灯是否按控制要求工作。

（5）按下停止按钮 SB2，观察所有的彩灯是否能够熄灭。

检查评价

在规定时间内完成任务，各组自我评价并进行展示，各组之间根据评价表进行检查。检查与评价表如表 3-13 所示。

表 3-13　检查与评价表

项　目	要　　求	配　分	评分标准	得　分
I/O 分配表	（1）能正确分析控制要求，完整、准确确定输入/输出设备 （2）能正确对输入/输出设备进行 I/O 地址分配	20	不完整，每处扣 2 分	
PLC 接线图	按照 I/O 分配表绘制 PLC 外部接线图，要求完整、美观	10	不规范，每处扣 2 分	
安装与接线	（1）能正确进行 PLC 外部接线，正确安装元件及接线 （2）线路安全简洁，符合工艺要求	30	不规范，每处扣 5 分	
程序设计与调试	（1）程序设计简洁易读，符合任务要求 （2）在保证人身和设备安全的前提下，通电试车一次成功	30	第一次试车不成功，扣 5 分；第二次试车不成功，扣 10 分	
文明安全	安全用电，无人为损坏仪器、元件和设备现象，小组成员团结协作	10	成员不积极参与，扣 5 分；违反文明操作规程，扣 5～10 分	
总　　分				

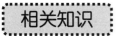

3.2.2　字节交换、逻辑运算指令及应用

1. 字节交换指令

字节交换指令 SWAP 属于数据传送类指令，用于字型数据的高 8 位字节与低 8 位字节的交换。其格式及功能如表 3-14 所示。

表 3-14　字节交换指令的格式及功能

梯形图 LAD	语句表 STL		功　能
	操作码	操作数	
SWAP EN　ENO ????　IN	SWAP	IN	当使能位 EN 为 1 时，将输入字 IN 中的高 8 位字节与低 8 位字节交换

说明：操作数 IN 不能寻址常数，只能对字地址寻址。

实例 3.8　有 8 组彩灯 L1～L8，当开关 SA 闭合后，奇数组灯与偶数组灯之间每间隔 1 s 交替被点亮。

实现本例灯光控制的方法很多。将开关 SA 与 PLC 的输入端 I0.0 相连，彩灯 L1～L8 分别与 PLC 的输出端 Q0.0～Q0.7 相连。采用字节交换指令编写的梯形图程序如图 3-18 所示。

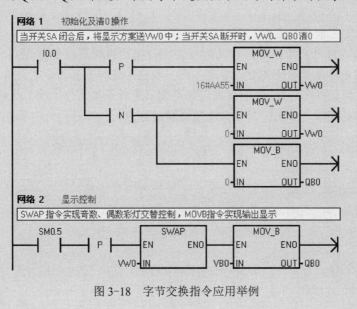

图 3-18　字节交换指令应用举例

2. 逻辑运算指令

逻辑运算指令的作用是对已知数据进行逻辑与、逻辑或、逻辑异或及逻辑取反等操作，可用于存储器的清零、设置标志位等。根据数据长度的不同，可分别对字节、字和双字进行逻辑运算。其格式及功能如表 3-15 所示。

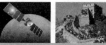

表3-15 逻辑运算指令的格式及功能

梯形图 LAD	语句表 STL		功　能
	操作码	操作数	
WAND_X EN　ENO ????-IN1　OUT-???? ????-IN2	ANDX	IN1, OUT	当使能位 EN 为 1 时，将输入数据 IN1 传送到 OUT 中，然后与数据 IN2 按位进行与（或、异或）运算，结果存在 OUT 中
WOR_X EN　ENO ????-IN1　OUT-???? ????-IN2	ORX	IN1, OUT	
WXOR_X EN　ENO ????-IN1　OUT-???? ????-IN2	XORX	IN1, OUT	
INV_X EN　ENO ????-IN　OUT-????	INVX	OUT	当使能位 EN 为 1 时，将输入数据 IN 传送到 OUT 中，然后按位进行取反运算，结果存在 OUT 中

说明：

（1）操作码中的 X 代表数据长度，可分为字节（B）、字（W）和双字（D）（梯形图中为 DW）3 种情况；

（2）操作数 IN1、IN2、IN、OUT 的寻址范围要与操作码中的数据类型一致，其中对字寻址的源操作数还可以有 AI（IN 还可以寻址 T、C），对双字寻址的源操作数还可以有 HC，操作数 OUT 不能寻址常数。

注意：在编写语句表指令时，如果输入端 IN2（逻辑取反指令为 IN）指定的存储器与输出端 OUT 指定的存储器的类型或单元不同，在使用逻辑运算指令之前需要先用传送指令将 IN1（IN）端的数据传送到 OUT 端指定的存储器中；如果 IN2（IN）端和 OUT 端指定的是同一个存储器的同一个单元，则不需要写出传送指令。

实例 3.9 假设 VW10 和 VW20 中存放的是对某一系统前后两次采集的 16 位数字量的状态，判断是否发生了变化。

要判断 VW10 和 VW20 中各位的状态是否一致，可以采用按位异或运算的方式，如果各位的结果不全是 0，那就说明某位的状态发生了变化。状态发生变化的位，异或的结果为 1。其对应的梯形图、语句表和异或结果示意图如图 3-19 所示。

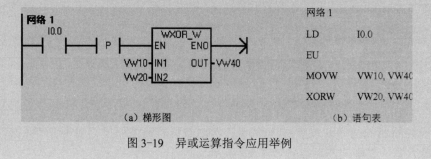

图 3-19　异或运算指令应用举例

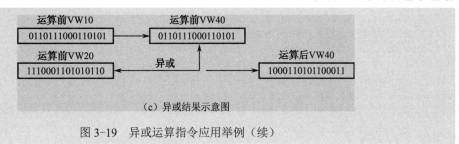

（c）异或结果示意图

图 3-19　异或运算指令应用举例（续）

实例 3.10 采用逻辑取反指令完成实例 3.8 的要求。编写的梯形图程序如图 3-20 所示。

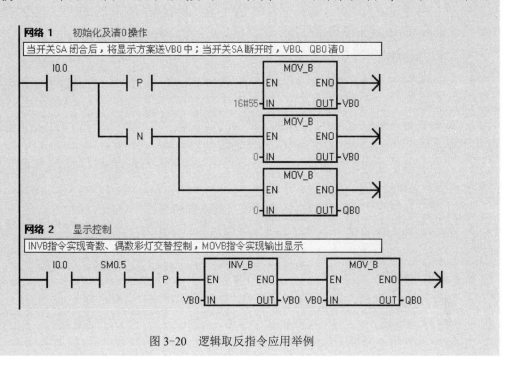

图 3-20　逻辑取反指令应用举例

任务训练7

有一霓虹灯彩环系统，共有 5 个环，每个环有内外两圈彩灯，要求用 PLC 控制灯光的闪烁移位及时序变化，每个步骤为 0.5 s。按下启动按钮，1 内亮→1 外亮→2 内亮→2 外亮→1 内亮、1 外亮、2 内亮、2 外亮→3 内亮→3 外亮→4 内亮→4 外亮→3 内亮、3 外亮、4 内亮、4 外亮→5 内亮→5 外亮→1 内亮→1 外亮……如此循环，直到按下停止按钮。任务要求如下：

（1）确定 PLC 的输入/输出设备，并进行 I/O 地址分配；

（2）编写 PLC 控制程序；

（3）进行 PLC 接线并联机调试。

思考练习7

一、思考题

1．如何用移位指令实现对操作数的乘8操作？

2．如何用移位指令实现对操作数的除4操作？

3．在什么情况下，单一数据传送指令与块传送指令的功能相同？

4．在移位指令执行后 IN 端指定的存储器中的内容是否发生变化？

5．在编写语句表指令时，如果输入端 IN 指定的存储器与输出端 OUT 指定的存储器的类型或单元不同，在使用循环移位指令之前需要进行什么操作？

二、正误判断题

1．单一数据传送指令是将输入的数据 IN 传送到输出 OUT 中，在传送的过程中可以改变数据的原始值。

2．块传送指令是将输入 IN 指定地址的 *N* 个连续数据传送到从输出 OUT 指定地址开始的 N 个连续单元中，在传送的过程中不改变数据的原始值。

3．在执行移位指令时，数据的符号位将保持不变；而在执行循环移位指令时，数据的符号位也将参与移位。

4．字节交换指令用于字节数据的高4位与低4位的交换。

5．如果某两个存储器中的对应位进行异或运算后结果为 0，说明这两个存储器中的原值为 0。

三、单项选择题

1．MOVR 是下列哪个指令的操作码？（　　　）

    A．字节传送　　　B．实数传送　　　C．字传送　　　D．双字传送

2．双字移位指令的最大移位位数为（　　　）。

    A．8位　　　　　B．12位　　　　　C．16位　　　　　D．32位

3．假设 VW0 中存放有十六进制数据 FF00，当执行指令 RLW VW0,4 后，VW0 中的数据变为（　　　）。

    A．00FF　　　　B．0FF0　　　　C．F00F　　　　D．F0F0

4．假设 VW0 中存放有十六进制数据 AB，当执行指令 SWAP VW0 后，VW0 中的数据变为（　　　）。

    A．AB　　　　　B．BA　　　　　C．AB00　　　　D．BA00

5．假设 VB0、VB1 中都存放有十六进制数据 F0，当执行指令 XORB VB0,VB2 后，VB0、VB1 中的数据变为（　　　）。

    A．F0、00　　　B．F0、FF　　　C．0F、00　　　D．00、00

四、程序设计题

1．有 3 台电动机，当按下启动按钮时，同时启动；当按下停止按钮时，同时停止。试分别采用触点线圈指令、置位/复位指令和传送指令编写 PLC 控制程序。

2．16 位彩灯循环控制，移位的时间间隔为 1s，用 I0.0 作为移位方向的控制开关，当 I0.0 为 OFF 时循环右移一位，为 ON 时循环左移一位，试编写 PLC 控制程序。

3．某设备有 2 台电动机，控制要求为：第 1 次按下启动按钮时只有第 1 台电动机工作；第 2 次按下启动按钮时第 1 台电动机停车，第 2 台电动机工作；第 3 次按下启动按钮时第 2 台电动机停车，第 1 台电动机工作，如此循环。无论哪一台电动机正处于工作状态，当按下停止按钮时，均停止工作。试分别采用触点线圈指令、移位指令和计数器指令编写 PLC 控制程序。

任务 3.3　LED 数码显示控制

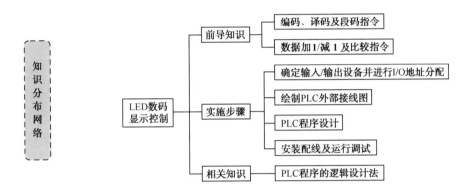

任务目标

（1）掌握数据编码、译码及段码指令的应用。

（2）掌握数据加 1/减 1 及比较指令的应用。

（3）运用"七段显示译码指令 SEG"设计 LED 数码显示控制程序，并且能够熟练运用编程软件进行联机调试。

前导知识

扫一扫看数据加 1 减 1、段码指令及应用微视频

http://dsw.jsou.cn/album/5665/material/6674

3.3.1　编码、译码及段码指令

在数据处理类指令中，转换指令的作用是对数据格式进行转换，包括字节与整数的转换、整数与双字整数的转换、双字整数与实数的转换、BCD 码与整数的转换、ASCII 码与十六进制数的转换及编码、译码、段码等操作。它主要用于数据处理时的数据匹配及数据显示。

1．编码指令

编码指令的格式及功能如表 3-16 所示。

表3-16　编码指令的格式及功能

梯形图 LAD	语句表 STL		功　能
	操作码	操作数	
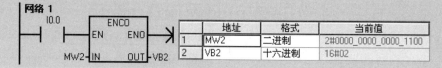	ENCO	IN, OUT	当使能位 EN 为 1 时，将输入字 IN 中最低有效位的位号转换为输出字节 OUT 中的低 4 位数据

　　说明： 操作数 OUT 不能寻址常数及专用的字、双字存储器 T、C、HC 等。

　　实例 3.11　如果 MW2 中有一数据的最低有效位是第 2 位（从第 0 位算起），则执行编码指令后，VB2 中的数据为 16#02，其低字节为 MW2 中最低有效位的位号值。对应的梯形图程序及执行结果如图 3-21 所示。

```
网络 1
 I0.0        ENCO
──┤├──────┤EN    ENO├───▷
              
      MW2─┤IN    OUT├─VB2
```

	地址	格式	当前值
1	MW2	二进制	2#0000_0000_0000_1100
2	VB2	十六进制	16#02

图 3-21　编码指令应用举例

2. 译码指令

　　译码指令的格式及功能如表 3-17 所示。

表3-17　译码指令的格式及功能

梯形图 LAD	语句表 STL		功　能
	操作码	操作数	
	DECO	IN, OUT	当使能位 EN 为 1 时，根据输入字节 IN 的低 4 位所表示的位号（十进制数）值，将输出字 OUT 中的相应位置 1，其他位置 0

　　说明： 操作数 IN 不能寻址专用的字及双字存储器 T、C、HC 等；操作数 OUT 不能对 HC 及常数寻址。

　　实例 3.12　如果 VB2 中存有数据 16#08，即低 8 位数据为 8，则执行 DECO 译码指令后，将使 MW2 中的第 8 位数据位置 1，而其他数据位置 0。对应的梯形图程序及执行结果如图 3-22 所示。

```
网络 1
 I0.0        DECO
──┤├──────┤EN    ENO├───▷
              
      VB2─┤IN    OUT├─MW2
```

	地址	格式	当前值
1	VB2	十六进制	16#08
2	MW2	二进制	2#0000_0001_0000_0000

图 3-22　译码指令应用举例

3. 段码指令

在 S7-200 系列 PLC 中，有一条可直接驱动七段显示 LED 数码管的指令 SEG（Segment），其格式及功能如表 3-18 所示。如果在 PLC 的输出端用一个字节的前 7 个端口（0～6）与数码管的 7 个段（a、b、c、d、e、f、g）对应连接，当 SEG 指令的允许输入端 EN 有效时，将字节型输入数据 IN 的低 4 位对应的数据（0～F）输出到 OUT 指定的字节单元（实际只用到前 7 位），则 IN 端的数据即可直接通过数码管显示出来。

表 3-18　段码指令的格式及功能

梯形图 LAD	语句表 STL		功　能
	操作码	操作数	
SEG EN　ENO ????-IN　OUT-????	SEG	IN, OUT	当使能位 EN 为 1 时，将输入字节 IN 的低四位有效数字值转换为七段显示码，并输出到字节 OUT

说明：

（1）操作数 IN、OUT 的寻址范围不包括专用的字及双字存储器如 T、C、HC 等，其中操作数 OUT 不能寻址常数；

（2）七段显示码的编码规则如图 3-23 所示。

IN	OUT	段 码 显 示	IN	OUT
	·gfe dcba			·gfe dcba
0	0011 1111		8	0111 1111
1	0000 0110		9	0110 0111
2	0101 1011	a	A	0111 0111
3	0100 1111	f　g　b	b	0111 1100
4	0110 0110		C	0011 1001
5	0110 1101	e　c	d	0101 1110
6	0111 1101	d	E	0111 1001
7	0000 0111		F	0111 0001

图 3-23　七段显示码的编码规则

3.3.2　数据加 1/减 1 及比较指令

1. 数据加 1/减 1 指令

数据加 1/减 1 指令属于 PLC 数据处理类指令中的运算指令，多用于实现按数据运算结果进行控制的场合，如自动配料系统、工程量的标准化处理、自动修改指针等。其格式及功能如表 3-19 所示。

表 3-19　数据加 1/减 1 指令的格式及功能

梯形图 LAD	语句表 STL		功　能
	操作码	操作数	
INC_X　EN　ENO　????-IN　OUT-????	INCX	IN	当使能位 EN 为 1 时，将输入数据 IN 传送到 OUT 中进行加 1（INC）或减 1（DEC）操作，结果存在 OUT 中
DEC_X　EN　ENO　????-IN　OUT-????	DECX	OUT	

说明：

（1）操作码中的 X 代表数据类型，可分为字节（B）、字（W）和双字（D）（梯形图中为 DW）3 种情况；

（2）操作数 OUT 的寻址范围要与操作码中的数据类型一致，其中对字节操作时不能寻址专用的字及双字存储器，如 T、C 及 HC 等，对字操作时不能寻址专用的双字存储器 HC，操作数 OUT 不能寻址常数；

（3）字、双字加/减指令是有符号的，影响特殊存储器位 SM1.0 和 SM1.1 的状态；字节加/减指令是无符号的，影响特殊存储器位 SM1.0、SM1.1 和 SM1.2 的状态。

注意： 在编写语句表指令时，如果输入端 IN 指定的存储器与输出端 OUT 指定的存储器的类型或单元不同，在使用加 1/减 1 指令之前需要先用传送指令将 IN 端的数据传送到 OUT 端指定的存储器中；如果 IN 端和 OUT 端指定的是同一个存储器的同一个单元，则不需要写出传送指令。

实例 3.13　I0.0 每接通一次，累加器 AC0 中的内容自动加 1，将 VW100 中的内容传送到 VW200 中进行自动减 1。其对应的梯形图和语句表如图 3-24 所示。

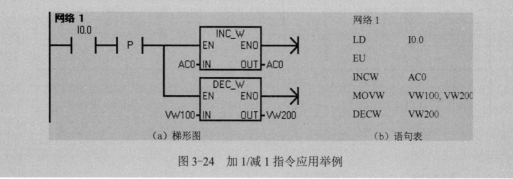

图 3-24　加 1/减 1 指令应用举例

2. 数据比较指令

数据比较指令属于基本逻辑类指令，用于比较两个数据的大小，并根据比较结果实现某种控制要求。根据比较数据的类型，它可分为字节比较、字整数比较、双字整数比较和实数比较。其格式及功能如表 3-20 所示。

扫一扫看数据比较指令及应用微视频

http://dsw.jsou.cn/album/5665/material/6675

表 3-20　数据比较指令的格式及功能

梯形图 LAD	语句表 STL		功　能
	操作码	操作数	
IN1 ─┤ F X ├─ IN2	LDXF	IN1, IN2	比较两个数据 IN1 和 IN2 的大小，若比较结果为真，则该触点闭合
	AXF	IN1, IN2	
	OXF	IN1, IN2	

说明：

（1）操作码中的 F 代表比较符号，可分为"="（梯形图中表示为==）、"<>"、">="、"<="、">"及"<"6 种；

（2）操作码中的 X 代表数据类型，分为字节（B）、字整数（W）（梯形图中表示为 I）、双字整数（D）和实数（R）4 种；

（3）操作数的寻址范围要与指令码中的 X 一致；

（4）字节比较是无符号的，字整数、双字整数及实数比较都是有符号的；

（5）比较指令中的<>、<、>指令不适用于 CPU21X 系列机型，为了实现这 3 种比较功能，在 CPU21X 系列机型编程时，可采用 NOT 指令与=、>=、<=指令组合的方法实现，如要想表达 VD10<>100，写成语句表程序即为

$$LDD=\qquad VD10, 100$$
$$NOT$$

实例 3.14　用一个按钮实现组合吊灯的 3 挡亮度控制功能，组合吊灯的控制时序如图 3-25 所示。

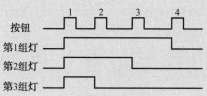

图 3-25　组合吊灯的控制时序

将按钮与 PLC 的输入端 I0.0 相连，组合吊灯的 3 组灯分别与 PLC 的输出端 Q0.1～Q0.3 相连。可采用加计数器 CTU 或减计数器 CTD 记录按钮的按动次数，利用比较指令实现组合吊灯 3 组灯的点亮控制。采用加计数器 CTU 编写的梯形图程序如图 3-26 所示。

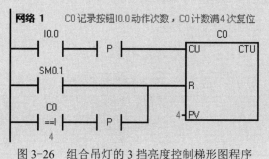

图 3-26　组合吊灯的 3 挡亮度控制梯形图程序

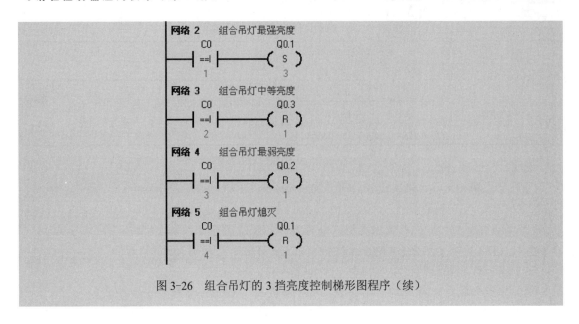

图 3-26　组合吊灯的 3 挡亮度控制梯形图程序（续）

任务内容

日常生活中常见到广告牌、路标标识、车库停车位及生产线上的显示系统，可以显示数字或字母。设计由 PLC 控制的数码显示系统，控制要求如下：

（1）当按下启动按钮 SB1 后，由 7 组 LED 发光二极管组成的七段数码管开始显示数字和字符，显示次序是 0、1、2、3、4、5、6、7、8、9、A、b、C、d、E、F，此过程为一个循环周期；

（2）时间间隔为 1 s；

（3）循环执行上一个周期的显示过程；

（4）当按下停止按钮 SB2 后，数码管熄灭，停止显示。

任务实施

1．分析控制要求，确定输入/输出设备

通过对数码显示系统控制要求的分析，可以归纳出该系统具有 2 个输入设备，即启动按钮 SB1 和停止按钮 SB2；7 个输出设备，即 7 组 LED 发光二极管 LED0～LED6。

2．对输入/输出设备进行 I/O 地址分配

根据 I/O 个数进行 I/O 地址分配，如表 3-21 所示。

表 3-21　输入/输出地址分配

输 入 设 备			输 出 设 备		
名　称	符　号	地　址	名　称	符　号	地　址
启动按钮	SB1	I0.0	发光二极管	LED0	Q0.0

续表

输 入 设 备			输 出 设 备		
名　称	符　号	地　址	名　　称	符　号	地　址
停止按钮	SB2	I0.1	发光二极管	LED1	Q0.1
			发光二极管	LED2	Q0.2
			发光二极管	LED3	Q0.3
			发光二极管	LED4	Q0.4
			发光二极管	LED5	Q0.5
			发光二极管	LED6	Q0.6

3．绘制 PLC 外部接线图

根据 I/O 地址分配结果，绘制 PLC 外部接线图，如图 3-27 所示。

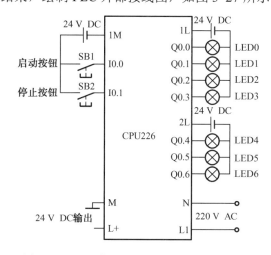

图 3-27　LED 数码显示的 PLC 外部接线图

4．PLC 程序设计

根据控制电路要求，设计 PLC 梯形图程序或语句表程序，梯形图程序如图 3-28 所示。

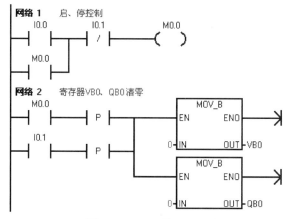

图 3-28　LED 数码显示的 PLC 梯形图程序

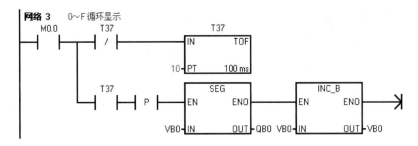

图 3-28　LED 数码显示的 PLC 梯形图程序（续）

5．安装配线

按照图 3-27 进行配线，安装方法及要求与继电器控制电路相同。

6．运行调试

（1）在断电状态下，连接好 PC/PPI 电缆。
（2）运行 STEP 7-Micro/WIN 编程软件，设置通信参数。
（3）编写控制程序，编译并下载程序文件到 PLC 中。
（4）按控制要求启动、停止，观察数码管的显示过程。

检查评价

在规定时间内完成任务，各组自我评价并进行展示，各组之间根据评价表进行检查。检查与评价表如表 3-22 所示。

表 3-22　检查与评价表

项　目	要　求	配　分	评分标准	得　分
I/O 分配表	（1）能正确分析控制要求，完整、准确确定输入/输出设备 （2）能正确对输入/输出设备进行 I/O 地址分配	20	不完整，每处扣 2 分	
PLC 接线图	按照 I/O 分配表绘制 PLC 外部接线图，要求完整、美观	10	不规范，每处扣 2 分	
安装与接线	（1）能正确进行 PLC 外部接线，正确安装元件及接线 （2）线路安全简洁，符合工艺要求	30	不规范，每处扣 5 分	
程序设计与调试	（1）程序设计简洁易读，符合任务要求 （2）在保证人身和设备安全的前提下，通电试车一次成功	30	第一次试车不成功，扣 5 分；第二次试车不成功，扣 10 分	
文明安全	安全用电，无人为损坏仪器、元件和设备现象，小组成员团结协作	10	成员不积极参与，扣 5 分；违反文明操作规程，扣 5～10 分	
总　　分				

扫一扫看 PLC
程序的逻辑设
计法微视频

http://dsw.jsou.cn/album/5665/
material/6676

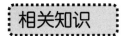

3.3.3　PLC 程序的逻辑设计法

当被控对象为开关量，需要用 PLC 对其进行逻辑控制时，可以采用逻辑设计法。逻辑设计法分为组合逻辑设计法和时序逻辑设计法两种。这种设计方法既有严密可循的规律性、明确可行的设计步骤，又具有简便、直观和规范的特点。

1. 组合逻辑设计法

组合逻辑设计法的理论基础是逻辑代数，而控制系统的本质是逻辑电路。控制电路的接通和断开，都是通过继电器等元件的触点来实现的，因此控制电路的种种功能均取决于这些触点的开、合两种状态。因此，继电器控制符合逻辑运算的基本规律。从某种意义上讲，PLC 是"与"、"或"、"非"三种逻辑线路的组合体，而 PLC 的梯形图程序的基本形式是"与"、"或"、"非"的逻辑组合，其工作方式及其规律完全符合逻辑运算的基本规律。因此，用变量及其函数只有"0"、"1"两种取值的逻辑代数作为研究 PLC 应用程序的工具是合适的。

用组合逻辑设计法进行程序设计一般可分为以下几个步骤。

（1）根据控制要求，明确输入/输出信号个数。

（2）详细绘制系统状态转换表。状态转换表全面、完整地展示了系统各部分、各时刻的状态和状态之间的联系及转换，非常直观，有助于建立控制系统的整体联系、动态变化的概念。

（3）根据状态转换表进行系统的逻辑设计，包括列写中间记忆元件的逻辑函数式和列写执行元件（输出量）的逻辑函数式。逻辑函数式既是生产机械或生产过程内部逻辑关系和变化规律的表达形式，又是构成控制系统实现控制目标的具体程序。

（4）将逻辑设计的结果转化为 PLC 程序。

（5）通过模拟调试，检查程序是否符合控制要求，结合经验设计法进一步修改程序。

实例 3.15　某一控制系统对通风机的运行状态进行监视，要求在以下几种运行状态下发出不同的显示信号：3 台及 3 台以上开机时，绿灯常亮；两台开机时，绿灯以 1Hz 的频率闪烁；一台开机时，红灯以 1Hz 的频率闪烁；全部停机时，红灯常亮。

① 设 3 台通风机分别为 FAN1、FAN2、FAN3，红灯亮为 RHL，绿灯亮为 GHL。先确定输入信号、输出信号，然后列出状态表或画出时序图，写出逻辑函数表达式再进行化简，再根据化简的逻辑函数画出梯形图，最后将梯形图程序进行现场运行调试，直至满足控制要求为止。将检测通风机工作的检测元件和执行元件进行对应的 I/O 点分配，如表 3-23 所示。

表 3-23　输入/输出 I/O 分配

输　　入		输　　出	
名　　称	地　　址	名　　称	地　　址
FAN1 状态检测	I0.1	红灯显示 RHL	Q0.1
FAN2 状态检测	I0.2	绿灯显示 GHL	Q0.0
FAN3 状态检测	I0.3		

② 根据检测元件状态和执行元件状态列出输入/输出状态表，如表 3-24 所示。

表 3-24　输入/输出状态表

检测元件状态			执行元件状态	
FAN1	FAN2	FAN3	RHL	GHL
I0.1	I0.2	I0.3	Q0.1	Q0.0
0	0	0	1	0
0	0	1	1	0
0	1	0	1	0
1	0	0	1	0
0	1	1	0	1
1	0	1	0	1
1	1	0	0	1
1	1	1	0	1

③ 列出执行元件逻辑函数。

绿灯常亮的逻辑函数：$Q0.0=I0.1 \cdot I0.2 \cdot I0.3$

绿灯闪烁的逻辑函数：$Q0.0=\overline{I0.1} \cdot I0.2 \cdot I0.3 + I0.1 \cdot \overline{I0.2} \cdot I0.3 + I0.1 \cdot I0.2 \cdot \overline{I0.3}$

$\qquad = \overline{I0.1} \cdot I0.2 \cdot I0.3 + (\overline{I0.2} \cdot I0.3 + I0.2 \cdot \overline{I0.3}) \cdot I0.1$

红灯闪烁的逻辑函数：$Q0.1=I0.1 \cdot \overline{I0.2} \cdot \overline{I0.3} + \overline{I0.1} \cdot I0.2 \cdot \overline{I0.3} + \overline{I0.1} \cdot \overline{I0.2} \cdot I0.3$

$\qquad = \overline{I0.1} \cdot \overline{I0.2} \cdot \overline{I0.3} + (\overline{I0.2} \cdot \overline{I0.3} + \overline{I0.2} \cdot I0.3) \cdot \overline{I0.1}$

红灯常亮的逻辑函数：$Q0.1=\overline{I0.1} \cdot \overline{I0.2} \cdot \overline{I0.3}$

④ 根据逻辑函数式设计梯形图，如图 3-29 所示。

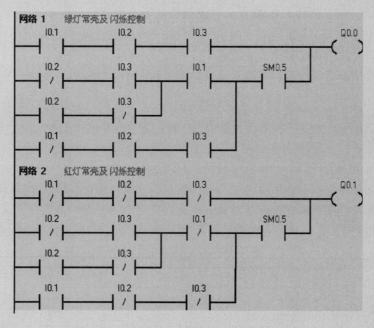

图 3-29　通风机监控系统的 PLC 梯形图程序

2. 时序逻辑设计法

时序逻辑设计法适用于 PLC 各输出信号的状态变化有一定时间顺序的场合。设计程序时根据画出的各输出信号的时序图，理顺各状态转换的时刻和转换条件，找出输出与输入及内部触点的对应关系，并进行适当化简。一般来讲，时序逻辑设计法应与经验法配合使用，否则将可能使逻辑关系过于复杂。

采用时序逻辑设计法进行程序设计一般可分为以下几个步骤。

（1）根据控制要求，明确输入/输出信号个数。

（2）明确各输入和各输出信号之间的时序关系，画出各输入和输出信号的工作时序图。

（3）将时序图划分成若干个时间区段，找出区段间的分界点，弄清分界点处输出信号状态的转换关系和转换条件。

（4）对 PLC 的 I/O、内部辅助继电器和定时器/计数器等进行分配。

（5）列出输出信号的逻辑表达式，根据逻辑表达式设计 PLC 程序。

（6）通过模拟调试，检查程序是否符合控制要求，结合经验设计法进一步修改程序。

实例 3.16　两台电动机顺序循环运行的控制。有 M1 和 M2 两台电动机，按下启动按钮 SB1 后，M1 运转 10 min，停止 5 min；M2 与 M1 相反，即 M1 停止时 M2 运行，M1 运行时 M2 停止，如此循环往复，直至按下停止按钮 SB2。

① 根据控制要求对输入/输出设备进行 I/O 点分配，如表 3-25 所示。

表 3-25　输入/输出 I/O 分配

输　　入			输　　出		
名　　称	符　　号	地　　址	名　　称	符　　号	地　　址
启动按钮	SB1	I0.1	M1 接触器线圈	KM1	Q0.1
停止按钮	SB2	I0.2	M2 接触器线圈	KM2	Q0.2

② 画时序图。为了使逻辑关系清晰，可以用辅助继电器 M0.0 作为运行控制继电器，且用 T37 控制 M1 的运行时间，用 T38 控制 M1 的停止时间。根据要求画出的时序图如图 3-30 所示。

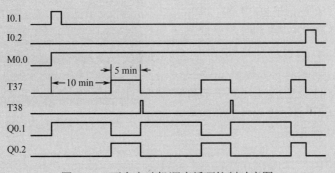

图 3-30　两台电动机顺序循环控制时序图

由图 3-30 可知，T37 和 T38 组成闪烁电路，其逻辑关系表达式如下：

$$Q0.1 = M0.0 \cdot \overline{T37} \qquad Q0.2 = M0.0 \cdot \overline{Q0.1}$$

③ 根据逻辑函数式设计的梯形图如图3-31所示。

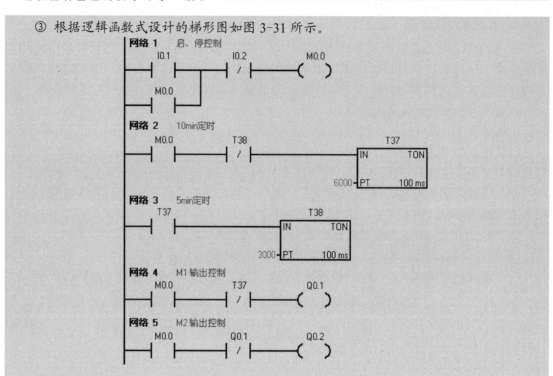

图3-31 两台电动机顺序循环控制的梯形图

任务训练8

如图3-32所示为某停车场的车辆进/出口管理示意图。在进口和出口处各有两组地感检测装置，第1组地感检测装置用于检测是否有车辆进/出场，第2组地感检测装置用于检测车辆是否完全进/出场，道闸的抬杆及落杆动作由电动机驱动。当检测到有车辆进/出场时，道闸执行抬杆动作，抬杆到位后停止；当检测到车辆完全进/出场时，道闸执行落杆动作，落杆到位后停止；采用 LED 数码管显示停车场的剩余车位数。设计 PLC 控制系统。

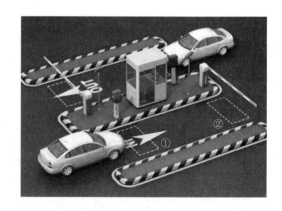

图3-32 停车场车辆进/出口管理示意图

控制要求如下：

（1）系统启动运行时，数码管显示最大剩余车位数9；

（2）当有车辆进入停车场时，剩余车位数减1；

（3）当有车辆驶出停车场时，剩余车位数加1；

（4）当停车场无剩余车位时，不响应车辆进场信号；

（5）当系统停止运行时，数码管停止显示。

任务要求如下：

（1）确定 PLC 的输入/输出设备，并进行 I/O 地址分配；

（2）编写 PLC 控制程序；

（3）进行 PLC 接线并联机调试。

思考练习 8

一、思考题

1．编码指令和译码指令的功能是什么？

2．使用段码指令 SEG 时，怎样才能保证在七段数码管上显示出正确的字符？

3．数据加 1/减 1 指令的操作数的类型有哪些？操作数是否可以为常数？

4．比较指令中的哪些指令不适用于 CPU21X 系列机型？在对 CPU21X 系列机型编程时，可采用什么方法实现？

5．为什么在采用逻辑设计法设计 PLC 程序时常与经验设计法配合使用？

二、正误判断题

1．从功能上看，编码指令与译码指令是互逆的。

2．使用段码指令 SEG 可以在七段数码管上显示出任意字符。

3．数据加 1/减 1 指令的操作数 IN 和 OUT 不能指定为不同的存储器。

4．字整数、双字整数及实数比较指令的操作数都是有符号的。

5．数据比较指令中的梯形图符号有时以触点形式出现，有时以线圈形式出现。

三、单项选择题

1．假设 MW2 中存有数据 12，执行如图 3-33 所示的梯形图后，VB2 中的数据为
（　　）。

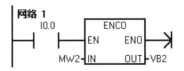

图 3-33　梯形图

　　A．12　　　　　　B．21　　　　　　C．3　　　　　　D．2

2．假设 VB2 中存有数据 8，执行如图 3-34 所示的梯形图后，MW2 中的数据为
（　　）。

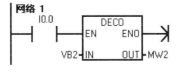

图 3-34　梯形图

A．8   B．64   C．128   D．256

3．用 PLC 的输出端 Q0.0～Q0.6 与数码管的 7 个段（a、b、c、d、e、f、g）对应连接，当 PLC 运行时，在触点 I0.0 闭合期间，如图 3-35 所示梯形图的功能是（　　）。

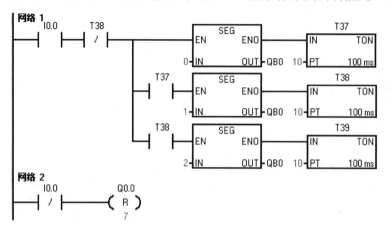

图 3-35　梯形图

A．循环顺序显示字符 0、1、2   B．顺序显示一次字符 0、1、2 后停止

C．循环顺序显示字符 0、1   D．顺序显示一次字符 0、1 后停止

4．在如图 3-36 所示的梯形图中，运行前 QB0 已被清零，当计数器 C0 的当前值为 3 时，QB0 中有输出的是（　　）。

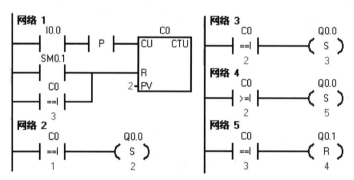

图 3-36　梯形图

A．Q0.0   B．Q0.1   C．Q0.4   D．Q0.5

5．设数据 IN1、IN2 均为 16 位整数，现需要比较它们是否相等，如果相等则触点闭合。下列指令中正确的是（　　）。

A．LDW==   IN1,IN2   B．AB<>   IN1,IN2

C．LD=   IN1,IN2   D．OW=   IN1,IN2

四、程序设计题

1．按下启动按钮，3 台电动机每隔 5 s 分别依次启动；按下停止按钮，3 台电动机同时停止。试采用比较指令与定时器指令设计梯形图程序。

2. 某设备有 2 台电动机，要求用 1 个按钮实现对 2 台电动机的启、停控制。控制要求如下：第 1 次按按钮时只有第 1 台电动机工作；第 2 次按按钮时第 1 台电动机停车，第 2 台电动机工作；第 3 次按按钮时第 2 台电动机停车，第 1 台电动机工作，如此循环。无论哪台电动机处于工作状态，当按下停止按钮时系统复位，电动机停止工作。试采用计数器与比较指令设计梯形图程序。

3. 单按钮复用控制 1 个指示灯。控制要求：第 1 次操作按钮时指示灯亮；第 2 次操作按钮时指示灯灭。试分别采用多种方法设计梯形图程序。

4. 用 1 个按钮控制 1 个指示灯进行多种显示模式的转换。控制要求：第 1 次操作按钮时指示灯亮；第 2 次操作按钮时指示灯闪亮；第 3 次操作按钮时指示灯灭。如此循环，试分别采用逻辑指令、计数器及比较指令、移位指令设计梯形图程序。

5. 采用 SEG 指令实现数码显示，只能显示数字 0～9 及字母 A～F。如果需要显示其他符号，需要另想办法。

有一数码显示系统的显示过程为：按下启动按钮 SB1 后，由 8 组 LED 发光二极管模拟的八段数码管开始显示。先是一段段显示，显示次序是 A 段、B 段、C 段、D 段、E 段、F 段、G 段、H 段。随后显示数字字符，显示次序是 0、1、2、3、4、5、6、7、8、9、A、b、C、d、E、F、H、P，此过程为一个循环周期；时间间隔为 1s；循环执行上一个周期的显示过程；按下停止按钮 SB2，停止显示。要求：（1）确定 PLC 的输入/输出设备，并进行 I/O 地址分配；（2）设计梯形图程序；（3）进行 PLC 接线并联机调试。

6. 密码锁有 7 个按键 SB1～SB7。

（1）SB1 为开锁键。

（2）SB2、SB3、SB4、SB5 为密码输入按键。开锁条件为：SB2 设定按压次数为 3 次，SB3 设定按压次数为 2 次，SB4 设定按压次数为 5 次，SB5 设定按压次数为 4 次。按压顺序为 SB3→SB5→SB2→SB4。如果密码输入正确，按下开锁键 SB1 后，密码锁自动打开，否则警报器发出报警。

（3）SB7 为不可按压键，一旦按压，警报器就会发出报警。

（4）SB6 为复位键，按下 SB6 后，可重新进行开锁作业。如果按错键，则必须进行复位操作，所有计数器都被复位。

要求：（1）确定 PLC 的输入/输出设备，并进行 I/O 地址分配；（2）设计 PLC 梯形图程序；（3）进行 PLC 接线并联机调试。

模块 4

自动生产过程控制

在自动化生产过程中，经常遇到物料的自动传送、分拣、加工、装配等自动工艺过程，这些过程往往按照一定的顺序进行。在工业控制领域中，顺序控制的应用很广，尤其是在机械行业，几乎无一例外地利用了顺序控制来实现加工的自动循环。PLC 的设计者们继承了顺序控制的思想，为顺序控制程序的编制提供了大量通用和专用的编程元件，开发了专门供编制顺序控制程序用的功能指令，称为顺序控制继电器指令或步进指令，如西门子公司的 S7-200 系列 PLC 的 SCR 指令、三菱公司 PLC 的 STL 指令等，使得这种先进的设计方法成为当前 PLC 程序设计的主要方法。

学习目标

通过 5 项与本模块相关的任务的实施，在进一步熟练掌握定时器、计数器、数据处理、比较、逻辑运算等指令的基础上，掌握 PLC 的转换指令、程序控制指令和功能指令，掌握运用功能图设计 PLC 控制程序的方法，对采用 PLC 控制的自动生产过程中的相关任务进行编程与实现；进一步掌握 PLC 的接线方法，能够熟练运用编程软件进行联机调试。

任务 4.1　传送带控制

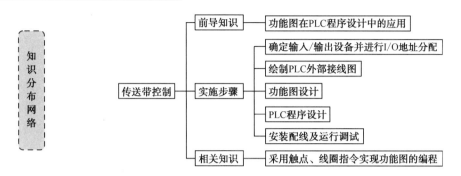

任务目标

（1）掌握顺序控制设计方法。

（2）掌握功能图的绘制。

（3）掌握采用触点、线圈指令实现功能图的 PLC 程序设计。

（4）能运用顺序控制设计法，采用触点、线圈指令实现传送带控制系统设计，并且能够熟练运用编程软件进行联机调试。

前导知识

4.1.1　功能图在 PLC 程序设计中的应用

顺序控制设计法（又称功能图设计法或状态流程图设计法）实际上属于逻辑设计法中的一种。顺序控制设计法的最基本思想是将系统的一个工作周期划分为若干个顺序相连的阶段［这些阶段称为步（Step）］，并利用编程元件（如辅助继电器 M 和顺序控制继电器 S）来代表各步。这种设计方法容易被初学者接受，程序的调试、修改和阅读也很容易，并且缩短了设计周期，提高了设计效率。

1．功能图的概念

功能图是描述控制系统的控制过程、功能和特性的一种图形。功能图并不涉及所描述的控制功能的具体技术，是一种通用的技术语言。因此，功能图也可用于不同专业的人员进行技术交流。

扫一扫看功能图的概念微视频

http://dsw.jsou.cn/album/
5665/material/6677

如图 4-1 所示为功能图的一般形式。它由步、转换、转换条件、有向连线和动作等组成。

1）步与动作

（1）步的划分。分析被控对象的工作过程及控制要求，将系统的工作过程划分成若干阶段，这些阶段称为"步"。

步是根据 PLC 输出量的状态划分的，只要 PLC 输出量的状态发生变化，系统就从当前的步进入新的步，即系统从当前工作状态进入一种新的工作状态。如图 4-2（a）所示，某液压动力滑台的整个工作过程可划分为 4 步，即 0 步，A、B、C 均不输出；1 步，A 输出；2 步，A、C 输出；3 步，B 输出。在每一步内，PLC 的各输出量的状态均保持不变。

步也可根据被控对象工作状态的变化来划分，但被控对象的状态变化应该是由 PLC 的输出状态变化引起的。如图 4-2（b）所示，液压动力滑台的初始状态是停在原位不动，当得到启动信号后开始快进，快进到加工位置后转为工进，到达终点后加工结束又转为快退，快退到原位停止，又回到初始状态。因此，液压动力滑台的整个工作过程可以划分为停止（原位）、快进、工进、快退四步。但这些状态的改变都必须是由 PLC 输出量的变化引起的，否则就不能这样划分。例如，若从快进转为工进时与 PLC 的输出无关，则快进、工进只能算一步。

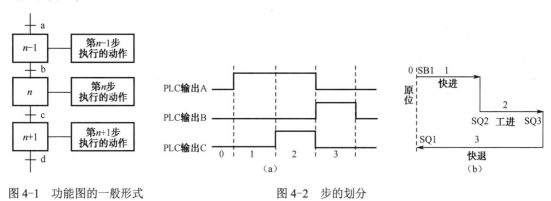

图 4-1　功能图的一般形式　　　　　　　图 4-2　步的划分

总之，步应以 PLC 输出量状态的变化来划分，这是为了设计 PLC 控制的程序，因此当 PLC 输出量的状态没有变化时，就不存在程序的变化。

（2）步的表示。步在功能图中用矩形框表示，框内的数字是该步的编号。步分为初始步、工作步两种形式。

● 初始步：顺序过程的初始状态用初始步说明。初始步用双线框表示，每个功能图至少应该有一个初始步。

● 工作步：工作步用来说明控制系统的正常工作状态。当系统正工作于某一步时，该步处于活动状态，称为"活动步"。

（3）动作。所谓"动作"是指某步活动时，PLC 向被控系统发出的命令，或被控系统应该执行的动作。动作用矩形框中的文字或符号表示，该矩形框应与相应步的矩形框相连接。如果某一步有几个动作，则可以用图 4-3 中的两种画法来表示，但并不隐含这些动作之间的任何顺序。

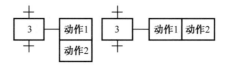

图 4-3　多个动作的画法

当步处于活动状态时，相应的动作被执行，但应注意表明动作是保持型还是非保持型

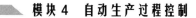

的。保持型的动作是指该步活动时执行该动作，该步变为不活动后继续执行该动作。非保持型的动作是指该步活动时执行该动作，该步变为不活动时动作也停止执行。一般保持型的动作在功能图中应该用文字或助记符标注，而非保持型的动作不要标注。

2）有向连线、转换及转换条件

如图 4-1 所示，步与步之间用有向连线连接，并且用转换将步分隔开。步的活动状态进展是按有向连线规定的路线进行的。当有向连线上无箭头标注时，其进展方向是从上到下、从左到右。如果不是上述方向，则应在有向连线上用箭头注明方向。

步的活动状态进展是由转换来完成的，转换用与有向连线垂直的短画线来表示。步与步之间不允许直接相连，必须用转换隔开，而且转换与转换之间也同样不能直接相连，必须用步隔开。

转换条件是与转换相关的逻辑命题，可以用文字语言、布尔代数表达式或图形符号标注在表示转换的短划线旁边。例如，转换条件 I 和 $\bar{I}$ 分别表示当二进制逻辑信号 I 为 "1" 和 "0" 状态时条件成立；转换条件 I↓ 和 I↑ 分别表示当 I 从 "1"（接通）到 "0"（断开）和从 "0"（断开）到 "1"（接通）状态时条件成立。

确定各相邻步之间的转换条件是顺序控制设计法的重要步骤之一。转换条件是使系统从当前步进入下一步的条件。常见的转换条件有按钮、行程开关、定时器和计数器触点的动作（通/断）等。

在图 4-2（b）中，滑台由停止（原位）转为快进，其转换条件是按下启动按钮 SB1（即 SB1 的常开触点接通）；由快进转为工进的转换条件是行程开关 SQ2 动作；由工进转为快退的转换条件是终点行程开关 SQ3 动作；由快退转为停止（原位）的转换条件是原位行程开关 SQ1 动作。转换条件也可以是若干个信号的逻辑（与、或、非）组合，如 A1·A2、B1+B2。

3）转换的实现

步与步之间实现转换应同时具备两个条件：①前级步必须是"活动步"；②对应的转换条件成立。只有同时具备这两个条件时，才能实现步的转换，即由有向连线与相应转换符号相连的后续步变为活动的，而由有向连线与相应转换符号相连的前级步变为不活动的。例如，在图 4-1 中 n 步为活动步的情况下转换条件 c 成立，则转换实现，即 n+1 步变为活动的，而 n 步变为不活动的。如果转换的前级步或后续步不止一个，则同步实现转换。各步的状态可用逻辑表达式表示，如图 4-1 中的第 n 步的状态可表示为

$$S_n = (S_{n-1}\, b + S_n)\, \bar{S}_{n+1}$$

2．功能图的基本结构形式

根据步与步之间转换的不同情况，功能图有 3 种不同的基本结构形式：单序列、选择序列和并行序列。

扫一扫看功能图的基本结构微视频

http://dsw.jsou.cn/album/5665/material/6678

1）单序列结构

功能图的单序列结构形式最为简单，它由一系列按顺序排列、相继激活的步组成。每一步的后面只有一个转换，每一个转换的后面只有一步，如图 4-1 所示。

2）选择序列结构

选择序列有开始和结束之分。选择序列的开始称为分支，选择序列的结束称为合并。选择序列的分支是指一个前级步后面紧接着若干个后续步供选择，各分支都有各自的转换条件。分支中表示转换的短画线只能标在水平线之下。如图 4-4（a）所示为选择序列的分支。假设步 3 为活动步，如果转换条件 a 成立，则步 3 向步 4 转换；如果转换条件 b 成立，则步 3 向步 5 转换；如果转换条件 c 成立，则步 3 向步 6 转换。分支中一般同时只允许选择其中一个序列。

选择序列的合并是指几个选择分支合并到一个公共序列上。各分支都有各自的转换条件，转换条件只能标在水平线之上。如图 4-4（b）所示为选择序列的合并。如果步 7 为活动步，且转换条件 d 成立，则步 7 向步 10 转换；如果步 8 为活动步，且转换条件 e 成立，则步 8 向步 10 转换；如果步 9 为活动步，且转换条件 f 成立，则步 9 向步 10 转换。

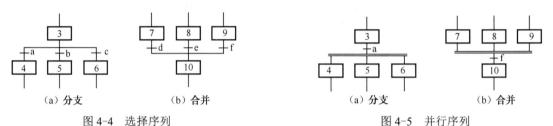

（a）分支　　　　　（b）合并　　　　　　　（a）分支　　　　　（b）合并

图 4-4　选择序列　　　　　　　　图 4-5　并行序列

3）并行序列结构

并行序列也有开始与结束之分。并行序列的开始也称为分支，并行序列的结束也称为合并。如图 4-5（a）所示为并行序列的分支，它是指当转换实现后将同时使多个后续步激活。为了强调转换的同步实现，水平连线用双线表示。如果步 3 为活动步，且转换条件 a 也成立，则 4、5、6 三步同时变成活动步，而步 3 变为不活动步。应当注意，当步 4、5、6 被同时激活后，每一序列接下来的转换将是独立的。如图 4-5（b）所示为并行序列的合并，当接在双线上的所有前级步 7、8、9 都为活动步，且转换条件 f 成立时，才能使转换实现，即步 10 变为活动步，而步 7、8、9 均变为不活动步。

功能图除有以上 3 种基本结构外，在绘制复杂控制系统的功能图时，为了使总体设计容易抓住系统的主要矛盾，能更简洁地表示系统的整体功能和全貌，通常采用"子步"的结构形式，这样可避免一开始就陷入某些细节中。此外，在实际使用中还经常碰到一些特殊序列，如跳步、重复和循环序列等。

4）子步结构

子步结构是指在功能图中，某一步包含一系列子步和转换，如图 4-6 所示的功能图便采用了子步的结构形式。该功能图中的步 5 包含了 5.1、5.2、5.3、5.4 四个子步。

这些子步序列通常表示整个系统中的一个完整子功能，类似于计算机编程中的子程序。因此，设计时只要先画出简单描述整个系统的总功能图，然后再进一步画出更详细的子功能图即可。子步中可以包含更详细的子步。这种采用子步的结构形式，逻辑性强，思路清晰，可以减少设计错误，缩短设计时间。

5）跳步、重复和循环序列

除以上单序列、选择序列、并行序列和子步 4 种基本结构外，在实际系统中还经常使用跳步、重复和循环等特殊序列。这些序列实际上都是选择序列的特殊形式。

如图 4-7（a）所示为跳步序列。当步 3 为活动步时，如果转换条件 e 成立，则跳过步 4 和步 5 直接进入步 6。

如图 4-7（b）所示为重复序列。当步 6 为活动步时，如果转换条件 d 不成立而条件 e 成立，则重新返回步 5，重复执行步 5 和步 6。直到转换条件 d 成立，重复结束，转入步 7。

如图 4-7（c）所示为循环序列，即在序列结束后，用重复的办法直接返回初始步 0，形成系统的循环。

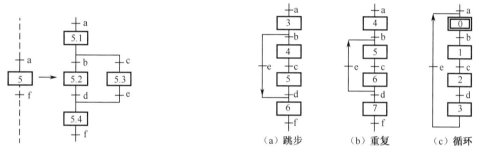

图 4-6　子步结构　　　　　图 4-7　跳步、重复和循环序列

在实际控制系统中，功能图中往往不是单一地含有上述某一种序列，而经常是上述各种序列结构的组合。

3．功能图中应注意的问题

1）循环系统的启动

由图 4-7（c）可以看出，在循环过程中，初始步是由循环的最后一步完成后激活的，因此只要初始步的转换条件成立，就进入一个新的循环。但是在第一次循环中，初始步怎样才能被激活呢？通常采用的办法是另加一个短信号（也就是图中的转换条件 a），专门在初始阶段激活初始步。它只在初始阶段出现一次，一旦建立循环，它不能干扰循环的正常进行。可以采用按钮或 PLC 的启动脉冲来获得这种短信号。启动脉冲用虚线框表示，如图 4-8 所示。

2）小闭环的处理

由图 4-9（a）可以看出，功能图中含有仅由两步组成的小闭环，当采用触点及线圈指令编程时，相应的步将无法被激活。例如，当步 1 活动且转换条件 a 成立时，步 2 本应该被激活，但此时步 1 又变成了步 2 的后续步，又要将步 2 关断，因此步 2 无法变为活动步。同样，步 1 也无法变为活动步。解决办法是在小闭环中增设一空步 3，如图 4-9（b）所示。在实际应用中，步 3 往往执行一个很短的延时动作，用延时结果作为激活步 1 的转换条件，如图 4-9（c）所示，由于延时时间很短，所以对系统的运行不会有什么影响。

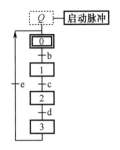

图 4-8　初始阶段的激活

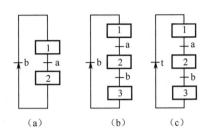

(a)　　　　(b)　　　　(c)

图 4-9　小闭环的处理

任务内容

如图 4-10 所示是四节传送带传送控制示意图。

控制要求如下：

（1）按下启动按钮时，先启动最后的皮带机 D，每间隔 1s 再依次启动皮带机 C、B、A；

（2）按下停止按钮时，先停止最前的皮带机 A，每间隔 1s 再依次停止皮带机 B、C、D；

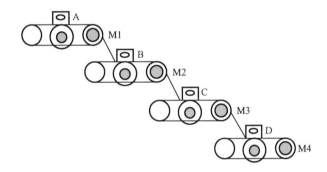

图 4-10　四节传送带传送控制示意图

（3）为保证皮带机正常工作，应采用皮带机保护装置进行故障监测。当某条皮带机发生故障时，发出监测信号，该机及前面的皮带机应立即停止，该机后面的皮带机每隔 1s 顺序停止。

皮带机 A～皮带机 D 分别由电动机 M1～电动机 M4 驱动。

任务实施

1．分析控制要求，确定输入/输出设备

通过对四节传送带传送控制要求的分析，可以归纳出该电路中出现了 6 个输入设备，即启动按钮 SB1 和停止按钮 SB2、皮带机故障监测传感器 SH1～SH4；4 个输出设备，即电动机 M1～M4 的接触器线圈 KM1～KM4。

2．对输入/输出设备进行 I/O 地址分配

根据 I/O 个数，进行 I/O 地址分配，如表 4-1 所示。

表 4-1　输入/输出地址分配

输入设备			输出设备		
名　称	符　号	地　址	名　称	符　号	地　址
启动按钮	SB1	I0.0	接触器线圈	KM1	Q0.1
停止按钮	SB2	I0.7	接触器线圈	KM2	Q0.2
传感器	SH1	I0.1	接触器线圈	KM3	Q0.3
传感器	SH2	I0.2	接触器线圈	KM4	Q0.4
传感器	SH3	I0.3			
传感器	SH4	I0.4			

3. 绘制 PLC 外部接线图

根据 I/O 地址分配结果，绘制 PLC 外部接线图，如图 4-11 所示。

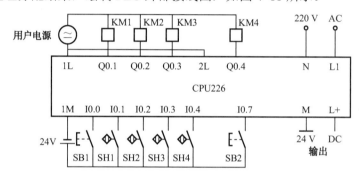

图 4-11　四节传送带的 PLC 外部接线图

4. 功能图设计

由皮带机的工作过程可知，从按下启动按钮皮带机 D 最先启动到按下停止按钮皮带机 D 最后停止，共有 7 个工作步，再考虑所必需的初始步，整个过程共由 8 步构成。用辅助继电器（内部存储器位）M0.0～M0.7 表示初始步及各工作步，绘制四节传送带的功能图，如图 4-12 所示。本例只考虑了在全部皮带机正常启动后其中之一发生故障的情况。

5. PLC 程序设计

根据控制电路要求，采用触点及线圈指令设计 PLC 梯形图程序或语

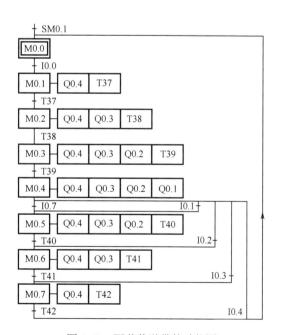

图 4-12　四节传送带的功能图

句表程序。梯形图程序如图 4-13 所示。

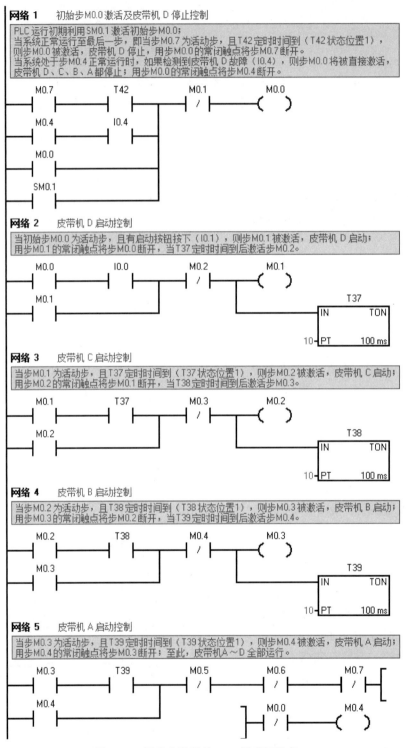

图 4-13 四节传送带的 PLC 梯形图程序

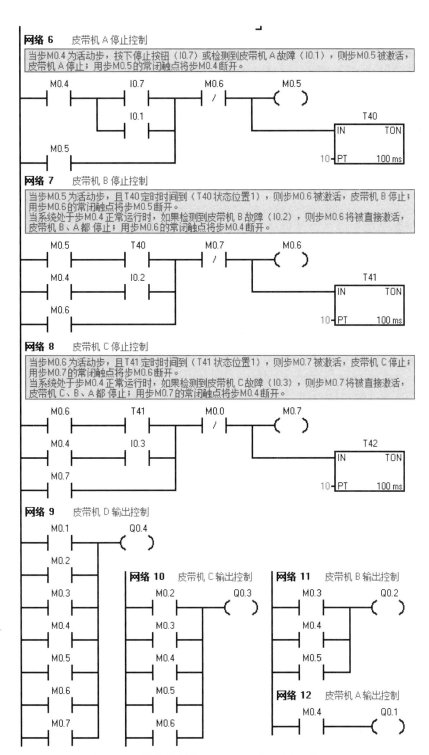

图 4-13　四节传送带的 PLC 梯形图程序（续）

6. 安装配线

按照图 4-11 进行配线，安装方法及要求与继电器控制电路相同。

7. 运行调试

（1）在断电状态下，连接好 PC/PPI 电缆。

（2）运行 STEP 7-Micro/WIN 编程软件，设置通信参数。

（3）编写控制程序，编译并下载程序文件到 PLC 中。

（4）按下启动按钮 SB1，观察皮带机是否按控制要求工作。

（5）按下停止按钮 SB2，观察皮带机是否按要求停止。

（6）分别设置各皮带机故障，观察皮带机是否按要求停止。

检查评价

在规定时间内完成任务，各组自我评价并进行展示，各组之间根据评价表进行检查。检查与评价表如表 4-2 所示。

表 4-2　检查与评价表

项　　目	要　　求	配　分	评 分 标 准	得　　分
I/O 分配表	（1）能正确分析控制要求，完整、准确确定输入/输出设备 （2）能正确对输入/输出设备进行 I/O 地址分配	20	不完整，每处扣 2 分	
PLC 接线图	按照 I/O 分配表绘制 PLC 外部接线图，要求完整、美观	10	不规范，每处扣 2 分	
安装与接线	（1）能正确进行 PLC 外部接线，正确安装元件及接线 （2）线路安全简洁，符合工艺要求	20	不规范，每处扣 5 分	
功能图设计	能正确按工艺要求设计功能图	10	不完整，每处扣 2 分	
程序设计与调试	（1）程序设计简洁易读，符合任务要求 （2）在保证人身和设备安全的前提下，通电试车一次成功	30	第一次试车不成功，扣 5 分； 第二次试车不成功，扣 10 分	
文明安全	安全用电，无人为损坏仪器、元件和设备，小组成员团结协作	10	成员不积极参与，扣 5 分；违反文明操作规程，扣 5～10 分	
总　　分				

相关知识

4.1.2　采用触点、线圈指令实现功能图的编程

扫一扫看采用触点、线圈指令实现功能图的编程微视频

http://dsw.jsou.cn/album/5665/material/6679

1. 使用触点、线圈指令的编程方式

触点、线圈指令是 PLC 最基本的指令，如 LD、A、O、＝等。各种型号的 PLC 都有这一类指令，因此这种编程方式适用于各种型号的 PLC。

编程时先用辅助继电器 M 的某些位来代表各步，如在图 4-12 中用辅助继电器 M0.0～M0.7 来代表皮带机的初始步和各工作步，用特殊存储器位 SM0.1 来作为初始启动信号。

根据图 4-12 所示的功能图，采用触点、线圈指令及典型的启动、保持、停止电路，分别画出控制 M0.0～M0.7 激活的电路，然后再用 M0.0～M0.7 来控制输出的动作，很容易得出如图 4-13 所示的梯形图程序。

在图 4-13 中，为了保证前级步为活动步且转换条件成立时才能进行步的转换，总是将代表前级步的辅助继电器的常开触点与转换条件对应的触点串联，以作为代表后续步的辅助继电器线圈激活的条件。当后续步被激活（由不活动步变为活动步）时，应将前级步变为不活动步，因此应将代表后续步的辅助继电器的常闭触点串联在前级步的电路中。例如，在梯形图的网络 1 中应该将 M0.7 的常开触点和转换条件 T42 的常开触点串联作为 M0.0 线圈的激活条件，同时 M0.1 的常闭触点串入线圈 M0.0 的激活回路，以保证网络 2 中的线圈 M0.1 被激活时线圈 M0.0 断电。另外，PLC 刚开始运行时应将初始步 M0.0 激活，否则系统无法工作，因此将 PLC 的特殊存储器位 SM0.1 的常开触点与激活初始步 M0.0 的条件并联。为了保证活动状态能持续到下一步活动为止，还需要加上 M0.0 的自锁触点。M0.1～M0.7 的电路也一样，请自行分析。

该梯形图的后半部分是输出电路。由于输出 Q0.4 在 M0.1～M0.7 七步中都接通，为了避免双线圈输出，所以将 M0.1～M0.7 的常开触点并联去控制 Q0.4；同理，将 M0.2～M0.6 的常开触点并联去控制 Q0.3，将 M0.3～M0.5 的常开触点并联去控制 Q0.2；而 Q0.1 只在 M0.4 活动时才接通，因此用 M0.4 的常开触点作为 Q0.1 线圈得电的条件，也可将 Q0.1 的线圈与 M0.4 的线圈直接并联。

2. 使用触点、线圈指令的编程方式应注意的问题

（1）不允许出现双线圈输出现象。如果某输出继电器在几步中都被接通，则只能用相应步的辅助继电器的常开触点的并联电路来驱动输出继电器的线圈，如图 4-13 中的 Q0.2～Q0.4 的接通方式。

（2）如果在功能图中含有仅由两步组成的小闭环，当采用触点及线圈指令编程时，相应的步将无法被激活，因此应采取如图 4-9（b）或图 4-9（c）所示的方法加以处理。

实例4.1 某组合机床液压动力滑台的控制要求如下。

（1）液压动力滑台具有自动和手动调整两种工作方式，由转换开关 SA 进行选择：当 SA 接通时，为手动调整；当 SA 断开时，为自动方式。

（2）选择自动工作方式时，其工作过程为：按下启动按钮 SB1，滑台从原位开始快进，快进结束后转为工进，工进结束后转为快退，快退结束后停在原位，结束一个周期的自动工作。当再次按下启动按钮 SB1 时，重复上述过程。其工作循环示意图和液压元件动作表如图 4-14 所示。

（3）选择手动调整工作方式时，用按钮 SB2 和 SB3 分别控制滑台的点动前进和点动后退。

用 PLC 的辅助继电器 M 来代表功能图中的各步。用启动信号激活初始步 M0.0 后，通过选择开关 SA（I0.0）建立自动和手动调整两个选择序列。当 SA 断开时，通过它的常闭触点进入自动工作方式（M0.1），按下启动按钮 SB1（I0.1），系统开始工作，并按照快进（M0.2）→工进（M0.3）→快退（M0.4）的步骤自动顺序进行，当最后的工步完成时，自动返回初始步，以确保下一次自动工作的启动。当 SA（I0.0）闭合时，通过它的常开触点激活手动调整方式，在此方式下，按下 SB2（I0.2）或 SB3（I0.3）可实现相应的调整工步并自锁，直到后续工步开启才能关断。

为实现 SB2（I0.2）或 SB3（I0.3）的点动调整，可采用调整按钮的常开触点和常闭触点分别作为调整工步的激活条件和关断条件，调整结束后，自动激活初始步，从而保证了后续工步的顺利进行。如果 SA（I0.0）的状态没有发生变化，则点动调整结束后仍回到手动工作步 M0.5。

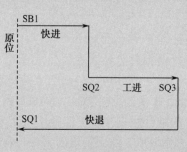

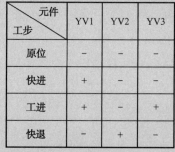

元件 工步	YV1	YV2	YV3
原位	−	−	−
快进	+	−	−
工进	+	−	+
快退	−	+	−

（a）工作循环示意图　　　　　　　　（b）液压元件动作表

图 4-14　液压动力滑台的工作循环示意图和液压元件动作表

为使液压动力滑台只有在原位时才可以开始自动工作，这里采用了 $\overline{SA}$（$\overline{I0.0}$）与 SQ1（I0.4）相"与"作为进入自动工作的转换条件。当处于自动工作方式的步 M0.1（原位）时，在按启动按钮 SB1（I0.1）之前如果又重新选择点动应能返回到手动调整工作方式的工作步 M0.5，因此在步 M0.1 后加 SA（I0.0）用以返回到步 M0.5。同理，当处于手动工作方式的步 M0.5 时，也应能返回自动工作方式，因此在步 M0.5 之后又加 $\overline{SA}$ · SQ1（$\overline{I0.0}$ · I0.4）用以返回自动状态 M0.1。但应当注意，此时从步 M0.1→步 M0.5 或从步 M0.5→步 M0.1 将构成小闭环，为保证手动与自动方式的顺利转换，需增加两个空步 M1.0 和 M1.1。液压动力滑台的功能图如图 4-15 所示。

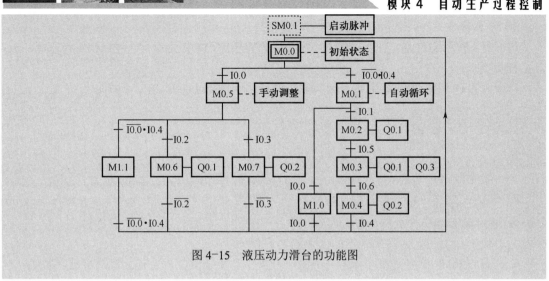

图4-15 液压动力滑台的功能图

任务训练9

如图 4-16 所示为两种液体混合装置，图中的 SL1、SL2、SL3 分别为高、中、低液位传感器，当液位淹没时接通。液体 A、B 分别由液体 A 电磁阀和液体 B 电磁阀控制注入液体混合装置，混合液由混合液体电磁阀控制放出，M 为搅匀电动机。

控制要求如下：

1）初始状态

当装置投入运行时，液体 A、B 电磁阀均为关闭状态，混合液体电磁阀打开 20s 将容器放空后关闭。

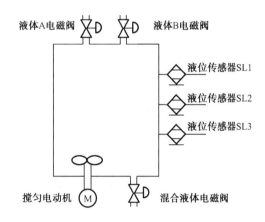

图4-16 两种液体混合装置

2）启动操作

按下启动按钮 SB1，装置开始按下列规律运行。

（1）液体 A 电磁阀打开，液体 A 流入容器。当液位到达低液位时，SL3 接通；当液位到达中液位时，SL2 接通，关闭液体 A 电磁阀，打开液体 B 电磁阀。

（2）当液位到达高液位时，SL1 接通，关闭液体 B 电磁阀，搅匀电动机开始搅匀。

（3）搅匀电动机工作 1 min 后停止搅动，混合液体电磁阀打开，开始放出混合液体。

（4）当液位下降到低于低液位时，SL3 由接通变为断开，再过 20s 后，容器放空，混合液体电磁阀关闭，开始下一个周期。

3）停止操作

按下停止按钮 SB2 后，在当前的混合操作处理完毕后，才停止运行（停在初始状态上）。

任务要求：

按步骤设计 PLC 控制系统并调试，采用触点、线圈指令完成 PLC 程序。

思考练习 9

一、思考题

1．功能图中的"步"是如何划分的？

2．在"初始步"中允许有动作存在吗？"初始步"是否只能由初始脉冲激活？

3．"步"与"步"之间的转换如何才能实现？

4．如何理解选择序列和并行序列中的"分支"与"合并"？它们之间有什么不同？

5．使用触点、线圈指令的编程方式应注意哪些问题？如何解决？

二、正误判断题

1．顺序控制设计法的基本思想是将系统的一个工作周期划分为若干个顺序相连的阶段。

2．功能图中，步也可根据被控对象工作状态的变化来划分，即使被控对象的状态变化不是由 PLC 的输出状态变化引起的。

3．功能图中的有向连线必须带箭头。

4．功能图的几种序列结构中，每一步的后面只有一个转换，每一个转换的后面只有一步。

5．如果在功能图中含有仅由两步组成的小闭环，当采用触点及线圈指令编程时，相应的步将无法被激活。

三、单项选择题

1．在功能图中，表示与转换相关的逻辑命题称为（　　）。

　　A．步　　　　　　B．动作　　　　　　C．有向连线　　　D．转换条件

2．步与步之间实现转换应具备的条件是（　　）。

　　A．前级步为活动步

　　B．前级步为活动步且对应的转换条件成立

　　C．后续步为活动步

　　D．后续步为活动步且对应的转换条件成立

3．在设计功能图时，常用来作为初始启动信号的特殊存储器是（　　）。

　　A．SM0.0　　　B．SM0.1　　　　　C．SM0.4　　　　D．SM0.5

4．顺序控制设计法的重要步骤之一是确定各相邻步之间的（　　）。

　　A．转换　　　　　B．动作　　　　　　C．有向连线　　　D．转换条件

5．步与步之间不允许直接相连，必须用（　　）隔开。

　　A．转换　　　　　B．动作　　　　　　C．有向连线　　　D．转换条件

四、程序设计题

1. 有一台电动机，要求按下启动按钮后，电动机运转 10 s，停止 10 s，重复执行 3 次后自动停止。根据要求画出功能图，使用触点、线圈指令的编程方式设计梯形图程序。

2. 某生产自动线中送货小车的工作过程如图 4-17 所示，小车由电动机拖动，电动机正转，小车前进；电动机反转，小车后退。开始时，小车在原位 0，要求在按下启动按钮 SB1 后小车前进，碰到限位开关 SQ1 后小车后退，退到原位 0 碰到限位开关 SQ3 后小车再次前进，碰到限位开关 SQ2 后小车再次后退，退到原位 0 碰到限位开关 SQ3 后小车停止。当再次按下启动按钮 SB1 后，重复上述操作。要求：（1）确定 PLC 的输入/输出设备，并进行 I/O 地址分配；（2）绘制功能图；（3）使用触点、线圈指令的编程方式设计梯形图程序。

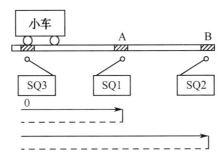

图 4-17　某生产自动线中送货小车的工作过程

任务 4.2　装配流水线控制

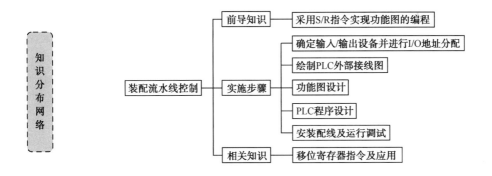

任务目标

（1）进一步掌握顺序控制设计方法。

（2）掌握功能图的绘制。

（3）掌握采用置位/复位指令实现功能图的 PLC 程序设计。

（4）能运用顺序控制设计法，采用置位/复位指令实现装配流水线控制系统设计，并且能够熟练运用编程软件进行联机调试。

前导知识

4.2.1 采用S/R指令实现功能图的编程

几乎每种型号的 PLC 都有置位、复位指令或相同功能的编程元件。PLC 的这种功能正好满足顺序控制中总是前级步停止（复位），后续步活动（置位）的特点。因此，可利用置位、复位指令来编写满足功能图要求的 PLC 控制程序。

http://dsw.jsou.cn/album/5665/material/6680

以任务 4.1 为例来说明采用 S/R 指令设计实现功能图程序的方法。同样用辅助继电器 M0.0～M0.7 表示初始步及各工作步，根据图 4-12 所示的四节传送带功能图，编制出如图 4-18 所示的梯形图程序。

在图 4-18 中，当前级步为活动步且转换条件成立时，将代表后续步的辅助继电器置位变成活动步，而将代表前级步的辅助继电器复位，变成不活动步。因此，这里将代表前级步辅助继电器的常开触点和对应的转换条件串联作为后续步置位（激活）的条件，同时也作为将前级步复位（变为不活动）的条件。例如，图中用 M0.0 常开触点与 I0.0 常开触点串联作为 M0.1 置位和 M0.0 复位的条件。每一个转换都对应这样一个控制置位（S）和复位（R）的电路块。有多少个转换就有多少个这样的电路块。这种编程方法特别有规律，不容易遗漏和出错，适用于复杂功能图的梯形图程序设计。

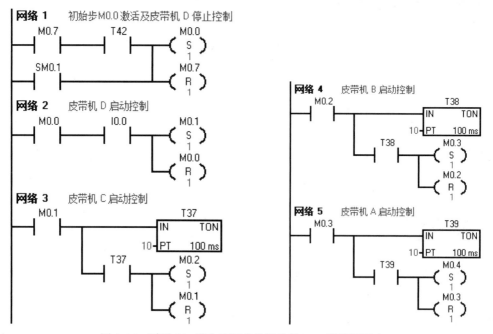

图 4-18 采用 S/R 指令的四节传送带的 PLC 梯形图程序

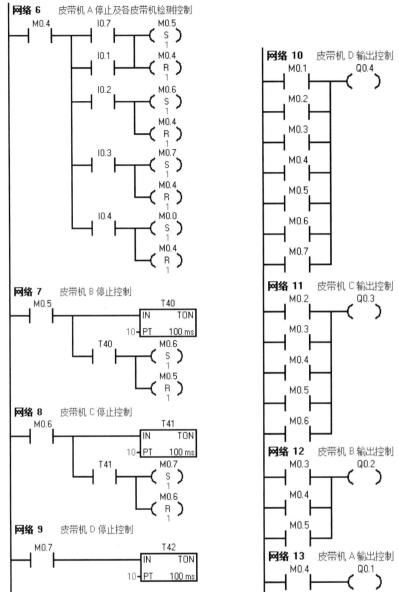

图 4-18　采用 S/R 指令的四节传送带的 PLC 梯形图程序（续）

　　本例的功能图是含单序列、选择序列分支的循环结构，它的前级步和后续步都只有一个，因此需要置位和复位的辅助继电器也只有一个。当功能图中含有并行序列时，情况就有所不同，对于并行序列的分支，需要置位的辅助继电器不止一个；而对于并行序列的合并，应该用所有前级步对应的辅助继电器的常开触点与对应转换条件串联作为后续步置位和前级步复位的条件，而且被复位的辅助继电器（前级步）个数与并行序列的分支数相等。

任务内容

　　如图 4-19 所示为装配流水线模拟控制系统的面板，图中上框中的 A～H 表示动作输出，下框中的 A、B、C、D、E、F、G、H 插孔分别接主机的输出点。传送带共有 16 个工位，工件从 1 号位装入，分别在 A（操作 1）、B（操作 2）、C（操作 3）3 个工位完成 3 种装配操作，经最后一个工位后送入仓库；其他工位均用于传送工件。

控制要求如下：

（1）启动按钮 SB1、复位按钮 SB3、移位按钮 SB2 均为常 OFF。

（2）启动后，再按下移位按钮 SB2 后，按以下规律显示：D→E→F→G→A →D→E→F→G→B→D→E→F→G→C→ D→E→F→G→H→D→E→F→G→A…循环，D、E、F、G 分别用来传送，A 是操作 1，B 是操作 2，C 是操作 3，H 是仓库。

（3）时间间隔为 10s。

（4）按下复位按钮 SB3 后，系统恢复启动前的状态。

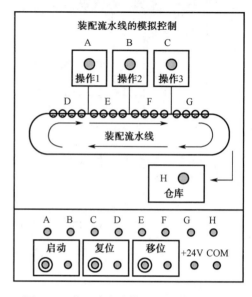

图 4-19　装配流水线模拟控制系统的面板

任务实施

1. 分析控制要求，确定输入/输出设备

通过对装配流水线模拟控制要求的分析，可以归纳出该电路中有 3 个输入设备，即启动按钮 SB1、复位按钮 SB3、移位按钮 SB2；8 个输出设备，即模拟工位显示 D、E、F、G；操作 A、B、C；仓库 H。

2. 对输入/输出设备进行 I/O 地址分配

根据 I/O 个数，进行 I/O 地址分配，如表 4-3 所示。

表 4-3　输入/输出地址分配

输 入 设 备			输 出 设 备					
名称	符号	地址	名称	符号	地址	名称	符号	地址
启动按钮	SB1	I0.1	操作 1	A	Q0.0	工位	E	Q0.4
移位按钮	SB2	I0.2	操作 2	B	Q0.1	工位	F	Q0.5
复位按钮	SB3	I0.0	操作 3	C	Q0.2	工位	G	Q0.6
			工位	D	Q0.3	仓库	H	Q0.7

3. 绘制 PLC 外部接线图

根据 I/O 地址分配结果，绘制 PLC 外部接线图，如图 4-20 所示。

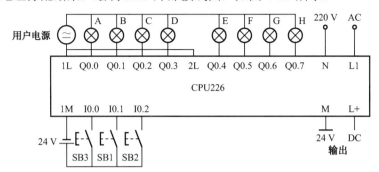

图 4-20 装配流水线模拟控制的 PLC 外部接线图

4. 功能图设计

由装配流水线的工作过程可知，当按下启动按钮后，系统处于移位等待状态，为一工作步；当按下移位按钮后模拟工位显示 D、E、F、G 构成一单序列结构，操作 A、B、C 和仓库 H 构成一选择分支结构，共有 8 个工作步；再考虑所必需的初始步，整个过程共由 10 步构成。用辅助继电器 M0.0～M0.7、M1.0、M1.1 表示初始步及各工作步。当按下复位按钮后，复位各工作步及计数器，同时激活初始步，为装配流水线再次循环工作做准备。绘制的装配流水线的功能图如图 4-21 所示。

5. PLC 程序设计

根据控制电路要求，采用 S/R 指令设计 PLC 梯形图程序或语句表程序。梯形图程序如图 4-22 所示。

6. 安装配线

按照图 4-20 进行配线，安装方法及要求与继电器控制电路相同。

7. 运行调试

（1）在断电状态下，连接好 PC/PPI 电缆。

（2）运行 STEP 7-Micro/WIN 编程软件，设置通信参数。

（3）编写控制程序，编译并下载程序文件到 PLC 中。

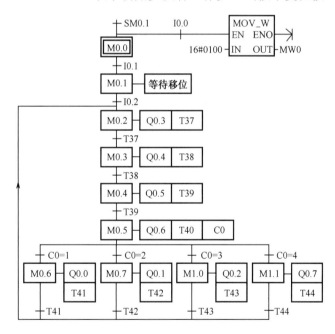

图 4-21 装配流水线的功能图

（4）按下启动按钮 SB1、移位按钮 SB2，观察流水线模拟控制装置指示灯是否按控制要求工作。

（5）按下复位按钮 SB3，观察流水线模拟控制装置是否按要求停止。

（6）再次启动观察。

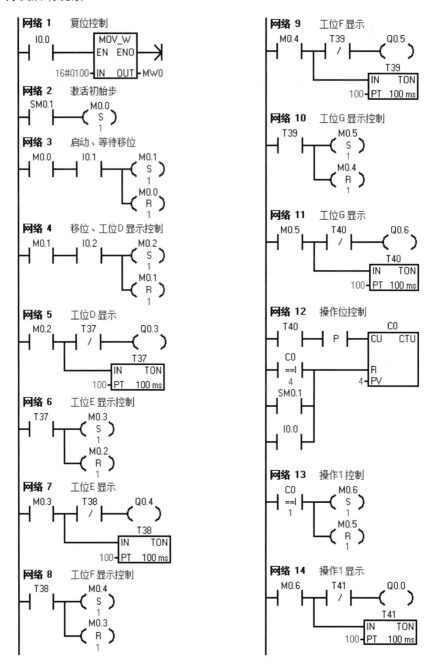

图 4-22　装配流水线的 PLC 梯形图程序

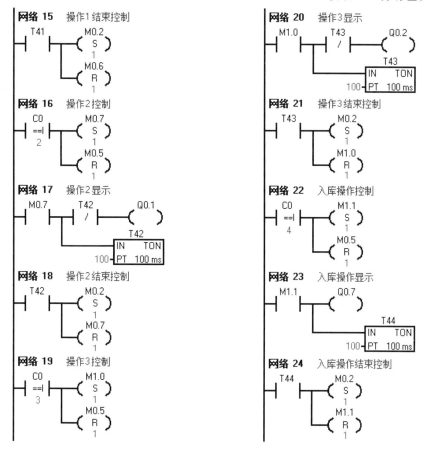

图 4-22 装配流水线的 PLC 梯形图程序（续）

检查评价

在规定时间内完成任务，各组自我评价并进行展示，各组之间根据评价表进行检查。检查与评价表如表 4-4 所示。

表 4-4 检查与评价表

项　目	要　求	配　分	评 分 标 准	得　分
I/O 分配表	（1）能正确分析控制要求，完整、准确确定输入/输出设备 （2）能正确对输入/输出设备进行 I/O 地址分配	20	不完整，每处扣 2 分	
PLC 接线图	按照 I/O 分配表绘制 PLC 外部接线图，要求完整、美观	10	不规范，每处扣 2 分	

续表

项　目	要　　求	配　分	评分标准	得　分
安装与接线	（1）能正确进行 PLC 外部接线，正确安装元件及接线 （2）线路安全简洁，符合工艺要求	20	不规范，每处扣 5 分	
功能图设计	能正确按工艺要求设计功能图	10	不完整，每处扣 2 分	
程序设计与调试	（1）程序设计简洁易读，符合任务要求 （2）在保证人身和设备安全的前提下，通电试车一次成功	30	第一次试车不成功，扣 5 分； 第二次试车不成功，扣 10 分	
文明安全	安全用电，无人为损坏仪器、元件和设备，小组成员团结协作	10	成员不积极参与，扣 5 分；违反文明操作规程，扣 5～10 分	
总　　分				

相关知识

4.2.2　移位寄存器指令及应用

1. 移位寄存器指令 SHRB

移位寄存器指令是使移位寄存器中的内容移位的指令。SHRB 指令为顺序控制、物流及数据流控制提供了一个简单的方法。其格式及功能如表 4-5 所示。

扫一扫看移位寄存器指令及应用微视频

http://dsw.jsou.cn/album/5665/material/6681

表 4-5　移位寄存器指令的格式及功能

梯形图 LAD	语句表 STL		功　能
	操作码	操作数	
SHRB EN　ENO ???.?-DATA ???.?-S_BIT ????-N	SHRB	DATA, S_BIT, N	当使能位 EN 为 1 时，数据位 DATA 在每一个程序扫描周期均移入寄存器的最低位（N 为正时）或最高位（N 为负时），寄存器的其他位则依次左移（N 为正时）或右移（N 为负时）一位

说明：

（1）S_BIT 和 N 定义一个移位寄存器。S_BIT 指定寄存器的最低位，寄存器的长度为 N（最大长度为 64 位）；寄存器的移位方向由 N 的符号决定，N 为正时寄存器左移（由低位向高位移动），N 为负时寄存器右移（由高位向低位移动）；

（2）DATA 和 S_BIT 寻址 I、Q、M、SM、T、C、V、S、L 的位值；N 为字节寻址，可寻址的寄存器为 VB、IB、QB、MB、SB、SMB、LB、AC、常数、*VD、*LD、*AC。

（3）影响允许输出 ENO 正常工作的出错条件是 0006（间接寻址）、0091（操作数超出范围）、0092（计数区域错误）；

（4）移位寄存器指令影响特殊存储器位 SM1.1，移出移位寄存器的数据进入溢出标志位 SM1.1。

移位寄存器的最高位（MSB.b）的计算方法为

MSB.b={S_BIT 字节号 + INT[(N-1+S_BIT 位号) / 8]}. MOD[(N-1+S_BIT 位号) / 8]

例如，指定变量存储器 V 作为移位寄存器，最低位为 V20.4，长度为 14，则最高位 MSB.b 的计算如下：

MSB.b={20+INT[(14-1+4)/8]}.MOD[(14-1+4)/8]=(20+2).1=22.1

也就是说，由变量存储器 V 构成的移位寄存器的最高位为 V22.1。

当 N 分别为正和负时，移位寄存器的移位过程如图 4-23 所示。

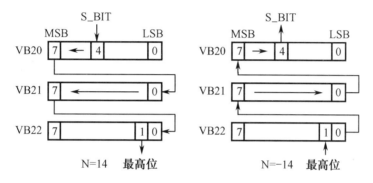

图 4-23　移位寄存器的移位过程

2．使用移位寄存器指令实现顺序控制

单序列功能图中的各步总是顺序地接通和断开，并且同时只能有一步是活动的。从移位寄存器指令的工作原理可知，它正好满足这一要求。因此，经常采用移位寄存器的功能来实现单序列顺序控制。

根据图 4-15 所示的液压动力滑台的功能图，可得到如图 4-24 所示的采用移位寄存器指令实现的液压动力滑台自动循环梯形图。梯形图中用移位寄存器的 M0.2～M0.4 代表快进、工进、快退三步。移位寄存器的移位输入端由若干串联电路并联而成，每条串联电路由某一步（除第一步外）的辅助继电器的常开触点和对应的转换条件组成。当 PLC 刚开始运行时，动力滑台处于原始位置，行程开关 SQ1 被压下，且转换开关 SA 处于断开状态（自动工作方式），即 I0.4 置位、I0.0 复位，则 M2.0 置 1，数据输入端 DATA 的状态（即 M2.0 的状态）随时准备移入移位寄存器的最低位 M0.2。按下启动按钮 SB1（I0.1），移位输入电路第一行的 I0.4 和 I0.1 的常开触点闭合，使 M2.0 的"1"状态移到 M0.2，M0.2 被激活，M0.2 的常开触点使输出 Q0.1 接通，动力滑台快进。同理，SQ2（I0.5）、SQ3（I0.6）接通产生的移位脉冲使"1"状态向下移动，并最终返回 M2.0。在整个工作过程中，由于行程开关 SQ1 释放，I0.4 断开，且 M0.2、M0.3、M0.4 的常闭触点相应断开，使得接在移位寄存器数据输入端 DATA 的 M2.0 总是断开的，直到 I0.4 接通产生第 4 个移位脉冲，使数据输入端 DATA 的 M2.0 再次置 1。当再次按下 SB1 时，M0.2 置 1，系统重新开始运行。

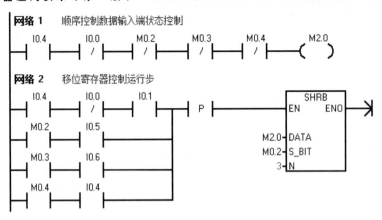

图4-24 采用移位寄存器指令实现的液压动力滑台自动循环梯形图

任务训练 10

水塔液位控制系统如图 4-25 所示，图中的 S1～S4 为液位传感器，液位淹没时接通。系统控制要求如下：当水池液位低于 S4 时，电磁阀 Y 打开进水；当液位升至 S3 时，电磁阀 Y 关闭，停止进水；此时，若水塔液位低于 S2，则电动机 M 开始运转抽水；当水塔液位升至 S1 时，电动机 M 停止运转（考虑启动和停止操作）。

任务要求：按步骤完成 PLC 控制系统设计并调试，采用 S/R 指令编写 PLC 控制程序。

思考练习 10

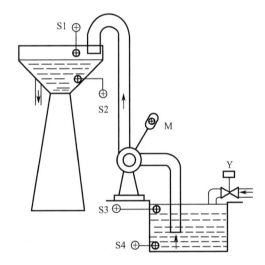

图4-25 水塔液位控制系统

一、思考题

1. 采用置位/复位指令时，能否将图 4-15 中的两个空步取消？为什么？

2. 怎样用置位/复位指令设计顺序控制程序及对并行序列编程？

3. 由移位指令与移位寄存器指令定义的移位寄存器在内存结构上有什么不同？

二、正误判断题

1. 利用置位、复位指令来编写满足功能图要求的梯形图程序的方法特别有规律，不容易遗漏和出错，适用于复杂功能图的梯形图设计。

2．移位寄存器的操作数 N 为每次移位的位数。

3．用置位、复位指令编写满足功能图要求的梯形图程序时，不存在小闭环问题。

4．移位寄存器工作时，每次移动的位数是可以设定的。

5．移位寄存器工作时，数据位 DATA 在每一个程序扫描周期均移入寄存器的最低位。

三、单项选择题

1．移位寄存器指令的操作数 N 可设定的最大长度为（　　　）。

    A．64　　　　　　　　B．32　　　　　　　　C．16　　　　　　　　D．8

2．移位寄存器指令具有的操作数的个数为（　　　）。

    A．1　　　　　　　　　B．2　　　　　　　　　C．3　　　　　　　　　D．4

3．指定变量存储器 V 作为移位寄存器，S_BIT 指定最低位为 V20.4，长度 N 指定为 -6，则最高位 MSB.b 的计算结果为（　　　）。

    A．V19.1　　　　　　B．V19.7　　　　　　C．V21.1　　　　　　D．V21.7

4．在移位寄存器操作指令中，用于定义移位寄存器的参数是（　　　）。

    A．S_BIT 和 N　　　　　　　　　　　B．S_BIT 和 DATA

    C．DATA 和 N　　　　　　　　　　　D．DATA 和-N

5．如图 4-26 所示，已知移位控制输入 I0.1 和数据输入 I0.4 的时序图，当 I0.0 第二次接通后，移位寄存器中的内容为（　　　）。

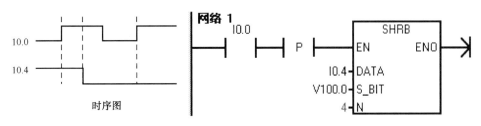

图 4-26　时序图与梯形图

    A．0001　　　　　　B．0010　　　　　　C．0100　　　　　　D．1000

四、程序设计题

1．有一台电动机，要求按下启动按钮后，电动机运转 10s，停止 5s，重复执行 3 次后，电动机自动停止。根据控制要求设计功能图，采用多种编程方式设计梯形图并进行调试。

2．为限制绕线转子异步电动机的启动电流，在其转子电路中串入电阻，如图 4-27 所示。启动时接触器 KM1 闭合，串上整个电阻 R1；启动 2s 后，KM4 接通，短接转子回路的一段电阻，剩下 R2；又经过 1s 后，KM3 接通，电阻改为 R3；再过 0.5s，KM2 也闭合，转子外接电阻全部短接，启动过程完毕。根据控制要求设计功能图，采用置位/复位指令设计梯形图程序并进行调试。

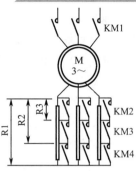

图 4-27　转子电路串电阻

任务 4.3　自动送料装车控制

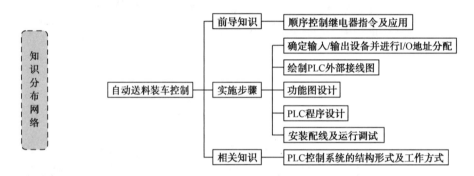

任务目标

（1）进一步掌握顺序控制设计方法。

（2）掌握功能图的绘制。

（3）掌握运用顺序控制继电器指令实现功能图的 PLC 程序设计。

（4）能运用顺序控制继电器指令实现自动送料装车的 PLC 控制系统设计，并且能够熟练运用编程软件进行联机调试。

前导知识

4.3.1　顺序控制继电器指令及应用

在实际生产中，自动送料装车控制的应用十分广泛，如在焦化厂自动装煤运煤、在港口自动装货运货等，这些工作过程都可以按照一定的顺序进行，特别适合采用 PLC 进行控制。

扫一扫看顺序控制继电器指令及应用微视频

http://dsw.jsou.cn/album/5665/material/6682

1. 顺序控制继电器指令

在 S7-200 系列 PLC 中，提供了专门用于设计顺序控制程序的步进型指令，它可以使初学者在较短的时间之内掌握顺序控制程序的编制方法。S7-200 系列 PLC 共有 3 条顺序控制继电器指令，属于程序控制类指令。顺序控制继电器指令的格式及功能如表 4-6 所示。

表 4-6　顺序控制继电器指令的格式及功能

梯形图 LAD	语句表 STL		功　　能
	操作码	操作数	
??.? SCR	LSCR	S?.?	当顺序控制继电器位为 1 时，SCR（LSCR）指令被激活，标志着该顺序控制程序段（状态步）的开始
??.? —(SCRT)	SCRT	S?.?	当满足条件使 SCRT 指令执行时，则复位本顺序控制程序段，激活下一顺序控制程序段
—(SCRE)	SCRE	无	执行 SCRE 指令，结束由 SCR（LSCR）开始到 SCRE 之间顺序控制程序段的工作

说明：

（1）顺序控制继电器指令 SCR 只对状态元件 S 有效；为了保证程序的可靠运行，驱动状态元件 S 的信号应采用短脉冲；

（2）当需要保持输出时，可使用 S/R 指令；

（3）不能把同一编号的状态元件用在不同的程序中，如在主程序中使用了 S0.1，在子程序中就不能再使用 S0.1；

（4）在 SCR 段中不能使用 JMP 和 LBL 指令，即不允许跳入、跳出或在内部跳转；

（5）在 SCR 段中不能使用 FOR、NEXT 和 END 指令；

（6）当需要把执行动作转为从初始条件开始再次执行时，需要复位所有的状态，包括初始状态。

2．顺序控制继电器指令应用

实例 4.2　红、绿灯循环点亮控制。

（1）红、绿灯循环点亮控制要求：按下启动按钮，红灯点亮 1s 后熄灭，同时绿灯点亮；绿灯点亮 1s 后熄灭，再次点亮红灯，不断循环直至按下停止按钮。

（2）绘制顺序功能图：根据控制要求绘制红、绿灯循环点亮的顺序功能图，如图 4-28 所示。当 PLC 上电时将激活初始步 S0.0，按下启动按钮（I0.0），激活 S0.1，进入第一步工作状态，该状态点亮红灯（Q0.1 得电），同时启动定时器 T37，当 T37 的定时时间到后，转换条件满足，结束 S0.1 激活 S0.2，进入下一步工作状态，点亮绿灯（Q0.2 得电），启动定时器 T38，当 T38 的定时时间到后，再次激活 S0.1，不断循环执行。直到按下停止按钮（I0.1），复位 S0.1、S0.2 并

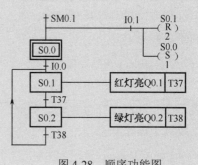

图 4-28　顺序功能图

激活 S0.0，为下次循环点亮红、绿灯做准备。

（3）编制梯形图程序：根据控制要求使用顺序控制继电器指令编写梯形图程序，如图 4-29 所示。图中的程序分为四段：一是初始化及停止控制；二是启动控制；三是红灯控制；四是绿灯控制。红、绿灯控制段为典型的顺序控制继电器程序。

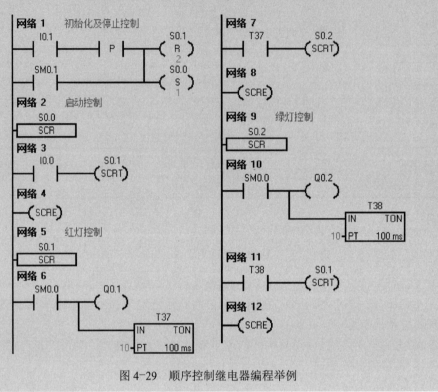

图 4-29　顺序控制继电器编程举例

任务内容

如图 4-30 所示为自动送料装车控制示意图。

自动送料装车系统由三级传送带、料斗、料位检测与送料、车位和吨位检测等环节组成。控制要求如下。

1）初始状态

红灯 L1 亮，绿灯 L2 灭，表示不允许汽车开进装料。整个系统处于停止状态。

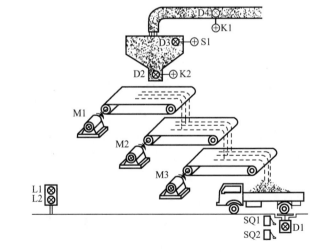

图 4-30　自动送料装车控制示意图

2）装车控制

（1）启动：按下启动按钮 SB1 后，红灯 L1 灭，绿灯 L2 亮，表示允许汽车开进装料；

料斗出料阀 K2 关闭，电动机 M1、M2 和 M3 皆为 OFF。

（2）进料：如果料斗中的料不满（S1 为 OFF），5 s 后进料阀 K1 开启进料（D4 指示灯亮）；当料满（S1 为 ON）时停止进料（D3 指示灯亮）。

（3）装车：当汽车开进并到达装车位置（SQ1 为 ON）时（D1 指示灯亮），红灯 L1 亮，绿灯 L2 灭；同时启动 M3，并经 2 s 后启动 M2，再经 2 s 后启动 M1，再经 2 s 后打开料斗出料阀 K2 出料（D2 指示灯亮）。

当车装满（SQ2 为 ON）时，料斗出料阀 K2 关闭，2 s 后 M1 停止，M2 在 M1 停止 2 s 后停止，M3 在 M2 停止 2 s 后停止，同时红灯 L1 灭，绿灯 L2 亮，表明汽车可以开走，下一辆汽车允许开进装料。

3）停机控制

按下停止按钮 SB2，红灯 L1 亮，绿灯 L2 灭，整个系统停止运行。

任务实施

1. 分析控制要求，确定输入/输出设备

通过对自动送料装车控制要求的分析，可以归纳出该电路的输入设备有启动按钮 SB1、停止按钮 SB2、车位限制行程开关 SQ1、车装满限制行程开关 SQ2、料斗料量检测传感器 S1、电动机 M1～M3 的长期过载保护继电器 FR1～FR3 共 8 个，为节约输入点数，根据控制要求可将停止按钮 SB2 与 3 个热继电器 FR 的触点并联共用一个 PLC 输入端；7 个输出设备，即电动机 M1～M3 的接触器线圈 KM1～KM3、指示灯 L1、指示灯 L2、进料阀 K1、出料阀 K2。

2. 对输入/输出设备进行 I/O 地址分配

根据 I/O 个数，进行 I/O 地址分配，如表 4-7 所示。

表 4-7 输入/输出地址分配

输入设备			输出设备		
名　称	符　号	地　址	名　称	符　号	地　址
启动按钮	SB1	I0.0	接触器线圈	KM1	Q0.1
停止按钮	SB2		接触器线圈	KM2	Q0.2
热继电器	FR1		接触器线圈	KM3	Q0.3
热继电器	FR2	I0.4	指示灯	L1	Q0.4
热继电器	FR3		指示灯	L2	Q0.5
车位限制	SQ1	I0.1	进料阀	K1	Q0.6
车装满限制	SQ2	I0.2	出料阀	K2	Q0.7
检测传感器	S1	I0.3			

3. 绘制 PLC 外部接线图

根据 I/O 地址分配结果，绘制 PLC 外部接线图，如图 4-31 所示。

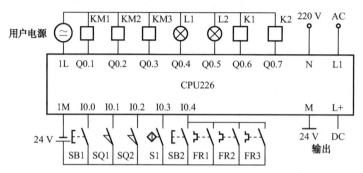

图 4-31　自动送料装车控制的 PLC 外部接线图

思考：如果考虑 D1～D4 指示灯，应该如何接线？

4. 功能图设计

由自动送料装车的工作过程可知，从按下启动按钮允许汽车装料到汽车装满料开走，共有 5 个工作步，再考虑所必需的初始步，整个过程共由 6 步构成。用顺序控制寄存器位 S0.0～S0.5 表示初始步及各工作步，三级传送带启动及停止采用定时器与比较指令实现。绘制自动送料装车控制的顺序功能图，如图 4-32 所示。

思考：三级传送带启动及停止如果采用子步结构，顺序功能图应如何修改？

5. PLC 程序设计

根据控制电路要求，采用顺序控制继电器指令设计 PLC 梯形图程序或语句表程序。梯形图程序如图 4-33 所示。

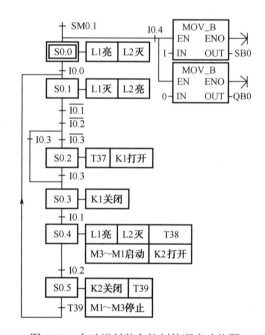

图 4-32　自动送料装车控制的顺序功能图

6. 安装配线

按照图 4-31 进行配线，安装方法及要求与继电器控制电路相同。

7. 运行调试

（1）在断电状态下，连接好 PC/PPI 电缆。

（2）运行 STEP 7-Micro/WIN 编程软件，设置通信参数。

（3）编写控制程序，编译并下载程序文件到 PLC 中。

（4）按下启动按钮 SB1，观察装车过程是否按控制要求工作。

（5）按下停止按钮 SB2，观察系统是否按要求停止。

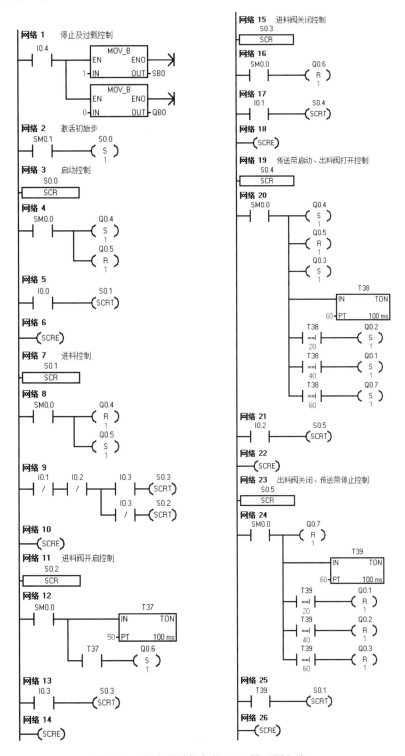

图 4-33　自动送料装车的 PLC 梯形图程序

检查评价

在规定时间内完成任务，各组自我评价并进行展示，各组之间根据评价表进行检查。检查与评价表如表 4-8 所示。

表 4-8　检查与评价表

项　　目	要　　求	配　分	评分标准	得　分
I/O 分配表	（1）能正确分析控制要求，完整、准确确定输入/输出设备 （2）能正确对输入/输出设备进行 I/O 地址分配	20	不完整，每处扣 2 分	
PLC 接线图	按照 I/O 分配表绘制 PLC 外部接线图，要求完整、美观	10	不规范，每处扣 2 分	
安装与接线	（1）能正确进行 PLC 外部接线，正确安装元件及接线 （2）线路安全简洁，符合工艺要求	20	不规范，每处扣 5 分	
功能图设计	能正确按工艺要求设计功能图	10	不完整，每处扣 2 分	
程序设计与调试	（1）程序设计简洁易读，符合任务要求 （2）在保证人身和设备安全的前提下，通电试车一次成功	30	第一次试车不成功，扣 5 分； 第二次试车不成功，扣 10 分	
文明安全	安全用电，无人为损坏仪器、元件和设备，小组成员团结协作	10	成员不积极参与，扣 5 分；违反文明操作规程，扣 5～10 分	
总　　分				

相关知识

4.3.2　PLC 控制系统的结构形式及工作方式

1. 具有多种工作方式的顺序控制程序设计

绝大多数自动控制系统除了具有自动工作方式外，还需要设置手动工作方式。一般在下列两种情况下需要采用手动工作方式。

（1）运行自动控制程序前，系统必须处于要求的初始状态。如果系统的状态不满足运行自动程序的要求，需要进入手动工作方式，用手动操作使系统进入规定的初始状态，然后再回到自动工作方式。在调试阶段一般使用手动工作方式。

（2）顺序自动控制对硬件的要求很高，如果有硬件故障，如某个限位开关故障，则不可能正确地完成自动控制过程。在这种情况下，为了使设备不至于因此停机，可以进入手

动工作方式，对设备进行手动控制。

2．具有自动和手动工作方式的控制系统的程序结构

具有自动和手动工作方式的控制系统的典型程序结构如图 4-34 所示。图中的 I1.0 是自动/手动切换开关，当 I1.0 为 1 状态时，执行手动程序；为 0 状态时，执行自动程序。

SM0.0 的常开触点一直闭合，公用程序用于处理自动方式和手动方式都需要执行的任务，以及处理两种方式的相互切换。

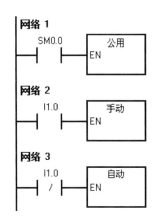

图 4-34　典型程序结构

3．控制系统一般具有的工作方式

开关量控制系统一般具有下列工作方式。

1）手动工作方式

在手动工作方式下，除了必要的联锁之外，PLC 的各输出量之间基本上没什么关系，可以用手动操作开关或按钮分别对各输出量独立进行操作。

2）单周期工作方式

在初始状态下按下启动按钮，从初始步开始，完成顺序功能图中一个周期的工作后，返回并停留在初始步。有的系统将单周期工作方式称为半自动方式。

3）连续工作方式

在初始状态下按下启动按钮，从初始步开始，系统工作一个周期后又开始下一个周期的工作，如果没有按停止按钮，系统将这样反复连续不停地工作。按下停止按钮，系统并不马上停止工作，要等到完成最后一个周期的工作后，系统才返回并停留在初始步。有的系统将连续工作方式称为全自动工作方式。

4）单步工作方式

从初始步开始，按一下启动按钮，系统转换到下一步，完成该步的任务后，系统自动停止工作并停留在该步；再按一下启动按钮，系统又往前走一步。单步工作方式常用于系统的调试。有的系统将单步工作方式称为调试方式。

5）自动回原点工作方式

开始执行自动程序之前，要求系统处于规定的初始状态。如果开机时系统没有处于初始状态，则应进入手动工作方式，用手动操作使系统进入初始状态后，再切换到自动工作方式。也可以专门设置一种使系统自动进入初始状态的工作方式，称为自动回原点工作方式。

任务训练 11

如图 4-35 所示为某流质饮料灌装生产线的简化示意图。在传送带上设有灌装工位和封盖工位，能自动完成饮料的灌装及封盖操作。

传送带由电动机 M1 驱动，传送带上设有定位传感器 S1、灌装工位工件传感器 S2 和封盖工位工件传感器 S3，在封盖工位上有 A 缸和 B 缸 2 个单作用汽缸。在 A 缸上有 2 个位置传感器，A 缸伸出到位时 S4 动作，A 缸缩回到位时 S5 动作；在 B 缸上设有 1 个传感器，当 B 缸伸出到位时 S6 动作。

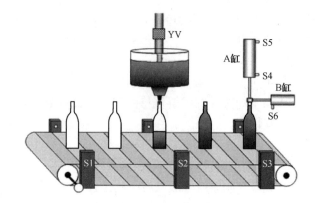

图 4-35　某流质饮料灌装生产线的简化示意图

按下启动按钮后传送带开始运转，若定位传感器 S1 动作，表示饮料瓶已到达一个工位，传送带应立即停止。此时如果在灌装工位上有饮料瓶，则由电磁阀 YV 对饮料瓶进行 3s 定时灌装；如果在封盖工位上有饮料瓶，则执行封盖操作：首先 B 缸将瓶盖送出，当 S6 动作时表示瓶盖已送到位，A 缸开始执行封压；当 S4 动作时，表示瓶盖已压到位，1s 后 A 缸缩回；当 S5 动作时表示 A 缸已缩回到位，然后 B 缸缩回，1s 后传送带转动。任何时候按下停止按钮，应立即停止正在执行的工作：传送带电动机停止、电磁阀关闭、汽缸归位。

任务要求：按步骤完成 PLC 控制系统的设计并调试，并且采用 SCR 指令设计 PLC 控制程序。

思考练习 11

一、思考题

1. 顺序控制继电器指令是如何定义的？一个 SCR 段与功能图中的什么相对应？

2. 在不同的 SCR 段中，如果某一动作都要执行，应如何处理？

3. 辅助寄存器位是否可以作为顺序控制继电器位？

二、正误判断题

1. 使用顺序控制继电器指令时，可以在多个程序中使用相同的 S 位。

2. 使用顺序控制继电器指令时，可以在 SCR 段内使用 JMP 和 LBL 指令，但不能围绕 SCR 段使用跳转及标号指令。

3．顺序控制继电器指令 SCR 只对状态元件 S 有效。

4．在编写 PLC 程序时，允许在 SCR 段内部跳转。

5．顺序控制继电器指令中只有 SCRE 无操作数。

三、单项选择题

1．下列哪一个不属于顺序控制继电器指令？（　　）

　　A．LSCR　　　　　B．SCRP　　　　　C．SCRE　　　　D．SCRT

2．为保证进入某 SCR 段中的各动作顺利执行且符合梯形图的编程特点（即左母线与线圈之间一定要有触点），采用下列哪个特殊存储器位作为与左母线连接的触点？（　　）

　　A．SM0.0　　　　B．SM0.1　　　　C．SM0.4　　　　D．SM0.5

3．在初始状态下按下启动按钮，从初始步开始，完成顺序功能图中一个周期的工作后，返回并停留在初始步。这时控制系统处于（　　）工作方式。

　　A．手动　　　　　B．单周期　　　　C．连续　　　　D．单步

4．在初始状态下按下启动按钮，从初始步开始，系统工作一个周期后又开始下一个周期的工作，如果没有按停止按钮，系统将这样反复连续不停地工作。按下停止按钮，系统并不马上停止工作，要等到完成最后一个周期的工作后，系统才返回并停留在初始步。这时控制系统处于（　　）工作方式。

　　A．手动　　　　　B．单周期　　　　C．连续　　　　D．单步

5．从初始步开始，按一下启动按钮，系统转换到下一步，完成该步的任务后，系统自动停止工作并停留在该步；再按一下启动按钮，又往前走一步。这时控制系统处于（　　）工作方式。

　　A．手动　　　　　B．单周期　　　　C．连续　　　　D．单步

四、程序设计题

1．根据图 4-36 所示的几种用顺序控制继电器位表示的功能图，采用 SCR 指令设计梯形图程序。

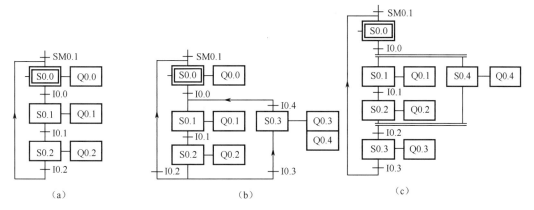

图 4-36　用顺序控制继电器位表示的功能图

2．将图 4-36 中的顺序控制继电器 S 位用辅助继电器 M 位替换，采用触点、线圈指令或置位/复位指令设计梯形图程序。

3．如图 4-37 所示为采用顺序控制继电器位表示的十字路口交通信号灯的顺序状态功能图，设计梯形图程序并调试。

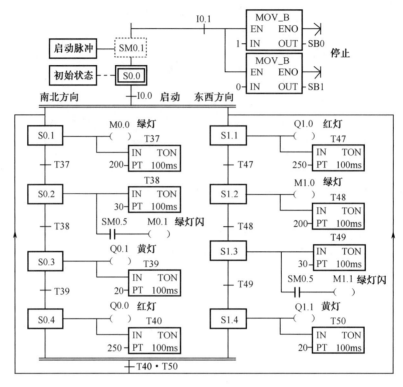

图 4-37　十字路口交通信号灯的顺序状态功能图

任务 4.4　组合机床动力滑台控制

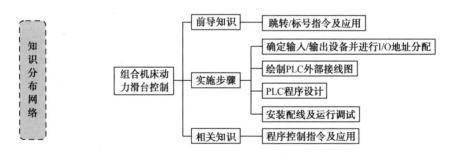

任务目标

（1）掌握如何控制程序的运行方向。

（2）掌握跳转/标号指令的功能。

（3）掌握采用跳转/标号指令实现选择性分支控制的 PLC 程序设计。

（4）能运用跳转/标号指令实现组合机床动力滑台的 PLC 控制系统设计，并且能够熟练运用编程软件进行联机调试。

前导知识

4.4.1 跳转/标号指令及应用

程序控制类指令的作用是控制程序的运行方向，如程序的跳转、程序的循环及按步序进行控制等。程序控制类指令包括跳转/标号指令、循环指令、顺序控制继电器指令、子程序调用指令、结束及子程序返回指令、看门狗指令等。

扫一扫看跳转/标号指令及应用微视频

http://dsw.jsou.cn/album/5665/material/6683

1. 跳转/标号指令

跳转/标号指令在工程实践中常用来解决一些生产流程的选择性分支控制，可以使程序结构更加灵活，缩短扫描周期，从而加快系统的响应速度。跳转/标号指令的格式及功能如表 4-9 所示。

表 4-9　跳转/标号指令的格式及功能

梯形图 LAD	语句表 STL		功　　能
	操作码	操作数	
n —(JMP)	JMP	n	条件满足时，跳转指令（JMP）可使程序转移到同一程序的具体标号（n）处
n LBL	LBL	n	标号指令（LBL）标记跳转目的地的位置（n）

说明：

（1）跳转标号 n 的取值范围是 0～255;

（2）跳转指令及标号指令必须配对使用，并且只能用于同一程序（主程序或子程序）中，不能在主程序中用跳转指令，而在子程序中用标号指令;

（3）由于跳转指令具有选择程序段的功能，所以在同一程序且位于因跳转而不会被同时执行的两段程序中的同一线圈不被视为双线圈。

2. 跳转/标号指令应用

如图 4-38 所示为跳转/标号指令的功能示意图。

执行程序段 A 后，当转移条件成立（I0.0 的常开触点闭合），跳过程序段 B，执行程序段 C；若转移条件不成立（I0.0 的常开触点断开），则执行程序段 A 后，执行程序段 B，然后执行程

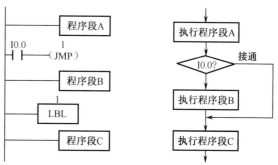

图 4-38　跳转/标号指令的功能示意图

序段 C。这两条指令的功能是传统继电器控制所没有的。

跳转/标号指令在工业现场控制中常用于操作方式的选择。

实例 4.3 设 I0.0 为点动/连续运行控制选择开关，当 I0.0 得电时，选择点动控制；当 I0.0 不得电时，选择连续运行控制。采用跳转/标号指令实现对其控制的梯形图如图 4-39 所示。

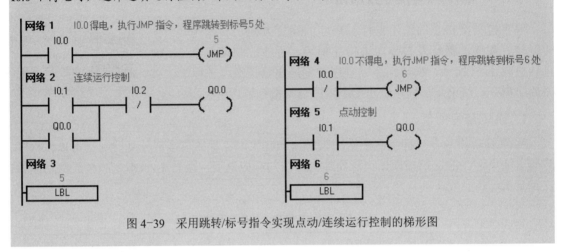

图 4-39　采用跳转/标号指令实现点动/连续运行控制的梯形图

任务内容

某组合机床液压动力滑台的工作循环示意图和液压元件动作表如图 4-40 所示。

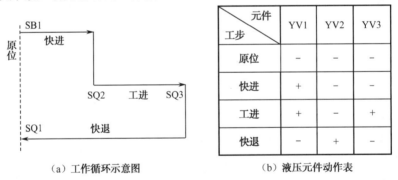

元件 工步	YV1	YV2	YV3
原位	-	-	-
快进	+	-	-
工进	+	-	+
快退	-	+	-

（a）工作循环示意图　　　　　　　（b）液压元件动作表

图 4-40　某组合机床液压动力滑台的工作循环示意图和液压元件动作表

控制要求如下。

（1）液压动力滑台具有自动和手动调整两种工作方式，由转换开关 SA 进行选择。当 SA 接通时为手动调整，当 SA 断开时为自动工作方式。

（2）选择自动工作方式时，其工作过程为：按下启动按钮 SB1，滑台从原位开始快进，快进结束后转为工进，工进结束后转为快退至原位，结束一个周期的自动工作，然后自动转入下一个周期的自动循环。如果在自动循环过程中，按下停止按钮 SB2 或将转换开关 SA 拨至手动位置，则滑台完成当前循环后返回原位停止。

（3）选择手动调整工作方式时，用按钮 SB3 和 SB4 分别控制滑台的点动前进和点动后退。

任务实施

1．分析控制要求，确定输入/输出设备

通过对动力滑台控制要求的分析，可以归纳出该电路有 8 个输入设备，即启动按钮 SB1、停止按钮 SB2、点动前进按钮 SB3、点动后退按钮 SB4、行程开关 SQ1、SQ2、SQ3、转换开关 SA；3 个输出设备，即液压电磁阀 YV1～YV3。

2．对输入/输出设备进行 I/O 地址分配

根据 I/O 个数，进行 I/O 地址分配，如表 4-10 所示。

表 4-10　输入/输出地址分配

输入设备			输出设备		
名　称	符　号	地　址	名　称	符　号	地　址
转换开关	SA	I0.0	液压电磁阀	YV1	Q0.0
启动按钮	SB1	I0.1	液压电磁阀	YV2	Q0.1
停止按钮	SB2	I0.2	液压电磁阀	YV3	Q0.2
前进按钮	SB3	I0.3			
后退按钮	SB4	I0.4			
行程开关	SQ1	I0.5			
行程开关	SQ2	I0.6			
行程开关	SQ3	I0.7			

3．绘制 PLC 外部接线图

根据 I/O 地址分配结果，绘制 PLC 外部接线图，如图 4-41 所示。

4．PLC 程序设计

通过选择开关 SA（I0.0）建立自动循环和手动调整两个选择，并采用 M1.0 作为自动循环过程中有无停止按钮动作的记忆元件。当 SA 闭合时，程序跳转至标号 2 处执行手动程序，在此方式下，按下按钮 SB3（I0.3）

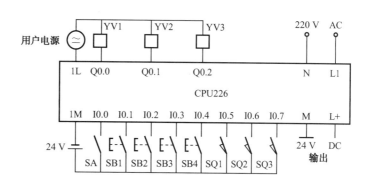

图 4-41　液压动力滑台的 PLC 外部接线图

或 SB4（I0.4）可实现相应的点动调整。为使液压动力滑台只有在原位才可以开始自动工

作，采用了 $\overline{SA}$（$\overline{I0.0}$）与 SQ1（I0.5）相"与"作为进入自动工作的转移条件，即当 $\overline{I0.0}$·I0.5 条件满足时，程序跳转至标号 1 处等待执行自动程序。如果液压动力滑台不在原位，即使选择自动工作方式，此时手动调整仍然有效，必须先手动调整使液压动力滑台回到原位后，手动调整才失效。按下启动按钮 SB1（I0.1），系统开始工作，并按快进（M0.0）→工进（M0.1）→快退（M0.2）的步骤自动顺序进行，当快退工步完成时，如果停止按钮 SB2（I0.2）无按动记忆（M1.0 不得电），则自动返回到快进，进行下一个循环；如果停止按钮 SB2 有按动记忆（M1.0 得电），则返回原位停止，再次按动启动按钮 SB1 后，才进入下一次自动循环的启动。如果在自动循环过程中，将转换开关 SA 拨至手动位置，不能立刻实施手动调整，需在本循环结束后才能实施，为此，将 M0.0～M0.2 的常开触点分别与 $\overline{I0.0}$·I0.5 并联，作为执行自动程序的条件，保证在自动循环过程中不能接通手动调整程序；将 M0.0～M0.2 的常闭触点分别与 I0.0 串联，作为执行手动程序的条件。功能图可参阅图 4-15。

根据控制电路要求，采用跳转/标号指令设计 PLC 梯形图程序或语句表程序。梯形图程序如图 4-42 所示。

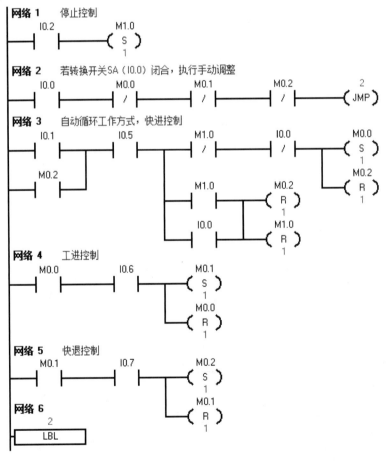

图 4-42 采用 JMP/LBL 指令的液压动力滑台的 PLC 梯形图程序

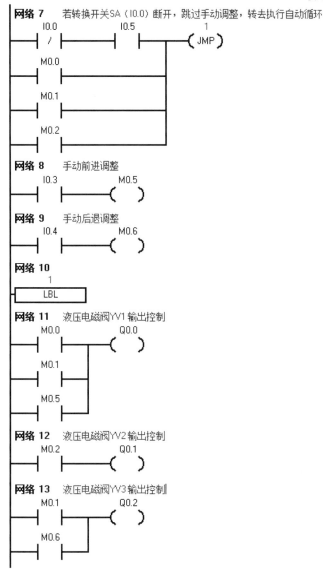

图 4-42　采用 JMP/LBL 指令的液压动力滑台的 PLC 梯形图程序（续）

思考：本程序中是否考虑了两种操作方式转换之间的空步？此处的 M1.0 是否为图 4-15 中的空步 M1.0？

5．安装配线

按照图 4-41 进行配线，安装方法及要求与继电器控制电路相同。

6．运行调试

（1）在断电状态下，连接好 PC/PPI 电缆。

（2）运行 STEP 7-Micro/WIN 编程软件，设置通信参数。

（3）编写控制程序，编译并下载程序文件到 PLC 中。

（4）将拨动开关 SA 拨至手动位置，分别按下按钮 SB3、SB4，观察能否实现点动调整。

（5）将拨动开关 SA 拨至自动位置，按下启动按钮 SB1，观察能否实现自动循环。

（6）在自动循环过程中按下停止按钮 SB2，观察系统是否按要求停止。

（7）在自动循环过程中将拨动开关 SA 拨至手动位置，观察系统是否按要求停止。

（8）在手动过程中将拨动开关 SA 拨至自动位置，观察系统是否正常工作。

检查评价

在规定时间内完成任务，各组自我评价并进行展示，各组之间根据评价表进行检查。检查与评价表如表 4-11 所示。

表 4-11　检查与评价表

项　目	要　求	配　分	评 分 标 准	得　分
I/O 分配表	（1）能正确分析控制要求，完整、准确确定输入/输出设备 （2）能正确对输入/输出设备进行 I/O 地址分配	20	不完整，每处扣 2 分	
PLC 接线图	按照 I/O 分配表绘制 PLC 外部接线图，要求完整、美观	10	不规范，每处扣 2 分	
安装与接线	（1）能正确进行 PLC 外部接线，正确安装元件及接线 （2）线路安全简洁，符合工艺要求	30	不规范，每处扣 5 分	
程序设计与调试	（1）程序设计简洁易读，符合任务要求 （2）在保证人身和设备安全的前提下，通电试车一次成功	30	第一次试车不成功，扣 5 分；第二次试车不成功，扣 10 分	
文明安全	安全用电，无人为损坏仪器、元件和设备，小组成员团结协作	10	成员不积极参与，扣 5 分；违反文明操作规程，扣 5~10 分	
总　　分				

相关知识

4.4.2　程序控制指令及应用

1. 循环指令

在控制系统中经常遇到对某项任务需要重复执行若干次的情况，这时可使用循环指令。循环指令由循环开始指令 FOR 和循环结束指令 NEXT 组成，当驱动 FOR 指令的逻辑条件满足时，该指令会反复执行 FOR 与 NEXT 之间的程序段。循环指令的格式及功能如表 4-12 所示。

表 4-12 循环指令的格式及功能

梯形图 LAD	语句表 STL		功　　能
	操作码	操作数	
FOR EN ENO ????-INDX ????-INIT ????-FINAL	FOR	INDX, INIT, FINAL	INDX：当前循环计数端 INIT：循环初值 FINAL：循环终值 　当使能位 EN 为 1 时，执行循环体，INDX 从 1 开始计数。每执行一次循环体，INDX 自动加 1，并且与终值相比较，如果 INDX 大于 FINAL，则循环结束
—(NEXT)	NEXT	无	

说明：

（1）FOR 和 NEXT 必须配对使用，在 FOR 与 NEXT 之间构成循环体，并且允许嵌套使用，最多允许嵌套的深度为 8 次；

（2）INDX、INIT、FINAL 的数据类型为字整型数据；

（3）如果 INIT 的值大于 FINAL 的值，则不执行循环。

实例 4.4 在图 4-43 所示的梯形图中，当 I0.0=1 时，进入外循环，并循环执行"网络 1"至"网络 6"6 次；当 I0.1=1 时，进入内循环，每次外循环、内循环都要循环执行"网络 2"至"网络 5"8 次。如果 I0.1=0，在执行外循环时，则跳过"网络 2"至"网络 5"。

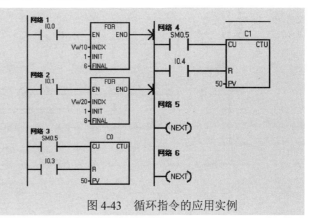

图 4-43 循环指令的应用实例

2. 停止模式切换指令

停止模式切换指令为条件指令，它一般将诊断故障信号作为条件，当条件为真时，将 PLC 切换到 STOP 模式，以保护设备或人身安全。停止模式切换指令的格式及功能如表 4-13 所示。

表 4-13 停止模式切换指令的格式及功能

梯形图 LAD	语句表 STL		功　　能
	操作码	操作数	
—(STOP)	STOP	无	检测到 I/O 错误时，强制转至 STOP（停止）模式

3. 看门狗复位指令

PLC 系统在正常执行时，操作系统会周期性地对看门狗监控定时器进行复位，如果用户程序有一些特殊的操作需要延长看门狗监控定时器的时间，则可以使用看门狗复位指令。该指令不可滥用，如果使用不当会造成系统严重故障，如无法通信、输出不能刷新等。看门狗复位指令的格式及功能如表 4-14 所示。

表4-14　看门狗复位指令的格式及功能

梯形图 LAD	语句表 STL		功　能
	操作码	操作数	
—(WDR)	WDR	无	当执行条件成立时触发看门狗复位

4．有条件结束指令

有条件结束指令的格式及功能如表4-15所示。

表4-15　有条件结束指令的格式及功能

梯形图 LAD	语句表 STL		功　能
	操作码	操作数	
—(END)	END	无	当执行条件成立时终止主程序，但不能在子程序或中断程序中使用

实例4.5　如图4-44所示为STOP、WDR、END指令的应用举例。

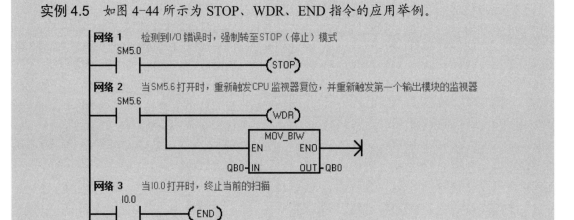

图4-44　STOP、WDR、END指令的应用举例

5．LED诊断指令

LED诊断指令可用来设置S7-200系列PLC上的LED状态。LED诊断指令的格式及功能如表4-16所示。

表4-16　LED诊断指令的格式及功能

梯形图 LAD	语句表 STL		功　能
	操作码	操作数	
DIAG_LED EN ENO ????—IN	DLED	无	当使能位为 1 时，如果输入参数 IN 的数值为零，则诊断 LED 会被设置为不发光；如果输入参数 IN 的数值大于零，则诊断 LED 会被设置为发光 （黄色）

在 STEP 7-Micro/WIN 的系统块内可以对 S7-200 系列 PLC 上标记为"SF/DIAG"的 LED 进行配置，系统块的 LED 配置选项如图 4-45 所示。

如果勾选"当 PLC 中有项目被强制时，点亮 LED"选项，则当 DLED 指令的 IN 参数大于 0 或有 I/O 点被强制时发黄光。如果勾选"当一个模块有 I/O 错误时，点亮 LED"选项，则标记为"SF/DIAG"的 LED 在某模块有 I/O 错误时发黄光。如果取消对两个配置选项的选择，就会让 DLED 指令独自控制标记为"SF/DIAG"的 LED。CPU 系统故障（SF）用红光表示。

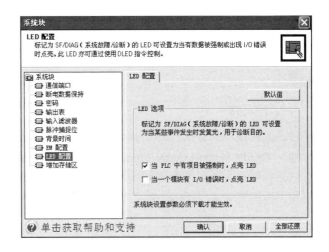

图 4-45　系统块的 LED 配置选项

任务训练 12

某组合机床由动力头、液压滑台及液压夹紧装置组成。其控制要求如下。

（1）机床工作时，首先启动液压系统及主轴电动机。

（2）机床具有半自动和手动调整两种工作方式，由 SA 方式选择开关进行选择。当 SA 接通时为手动调整方式，当 SA 断开时为半自动工作方式。

（3）选择半自动工作方式时，其工作过程为：按下夹紧按钮 SB1，待工件夹紧后，压力继电器 SP 动作，使滑台快进，在快进过程中压下液压行程阀后转工进，加工结束后压下行程开关 SQ2 转快退，快退至原位压下 SQ1，自动松开工件，一个工作循环结束。其工作循环示意图和液压元件动作表如图 4-46 所示。

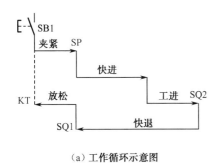

（a）工作循环示意图

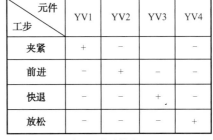

工步 \ 元件	YV1	YV2	YV3	YV4
夹紧	+	−	−	−
前进	−	+	−	−
快退	−	−	+	−
放松	−	−	−	+

（b）液压元件动作表

图 4-46　液压滑台的工作循环示意图和液压元件动作表

（4）选择手动调整工作方式时，用 4 个点动按钮分别单独点动控制滑台的前进和后退及夹具的夹紧与放松。

任务要求：按步骤完成 PLC 控制系统的设计并调试，采用跳转指令实现工作方式的选择。

思考练习 12

一、思考题

1. 跳转指令有什么作用？如何实现无条件跳转？

2. S7-200 系列 PLC 怎样处理被跳过的定时器指令？

3. 标号指令可以安排在对应跳转指令的上方吗？为什么？

4. 根据图 4-47 所给程序结构图，分析程序执行情况，并将分析结果填入表格。

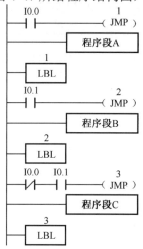

I0.0	I0.1	执行的程序段
1	0	
0	1	
0	0	
1	1	

图 4-47　程序结构图及分析结果

二、正误判断题

1. 跳转标号 n 的取值范围是 0～32 767。

2. 可以在主程序段中用跳转指令，在子程序段中用标号指令。

3. 循环指令在 FOR 与 NEXT 之间构成循环体，但不允许嵌套使用。

4. 有条件结束指令无操作数。

5. 在同一程序且位于因跳转而不会被同时执行的两段程序中的同一线圈也被视为双线圈输出。

三、单项选择题

1. 下列关于跳转/标号指令描述正确的是（　　　）。

　A．跳转指令及标号指令均无操作数

　B．跳转指令有操作数，而标号指令无操作数

　C．跳转指令无操作数，而标号指令有操作数

　D．跳转指令及标号指令均有操作数

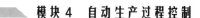
2．FOR 与 NEXT 之间构成循环体，并允许嵌套使用，最多允许的嵌套深度为
（　　）。

　　A．4 次　　　　　B．8 次　　　　　C．16 次　　　　D．32 次

3．有条件结束指令的操作码是（　　）。

　　A．FOR　　　　　B．RET　　　　　C．END　　　　　D．STOP

4．LED 诊断指令的操作码是（　　）。

　　A．DLED　　　　B．LED　　　　　C．LCD　　　　　D．LEND

5．停止模式切换指令的操作码是（　　）。

　　A．FOR　　　　　B．RET　　　　　C．END　　　　　D．STOP

四、程序设计题

1．有 3 台电动机 M1～M3，在手动操作方式下分别用每个电动机各自的启、停按钮控制它们的启、停状态；在自动操作方式下按下启动按钮，M1～M3 每隔 5s 依次启动；按下停止按钮，M1～M3 同时停止。试采用跳转/标号指令的程序结构设计梯形图程序。

2．设计带有手动/自动切换的三相异步电动机 Y-△降压启动控制系统的梯形图程序。要求如下：系统具有 1 个启动按钮 SB1、1 个停止按钮 SB2，1 个手动/自动选择开关 SA。当 SA 接通时，系统进入手动控制方式，Y-△切换必须通过手动完成；当 SA 断开时，系统进入自动控制方式，Y-△切换通过定时器自动完成。为防止 Y-△接法可能出现的短路故障，系统必须设有互锁措施。

提示：手动控制方式下，可利用计数器实现 Y-△切换，第一次按下启动按钮 SB1 时，电动机定子绕组接成 Y 形降压启动，第二次按下启动按钮 SB1 时，电动机定子绕组接成△形全压运行。

任务 4.5　机械手控制

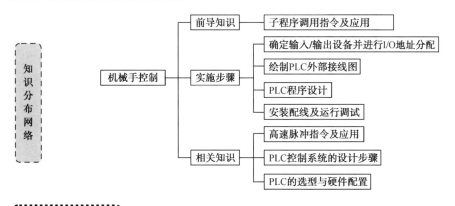

任务目标

（1）掌握子程序调用与子程序标号、子程序返回指令的用法。

（2）掌握结构化程序设计方法。

（3）掌握采用子程序调用指令实现的 PLC 程序设计。

（4）能运用子程序调用指令实现机械手控制系统设计，并且能熟练运用编程软件进行联机调试。

前导知识

4.5.1 子程序调用指令及应用

S7-200 系列 PLC 的程序结构分为主程序、子程序和中断程序。在 STEP 7-Micro/WIN 编程软件的程序编辑窗口里，这三者都有各自独立的页。

扫一扫看子程序调用指令及应用微视频

http://dsw.jsou.cn/album/5665/material/6661

1. 子程序调用与子程序标号、子程序返回指令

将具有特定功能，并且多次使用的程序段作为子程序。可以在主程序、其他子程序或中断程序中调用子程序，调用某个子程序时将执行该子程序的全部指令，直到子程序结束，然后返回调用程序中该子程序调用指令的下一条指令处。

子程序用于程序的分段和分块，使其成为较小的、更易于管理的块；它只有在需要时才调用，可以更加有效地使用 PLC。

子程序的调用是有条件的，未调用它时不会执行子程序中的指令，因此使用子程序可以减少扫描时间。

子程序在结构化程序设计中是一种方便、有效的工具。

在程序中使用子程序时，需要进行的操作有建立子程序、子程序调用和子程序返回。

1）建立子程序

在 STEP 7-Micro/WIN 编程软件中可以采用以下方法建立子程序。

（1）执行菜单命令"编辑"→"插入"→"子程序"。

（2）在指令树中用鼠标右键单击"程序块"图标，从弹出的菜单选项中选择"插入"下的"子程序"。

（3）在"程序编辑器"的空白处单击鼠标右键，从弹出的菜单选项中选择"插入"下的"子程序"。

注意，此时仅仅是建立了子程序的标号，子程序的具体功能需要在当前子程序的程序编辑器中进行编辑。

建立了子程序后，子程序的默认名为 SBR_n，编号 n 从 0 开始按递增顺序递增生成。在 SBR_n 上单击鼠标右键，从弹出的菜单选项中选择"重命名"或在 SBR_n 上双击鼠标左键，可以更改子程序的名称。

2）子程序调用及子程序返回

子程序编辑好后，返回主调程序的程序编辑器页面，将光标定在需要调用子程序处，双击指令树中对应的子程序或直接用鼠标将子程序拖到需要调用子程序处。子程序调用及子程序返回指令的格式及功能如表 4-17 所示。

表 4-17　子程序调用及子程序返回指令的格式及功能

梯形图 LAD	语句表 STL		功　能
	操作码	操作数	
SBR_0 / EN	CALL	SBR_n	子程序调用指令（CALL）：把程序的控制权交给子程序（SBR_n）
—(RET)	CRET	无	有条件子程序返回指令（CRET）：根据该指令前面的逻辑关系，决定是否终止子程序（SBR_n） 无条件子程序返回指令（RET）：立即终止子程序的执行

说明：

（1）子程序调用指令编写在主调程序中，子程序返回指令编写在子程序中。

（2）子程序标号 n 的范围：CPU221/222/224 为 0～63、CPU224XP/226 为 0～127。

（3）子程序既可以不带参数调用，也可以带参数调用。带参数调用的子程序必须事先在局部变量表里对参数进行定义；且最多可以传递 16 个参数，参数的变量名最多为 23 个字符。传递的参数有 IN、IN_OUT、OUT 三类，IN（输入）是传入子程序的输入参数。IN_OUT（输入/输出）将参数的初始值传给子程序，并将子程序的执行结果返回给同一地址；OUT（输出）是子程序的执行结果，它被返回给调用它的程序。被传递参数的数据类型有 BOOL、BYTE、WORD、INT、DWORD、DINT、REAL、STRINGL 8 种。

（4）在现行的编程软件中，无条件子程序返回指令（RET）为自动默认，不需要在子程序结束时输入任何代码。执行完子程序以后，控制程序回到子程序调用前的下一条指令。子程序可嵌套，嵌套深度最多为 8 层；但在中断服务程序中，不能嵌套调用子程序。

（5）当有一个子程序被调用时，系统会保存当前的逻辑堆栈，并将栈顶值置 1，堆栈的其他值为 0，并把控制权交给被调用的子程序；当子程序执行完成后，恢复逻辑堆栈，将控制权交还给调用程序。

2．子程序调用指令应用

实例 4.6　不带参数子程序的调用。

电动机点动/连续运转控制的点动部分及连续运转部分可分别作为子程序编写，在主程序中根据需要调用，这样也可以很好地完成控制任务。与此对应的梯形图程序如图 4-48 所示。

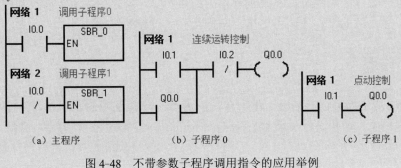

图 4-48　不带参数子程序调用指令的应用举例

实例 4.7 带参数子程序的调用。

仍以电动机点动/连续运转控制为例，此时需要在子程序页面的程序编辑器的局部变量表中对参数进行定义。连续运转控制子程序局部变量表及程序如图 4-49 所示，点动控制子程序局部变量表及程序如图 4-50 所示。

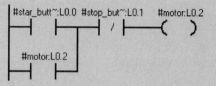

	符号	变量类型	数据类型
	EN	IN	BOOL
L0.0	start_button	IN	BOOL
L0.1	stop_button	IN	BOOL
		IN_OUT	
L0.2	motor	OUT	BOOL

图 4-49　连续运转控制子程序局部变量表及程序

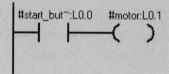

	符号	变量类型	数据类型
	EN	IN	BOOL
L0.0	start_button	IN	BOOL
		IN_OUT	
L0.1	motor	OUT	BOOL

图 4-50　点动控制子程序局部变量表及程序

在主程序编辑页面，分别调用以上两个子程序。电动机点动/连续运转控制的主程序如图 4-51 所示。

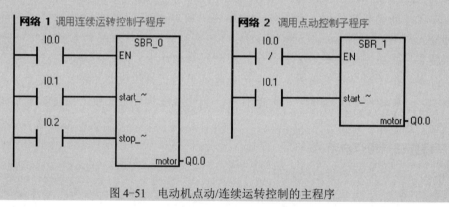

图 4-51　电动机点动/连续运转控制的主程序

从这两个例子可以看出，如果被控系统的输入/输出设备的地址发生变化，则在实例 4.6 中，主程序及子程序中的地址都需要进行修改；而在实例 4.7 中只需要修改主程序中设备的地址。显然，带参数的子程序调用更符合结构化程序设计的思想。

任务内容

如图 4-52 所示为某物料搬运工作示意图：由传送带 A 将物料运至机械手处，机械手将物料搬至传送带 B，由传送带 B 将物料运走。

1．机械结构

机械手的全部动作由汽缸驱动，而汽缸又由相应的电磁阀控制。其中，下降/上升和左转/右转分别由双线圈的三位电磁阀控制。当下降电磁阀通电时，机械手下降，若下降电磁阀断电，则机械手停止下降，保持现有的动作

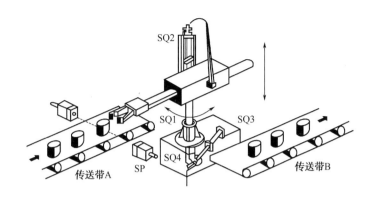

图4-52　某物料搬运工作示意图

状态。当上升电磁阀通电时，机械手上升。同样，左转/右转也是由对应的电磁阀控制的。夹紧/放松则由单线圈的二位电磁阀控制汽缸的运动来实现，当线圈通电时执行放松动作，当线圈断电时执行夹紧动作。并且要求只有当机械手处于上限位时才能进行左/右转动，因此在左/右转动时使用了上限条件作为联锁保护。

为了保证机械手动作准确，机械手上安装了限位开关 SQ1、SQ2、SQ3、SQ4，分别对机械手进行下降、上升、左转、右转等动作的限位，并给出动作到位的信号。

2．工艺过程

从原点开始：

（1）按下启动按钮，传送带 A 运行，直到光电开关 SP 检测到物体才停止；

（2）光电开关动作，下降电磁阀及夹紧/放松电磁阀通电，机械手下降并保持松开状态；

（3）机械手下降到位，碰到下限位开关，下降电磁阀断电，下降停止，同时夹紧/放松电磁阀断电，机械手夹紧；

（4）机械手夹紧 2s 后，上升电磁阀通电，机械手上升，而机械手保持夹紧；

（5）机械手上升到位，碰到上限位开关，上升电磁阀断电，上升停止，同时接通左转电磁阀，机械手左转；

（6）机械手左转到位，碰到左限位开关，左转电磁阀断电，左转停止，同时接通下降电磁阀，机械手下降；

（7）机械手下降到位，碰到下限位开关，下降电磁阀断电，下降停止，同时夹紧/放松电磁阀通电，机械手放松；

（8）机械手放松 2s 后，上升电磁阀通电，机械手上升；

（9）机械手上升到位，碰到上限位开关，上升电磁阀断电，上升停止，同时接通右转电磁阀，机械手右转，在此阶段传送带 B 也开始运行，右转到原点，碰到右限位开关，右转电磁阀断电，右转停止，同时传送带 B 也停止。由此完成了一个周期的动作。

3．控制要求

机械手按照要求按一定的顺序动作，其动作流程图如图4-53所示。

启动时，机械手从原点开始顺序动作；停止时，机械手停止在现行工步上；重新启动后，机械手按停止前的动作继续进行。

为满足生产要求，机械手的操作方式可分为手动操作和自动操作方式。自动操作方式又分为单步、单周期和连续周期操作方式。

（1）手动操作：在此方式下，传送带 A、传送带 B 不动作，机械手的每一步动作用单独的按钮进行控制，此种方式可使机械手置原位。

（2）单步操作：机械手从原点开始，每按一次启动按钮，机械手控制系统完成一步动作后自动停止。

（3）单周期操作：机械手从原点开始，按一下启动按钮，机械手控制系统自动完成一个周期的动作后停止。

（4）连续周期操作：机械手从原点开始，按一下启动按钮，机械手控制系统动作将自动地、连续不断地周期性循环。

在周期操作方式下，若按一下停止按钮，机械手动作停止，并保持当前状态。重新启动后，机械手按停止前的动作继续工作。

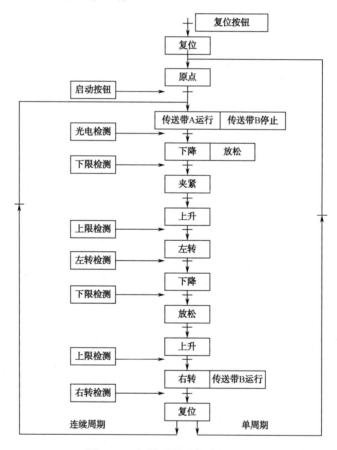

图 4-53　机械手的动作流程图

在连续周期操作方式下，若按一下复位按钮，机械手将继续完成一个周期的动作后，回到原点自动停止。按下启动按钮解除复位，再重新启动后，机械手继续进行自动

周期性循环。

任务实施

1. 分析控制要求，确定输入/输出设备

通过对控制要求的分析，可知该系统为开关量顺序控制系统。可以归纳出它具有 15 个输入设备，用于产生输入控制信号，即启动按钮、停止按钮、复位按钮、下降按钮、上升按钮、左转按钮、右转按钮、夹紧按钮、放松按钮、下限位开关、上限位开关、左限位开关、右限位开关、光电开关和模式选择开关（4 挡位转换开关）；8 个输出设备，即下降电磁阀、上升电磁阀、左转电磁阀、右转电磁阀、夹紧/放松电磁阀、原点显示指示灯、传送带 A 电动机和传送带 B 电动机。

2. 对输入/输出设备进行 I/O 地址分配

根据 I/O 个数，进行 I/O 地址分配，如表 4-18 所示。

表 4-18　输入/输出地址分配

输入设备			输出设备		
名　称	符　号	地　址	名　称	符　号	地　址
启动按钮	SB1	I0.0	下降电磁阀	YV1	Q0.1
停止按钮	SB2	I0.6	上升电磁阀	YV2	Q0.2
复位按钮	SB3	I0.7	右转电磁阀	YV3	Q0.3
下限位开关	SQ1	I0.1	左转电磁阀	YV4	Q0.4
上限位开关	SQ2	I0.2	放松/夹紧电磁阀	YV5	Q0.5
左限位开关	SQ3	I0.3	原点显示指示灯	HL	Q0.0
右限位开关	SQ4	I0.4	传送带 A 电动机	KM1	Q0.6
光电开关	SP	I0.5	传送带 B 电动机	KM2	Q0.7
下降按钮	SB4	I1.0			
上升按钮	SB5	I1.1			
左转按钮	SB6	I1.2			
右转按钮	SB7	I1.3			
放松按钮	SB8	I1.4			
夹紧按钮	SB9	I1.5			
转换开关 手动	SA	I2.0			
单步		I2.1			
单周期		I2.2			
连续周期		I2.3			

3. 绘制 PLC 外部接线图

根据 I/O 地址分配结果，绘制 PLC 外部接线图，如图 4-54 所示。

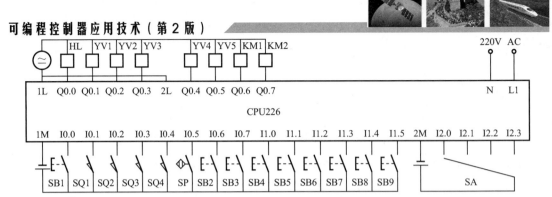

图 4-54　机械手的 PLC 外部接线图

4．PLC 程序设计

1）主程序设计

将手动操作程序和自动操作程序分别编成相对独立的子程序模块，通过调用指令进行功能的选择。当工作方式选择开关 SA 选择手动工作方式时，I2.0 接通，执行手动工作程序；当 SA 选择自动工作方式（单步、单周期、连续周期）时，I2.1、I2.2、I2.3 分别接通，执行自动控制程序。主程序的梯形图如图 4-55 所示。

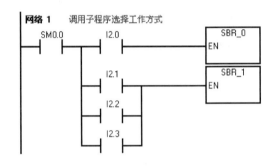

图 4-55　主程序的梯形图

2）手动操作程序设计

手动操作不需要按工序动作，可以按普通继电器控制系统来设计。手动操作控制程序的梯形图（子程序 0）如图 4-56 所示。手动按钮 I1.0、I1.1、I1.2、I1.3、I1.4、I1.5 分别控制下降、上升、左转、右转、放松、夹紧动作。为了保持系统的安全运行，还设置了一些必要的联锁保护。其中，在左、右转动的控制环节中接入了 I0.2 作为上限联锁，以保证机械手处于上限位时才能左、右转动。

由于放松、夹紧动作选用单线圈二位电磁阀控制，所以在梯形图中用置位/复位指令来控制 Q0.5。为防止误操作，机械手处于下限位时才能执行放松和夹紧动作。

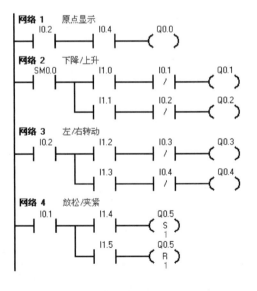

图 4-56　手动操作控制程序的梯形图（子程序 0）

3）自动操作程序

对于顺序控制可采用多种方法进行编程，此处采用移位寄存器来实现顺序控制功能，转换条件由各行程开关及定时器的状态来决定。

机械手的放松/夹紧动作可以采用压力检测、位置检测或按照时间的原则进行控制。本任务用定时器 T37 控制夹紧时间，用定时器 T38 控制放松时间。其工作过程分析如下。

（1）机械手处于原点时，上限位和右限位行程开关闭合，I0.2、I0.4 接通，移位寄存器的首位 M1.0 置"1"，Q0.0 输出原点显示。

（2）按下启动按钮，I0.0 接通，产生移位信号，使移位寄存器左移一位，M1.1 置"1"（M1.0 清 0），输出控制中的 Q0.6 输出传送带 A 的运行信号。

（3）传送带 A 运行，输送工件，当工件到达光电开关位置时，光电开关检测到信号，I0.5 接通，传送带 A 停止运行，同时产生移位信号，移位寄存器左移一位，M1.2 置"1"，Q0.1 接通、Q0.5 置位，机械手执行下降动作，同时处于放松状态。

（4）机械手下降至下限位时，下限开关受压，I0.1 接通，下降停止，同时产生移位信号，移位寄存器左移一位，M1.3 置"1"，Q0.5 复位，夹紧动作开始，同时定时器 T37 接通开始计时。

（5）延时 2s 后，定时器 T37 的常开触点闭合，产生移位信号，移位寄存器左移一位，M1.4 置"1"，Q0.2 接通，机械手上升并保持夹紧。

（6）机械手上升至上限位时，上限位开关受压，I0.2 接通，上升停止，同时产生移位信号，移位寄存器左移一位，M1.5 置"1"，Q0.3 接通，机械手左转。

（7）机械手左转至左限位时，左限位开关受压，I0.3 接通，左转停止，同时产生移位信号，移位寄存器左移一位，M1.6 置"1"，Q0.1 接通，机械手下降。

（8）机械手下降至下限位时，下限位开关受压，I0.1 接通，下降停止，同时产生移位信号，移位寄存器左移一位，M1.7 置"1"，Q0.5 接通，放松动作开始，同时定时器 T38 接通开始计时。

（9）延时 2s 后，定时器 T38 的常开触点闭合，产生移位信号，移位寄存器左移一位，M2.0 置"1"，Q0.2 接通，机械手上升。

（10）机械手上升至上限位时，上限位开关受压，I0.2 接通，上升停止，同时产生移位信号，移位寄存器左移一位，M2.1 置"1"，Q0.4、Q0.7 接通，机械手右转的同时启动传送带 B 将工件传送走。

（11）机械手右转至原点时，右限位开关受压，I0.4 接通，右转停止，传送带 B 停止，同时产生移位信号，移位寄存器左移一位，M2.2 置"1"，一个自动循环周期结束。

自动操作程序中包含了单步、单周期和连续周期运动。当程序执行单步操作时，每按一次启动按钮，机械手动作一步；当程序执行单周期操作时，方式选择开关 I2.2 使 M10.0 置"0"，当机械手自动完成一个循环周期返回原点停止时，移位寄存器自动复位，按一下启动按钮，原点显示灯亮，再一次启动后，又可进行下一次循环；当程序执行连续周期操作时，方式选择开关 I2.3 使 M10.0 置"1"，当机械手自动完成一个循环周期返回原点时，M2.2 使 M1.1 直接置"1"，机械手直接进行下一个周期的自动循环。如果在连续周期操作过程中按下复位按钮，则 M7.0 被置"1"，机械手自动完成一个循环周期后停在原位，移位寄存器自动复位。按一下启动按钮可以解除复位，原点显示指示灯亮，再一次启动后，又可进

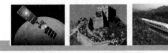

行连续周期循环。自动操作方式控制程序的梯形图（子程序 1）如图 4-57 所示。

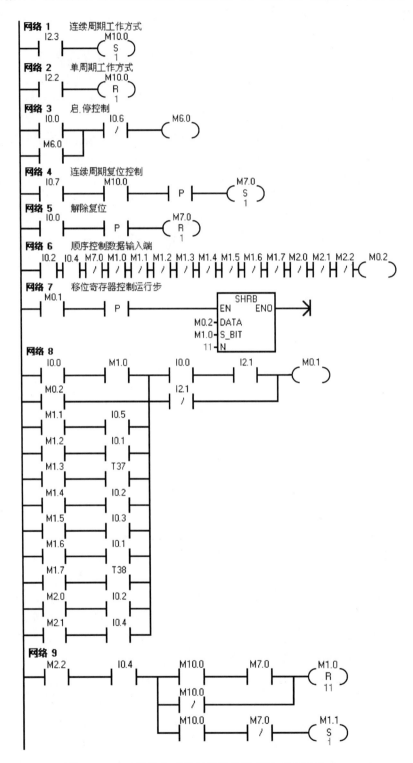

图 4-57　自动操作方式控制程序的梯形图（子程序 1）

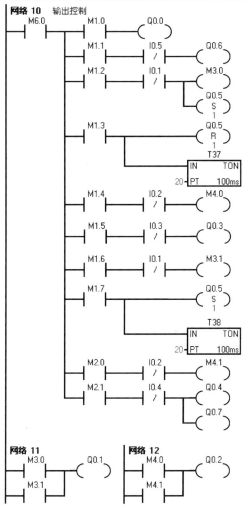

图 4-57　自动操作方式控制程序的梯形图（子程序 1）（续）

5．安装配线

按照图 4-54 进行配线，安装方法及要求与继电器控制电路相同。

6．运行调试

（1）在断电状态下，连接好 PC/PPI 电缆。

（2）运行 STEP 7-Micro/WIN 编程软件，设置通信参数。

（3）编写控制程序，编译并下载程序文件到 PLC 中。

（4）手动操作：将转换开关 SA 拨至手动位置 I2.0，按照手动操作要求运行调试。

（5）单步操作：将转换开关 SA 拨至单步位置 I2.1，按照单步操作要求运行调试。

（6）单周期操作：将转换开关 SA 拨至单周期位置 I2.2，按照单周期操作要求运行调试。

（7）连续周期操作：将转换开关 SA 拨至连续周期位置 I2.3，按照连续周期操作要求运行调试。

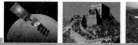

检查评价

在规定时间内完成任务，各组自我评价并进行展示，各组之间根据评价表进行检查。检查与评价表如表 4-19 所示。

表 4-19　检查与评价表

项　目	要　求	配　分	评分标准	得　分
I/O 分配表	（1）能正确分析控制要求，完整、准确确定输入/输出设备 （2）能正确对输入/输出设备进行 I/O 地址分配	20	不完整，每处扣 2 分	
PLC 接线图	按照 I/O 分配表绘制 PLC 外部接线图，要求完整、美观	10	不规范，每处扣 2 分	
安装与接线	（1）能正确进行 PLC 外部接线，正确安装元件及接线 （2）线路安全简洁，符合工艺要求	30	不规范，每处扣 5 分	
程序设计与调试	（1）程序设计简洁易读，符合任务要求 （2）在保证人身和设备安全的前提下，通电试车一次成功	30	第一次试车不成功，扣 5 分； 第二次试车不成功，扣 10 分	
文明安全	安全用电，无人为损坏仪器、元件和设备，小组成员团结协作	10	成员不积极参与，扣 5 分；违反文明操作规程，扣 5～10 分	
总　　分				

相关知识

4.5.2　高速脉冲指令及应用

高速脉冲输出功能在 S7-200 系列 PLC 的 Q0.0 或 Q0.1 输出端产生高速脉冲，用来驱动诸如步进电动机一类的负载，实现速度和位置控制。

1．高速脉冲输出方式

高速脉冲输出有脉冲串输出 PTO 和脉宽调制输出 PWM 两种形式。每个 CPU 有两个 PTO/PWM 发生器，一个发生器分配给输出端 Q0.0，另一个分配给 Q0.1。当 Q0.0 或 Q0.1 设定为 PTO 或 PWM 功能时，其他操作（如强制、立即输出等）均失效。当不使用 PTO/PWM 发生器时，Q0.0 或 Q0.1 作为普通输出端子使用，输出端的波形由输出映像寄存器来控制。通常在启动 PTO 或 PWM 操作之前，用复位 R 指令将 Q0.0 或 Q0.1 清 0。

1）脉宽调制输出（PWM）

PWM 功能可输出周期一定、占空比可调的高速脉冲串，其时间基准可以是 μs 或 ms，周期的变化范围为 10～65 535 μs 或 2～65 535 ms，脉宽时间的变化范围为 0～65 535 μs 或 0～65 535 ms。

当指定的脉冲宽度大于周期值时，占空比为 100%，输出连续接通；当脉冲宽度为 0 时，占空比为 0%，输出断开。如果指定的周期小于两个时间单位，则周期被默认为两个时间单位。可以用同步更新或异步更新两种方法改变 PWM 波形的特性。

2）脉冲串输出（PTO）

PTO 功能可输出一定脉冲个数和占空比为 50% 的方波脉冲。输出脉冲的个数在 1～4 294 967 295 范围内可调；输出脉冲的周期以 μs 或 ms 为增量单位，脉宽时间的变化范围分别是 10～65 535 μs 或 2～65 535 ms。

如果周期小于两个时间单位，则周期被默认为两个时间单位；如果指定的脉冲数为 0，则脉冲数默认为 1。

PTO 功能允许多个脉冲串排队输出，从而形成流水线。流水线分为两种：单段流水线和多段流水线。

3）PTO/PWM 特殊存储器

每一个 PTO/PWM 发生器有一个控制字节、一个周期值和脉宽值（16 位无符号整数）、一个脉冲计数值（32 位无符号整数），这些值全部存储在特殊存储器（SM）指定的区域内，如表 4-20 所示。一旦设置这些特殊存储器位的位置，执行脉冲输出指令（PLS）时，CPU 先读这些特殊存储器位，然后执行特殊存储器位定义的脉冲操作，对相应的 PTO/PWM 发生器进行编程。

表 4-20　PTO/PWM 寄存器各字节值和位置的意义

Q0.0	Q0.1	说　明			寄 存 器 名
SM66.4	SM76.4	PTO 包络由于增量计算错误异常终止	0：无错；	1：异常终止	脉冲串输出状态寄存器
SM66.5	SM76.5	PTO 包络由于用户命令异常终止	0：无错；	1：异常终止	
SM66.6	SM76.6	PTO 流水线溢出	0：无溢出；	1：溢出	
SM66.7	SM76.7	PTO 空闲	0：运行中；	1：PTO 空闲	
SM67.0	SM77.0	PTO/PWM 刷新周期值	0：不刷新；	1：刷新	PTO/PWM 输出控制寄存器
SM67.1	SM77.1	PWM 刷新脉冲宽度值	0：不刷新；	1：刷新	
SM67.2	SM77.2	PTO 刷新脉冲计数值	0：不刷新；	1：刷新	
SM67.3	SM77.3	PTO/PWM 时基选择	0：1μs；	1：1 ms	
SM67.4	SM77.4	PWM 更新方法	0：异步更新；	1：同步更新	
SM67.5	SM77.5	PTO 操作	0：单段操作；	1：多段操作	
SM67.6	SM77.6	PTO/PWM 模式选择	0：选择 PTO；	1：选择 PWM	

续表

Q0.0	Q0.1	说 明	寄 存 器 名
SM67.7	SM77.7	PTO/PWM 允许　　　　　　　　　　0：禁止；　　　　1：允许	
SMW68	SMW78	PTO/PWM 周期时间值（范围：2～ 65 535）	周期值设定寄存器
SMW70	SMW80	PWM 脉冲宽度值（范围：0～65 535）	脉宽值设定寄存器
SMD72	SMD82	PTO 脉冲计数值（范围：1～4 294 967 295）	脉冲计数值设定寄存器
SMB166	SMB176	段号（仅用于多段 PTO 操作），多段流水线 PTO 运行中的段的编号	多段 PTO 操作寄存器
SMW168	SMW178	包络表起始位置，用距离 V0 的字节偏移量表示（仅用于多段 PTO 操作）	

使用 STEP 7-Micro/WIN 中的位置控制向导可以方便地设置 PTO/PWM 输出功能，使 PTO/PWM 的编程自动实现。

2．高速脉冲输出指令

高速脉冲输出指令的格式及功能如表 4-21 所示。

表 4-21　高速脉冲输出指令的格式及功能

梯形图 LAD	语句表 STL		功　能
	操作码	操作数	
PLS EN　ENO ????-Q0.X	PLS	Q0.X	当使能端输入有效时，PLC 首先检测为脉冲输出位（X）设置的特殊存储器位，然后激活由特殊存储器位定义的脉冲操作，从 Q0.0 或 Q0.1 输出高速脉冲

说明：

（1）高速脉冲串输出 PTO 和脉宽调制输出 PWM 都由 PLS 指令来激活；

（2）操作数 X 指定脉冲输出端子，0 为 Q0.0 输出，1 为 Q0.1 输出；

（3）高速脉冲串输出 PTO 可采用中断方式进行控制，而脉宽调制输出 PWM 只能由指令 PLS 来激活。

3．高速脉冲输出指令应用举例

如图 4-58 所示为高速脉冲指令应用梯形图。首先设置控制字节，用 Q0.0 作为高速脉冲 PTO 脉冲串输出，对应的控制字节为 SMB67，向 SMB67 中写入 2#10001101（即 16#8D），SMB67 中各位的意义可查阅表 4-20；其次设置周期，向 SMW68 中写入 20，则定义 PTO 脉冲串周期为

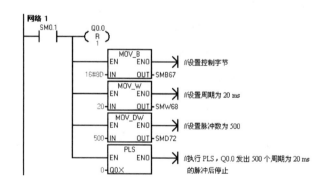

图 4-58　高速脉冲指令应用梯形图

20 ms；再次设置脉冲数，向 SMD72 中写入 500，则定义 PTO 脉冲数为 500。最后执行 PLS 指令，激活脉冲发生器。

编程下载此段程序并执行后，能够看到 Q0.0 不断闪烁，表示输出 0、1 相间的脉冲。

注意：所有控制位、周期、脉冲宽度和脉冲计数值的默认值均为 0。如果向 PTO/PWM 寄存器的控制字节位（SM67.7 或 SM77.7）写入 0，然后执行 PLS 指令，将禁止 PTO 或 PWM 波形的生成。

4.5.3 PLC 控制系统的设计步骤

如图 4-59 所示为 PLC 控制系统设计的一般流程。具体内容如下所示。

1）分析被控对象

分析被控对象的工艺过程及工作特点，了解被控对象的全部功能，设备内部的机械、液压、气动、仪表、电气几大系统之间的关系，PLC 与其他智能设备（如其他 PLC、计算机、变频器、工业电视、机器人）之间的关系，PLC 是否需要通信联网，需要显示哪些数据及显示的方法等，从而确定被控对象对 PLC 控制系统的控制要求。

此外，在这一阶段还应确定哪些信号需要输入给 PLC，哪些负载

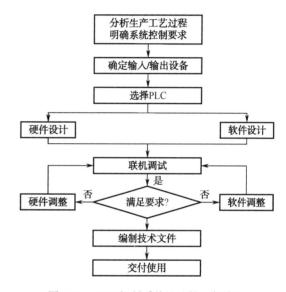

图 4-59 PLC 控制系统设计的一般流程

由 PLC 驱动，分类统计出各输入量和输出量的性质，是数字量还是模拟量，是直流量还是交流量，以及电压的等级。并考虑需要设置什么样的操作员接口，如是否需要设置人机界面或上位计算机操作员接口。

2）确定输入/输出设备

根据系统的控制要求，确定系统所需的输入设备（如按钮、位置开关、转换开关等）和输出设备（如接触器、电磁阀、信号指示灯等）。据此确定 PLC 的 I/O 点数。

3）选择 PLC

该步骤包括 PLC 的机型、容量、I/O 模块、电源和其他扩展模块的选择。

4）分配 I/O 点

分配 PLC 的 I/O 点，画出 PLC 的 I/O 端子与输入/输出设备的连接图或对应表（可结合第 2）步进行）。

5）设计控制程序

PLC程序设计的一般步骤如下：

（1）对于较复杂的系统，需要绘制系统功能图（对于简单的控制系统可省去这一步）；

（2）设计梯形图程序；

（3）根据梯形图编写语句表程序清单；

（4）对程序进行模拟调试及修改，直到满足控制要求为止，在调试过程中，可采用分段调试的方法，并利用监控功能。

6）硬件设计及现场施工

硬件设计及现场施工的步骤如下：

（1）设计控制柜及操作面板、电器布置图及安装接线图；

（2）设计控制系统各部分的电气互连图；

（3）根据图纸进行现场接线，并检查。

7）联机调试

联机调试是指对模拟调试通过的程序进行在线统调。开始时，先带上输出设备（接触器线圈、信号指示灯等），不带负载进行调试。应利用监控功能，采用分段调试的方法进行。待各部分都调试正常后，再带上实际负载运行。如果不符合要求，则对硬件和程序进行调整。通常只需修改部分程序即可。

全部调试完毕后，交付试运行。经过一段时间的运行，如果工作正常、程序不需要修改，则应将程序永久保存到EEPROM中，以防程序丢失。

8）整理技术文件

系统交付使用后，应根据调试的最终结果整理出完整的技术文件，并提供给用户，以利于系统的维修和改进。技术文件应包括：

（1）PLC的外部接线图和其他电气图纸；

（2）PLC的编程元件表，包括程序中使用的输入/输出位、存储器位和定时器、计数器、顺序控制继电器等的地址、名称、功能，以及定时器、计数器的设定位等；

（3）顺序功能图、带注释的梯形图和必要的总体文字说明。

4.5.4　PLC的选型与硬件配置

PLC的品种繁多，其结构形式、性能、容量、指令系统、编程方式、价格等各有不同，适用的场合也各有侧重。因此，合理选择PLC，对于提高PLC控制系统技术、经济指标有着重要意义。

下面从PLC的机型选择、容量选择、I/O模块选择、电源模块选择等方面分别加以介绍。

1）PLC的机型选择

机型选择的基本原则是在满足功能要求及保证可靠、维护方便的前提下，力争最佳的性能价格比。可从以下几个方面考虑。

（1）结构形式。整体式PLC的每一个I/O点的平均价格比模块式的便宜，且体积相对较小，因此一般用于系统工艺过程较为固定的小型控制系统中；而模块式 PLC 的功能扩展灵活方便，I/O 点数量、输入点数与输出点数的比例、I/O 模块的种类等方面的选择余地大，维修时只需更换模块，判断故障的范围也很方便。因此，模块式 PLC 一般用于较复杂的系统和环境差（维修量大）的场合。

（2）安装方式。根据 PLC 的安装方式，PLC 控制系统分为集中式、远程 I/O 式和多台 PLC 联网的分布式。集中式不需要设置驱动远程 I/O 硬件，系统反应快、成本低。大型系统经常采用远程 I/O 式，因为它们的装置分布范围很广泛。远程 I/O 式可以分散安装在 I/O 装置附近，I/O 连线比集中式的短，但需要增设驱动器和远程 I/O 电源。多台 PLC 联网的分布式适用于多台设备分别独立控制，又要相互联系的场合，可选用小型 PLC，但必须附加通信模块。

（3）功能要求。一般小型（低档）PLC 具有逻辑运算、定时、计数等功能，对于只需要开关量控制的设备都可满足控制要求；对于以开关量控制为主，带少量模拟量控制的系统，可选用能带 A/D 和 D/A 转换单元，具有加减算术运算、数据传送功能的增强型低档 PLC；对于控制较复杂，要求实现 PID 运算、闭环控制、通信联网等功能的系统，可视控制规模大小及复杂程度，选用中档或高档 PLC，但其价格一般较贵。

（4）响应速度。PLC 的扫描工作方式引起的延迟可达 2～3 个扫描周期。对于大多数应用场合来说，PLC 的响应速度都可以满足要求，这不是主要问题。然而对于某些个别场合，则要求考虑 PLC 的响应速度。为了减少 PLC 的 I/O 响应的延迟时间，既可以选用扫描速度高的 PLC，也可以选用具有高速 I/O 处理功能指令的 PLC，还可以选用具有快速响应模块和中断输入模块的 PLC 等。

（5）系统可靠性。对于一般系统，PLC 的可靠性均能满足。对可靠性要求很高的系统，则应考虑是否采用冗余控制系统或热备用系统。

（6）机型统一。一个企业应尽量做到 PLC 的机型统一。这是因为同一机型的 PLC，其模块可互为备用，便于备品备件的采购和管理；同一机型的 PLC，其功能和编程方法相同，有利于技术力量的培训和技术水平的提高；同一机型的 PLC，其外围设备通用，资源可共享，易于联网通信，配上上位计算机后易于形成一个多级分布式控制系统。

2）PLC 的容量选择

PLC 的容量包括 I/O 点数和用户程序存储容量两个方面。

（1）I/O 点数。PLC 的 I/O 点的价格还比较高，因此应该合理选用 PLC 的 I/O 点的数量。在满足控制要求的前提下力争使用的 I/O 点最少，但必须留有一定的备用量。通常 I/O 点数是根据被控对象的输入、输出信号的实际需要，再加上 10%～15%的备用量来确定的。不同机型的 PLC 输入与输出点的比例不同，选择时应在保证输入、输出点都够用的情况下，使输入、输出点都不会节余很多。有时，选择较少点数的主机加扩展模块可能比直接选择较多点数的主机更经济。

（2）用户程序存储容量。用户程序存储容量是指 PLC 用于存储用户程序的存储器容量，其大小由用户程序的长短决定。

它一般可按下式估算，再按实际需要留适当的余量（26%～30%）来选择。

存储容量=开关量 I/O 点总数×10+模拟量通道数×100

绝大部分 PLC 均能满足上式的要求。特别要注意的是，当控制较复杂、数据处理量大时，可能会出现存储容量不够的问题，这时应特殊对待。

3）I/O 模块的选择

一般 I/O 模块的价格占 PLC 价格的一半以上。不同的 I/O 模块，其电路及功能也不同，会直接影响 PLC 的应用范围和价格。

4）电源模块及其他外设的选择

（1）电源模块的选择。电源模块的选择较为简单，只需要考虑电源的额定输出电流即可。电源模块的额定电流必须大于 CPU 模块、I/O 模块及其他模块的总消耗电流。电源模块的选择仅针对模块式结构的 PLC 而言，对于整体式 PLC 不存在电源的选择问题。

（2）编程器的选择。对于小型控制系统或不需要在线编程的系统，一般选用价格便宜的简易编程器；对于由中、高档 PLC 构成的复杂系统或需要在线编程的 PLC 系统，可以选配功能强、编程方便的智能编程器，但智能编程器价格较贵。如果有个人计算机，则可以选用 PLC 的编程软件包，在个人计算机上实现编程器的功能。

（3）写入器的选择。为了防止因干扰、锂电池电压变化等原因破坏 RAM 的用户程序，可选用 EEPROM 写入器，通过它将用户程序固化在 EEPROM 中。现在有些 PLC 或其编程器本身就具有 EEPROM 写入器的功能。

任务训练 13

如图 4-60 所示为洗车控制系统的布置图，该系统设置有"自动"和"手动"两种控制方式，能够实现对汽车的自动或手动清洗。

洗车过程包含 3 道工序：泡沫清洗、清水冲洗和风干。

若选择方式开关 SA 置于"手动"方式，按下启动按钮 SB1，则执行泡沫清洗；按下冲洗按钮 SB2，则执行清水冲洗；按下风干按钮 SB3，

图 4-60 洗车控制系统的布置图

则执行风干；按下结束按钮 SB4，则结束洗车作业。

若选择方式开关 SA 置于"自动"方式，按下启动按钮 SB1，则自动执行洗车流程（泡沫清洗 20s→清水冲洗 30s→风干 15s→结束→回到待洗状态）。

洗车过程结束需响铃提示，任何时候按下停止按钮 SB5，则立即停止洗车作业。

任务要求如下：

（1）确定 PLC 的输入/输出设备，并进行 I/O 地址分配。

（2）编写 PLC 控制程序，要求采用子程序结构。

（3）进行 PLC 接线并联机调试。

思考练习 13

一、思考题

1. 哪些情况下需要使用子程序？

2. 每个扫描周期都会执行子程序吗？

3. 同一编程元件是否可以出现在不同的子程序中？

4. 在 S7-200 系列 PLC 中如何实现子程序的无条件调用？

5. 停止调用子程序后，子程序控制的编程元件处于什么状态？

二、正误判断题

1. 子程序既可以不带参数调用，也可以带参数调用。

2. 子程序返回可以是有条件的，也可以是无条件的。

3. S7-200 系列 PLC 中，Q0.0 或 Q0.1 不能作为普通输出端子使用。

4. 在带参数的子程序调用中，参数是通过局部变量表传递的。

5. 在现行的编程软件中，无条件子程序返回指令（RET）为自动默认，不需要在子程序结束时输入任何代码。

三、单项选择题

1. 带参数调用的子程序必须事先在（　　　）里对参数进行定义。

　　A. 符号表　　　　B. 交叉引用　　　　C. 状态表　　　　D. 局部变量表

2. 当有一个子程序被调用时，系统会保存当前的逻辑堆栈，并将（　　　），把控制权交给被调用的子程序。

　　A. 栈顶值置 1，堆栈的其他值为 0　　　　B. 堆栈全部值置 1

　　C. 栈顶值置 0，堆栈的其他值为 1　　　　D. 堆栈全部值置 0

3. 对于 CPU226 型 PLC，子程序标号 n 的范围为（　　　）。

　　A. 0～31　　　　B. 0～63　　　　C. 0～127　　　　D. 0～255

4. 高速脉冲输出指令的操作码是（　　　）。

　　A. PLS　　　　B. PLC　　　　C. PWM　　　　D. PTO

5. 下面关于子程序调用及子程序返回叙述正确的是（　　　）。

　　A. 调用指令编写在主程序中，返回指令编写在子程序中

　　B. 调用指令编写在主调程序中，返回指令编写在子程序中

　　C. 调用指令与返回指令均编写在主调程序中

　　D. 调用指令与返回指令均编写在子程序中

四、程序设计题

1. 有 3 台电动机 M1～M3，在手动操作方式下分别用每台电动机各自的启/停按钮控制其启/停状态；在自动操作方式按下启动按钮，M1～M3 每隔 5s 依次启动；按下停止按钮，M1～M3 同时停止。试采用带参数的子程序调用结构设计梯形图程序。

2. 送料车运行如图 4-61 所示，送料车由电动机拖动，电动机正转，送料车前进；电

动机反转，送料车后退。对送料车的控制要求如下。

（1）单周工作方式：按下送料按钮，预先装满料的送料车便自动前进，到达卸料处（SQ2）自动停下来卸料，经延时 t_1 时间后，卸料完毕，送料车自动返回装料处（SQ1），装满料待命。再次按下送料按钮，重复上述过程。

（2）自动循环方式：要求送料车在装料处装满料后就自动前进送料，即延时 t_2 时间装满料后，不需要再次按下送料按钮，送料车再次前进，重复上述过程，实现送料车自动送料。

试采用多种程序结构设计满足控制要求的梯形图程序。

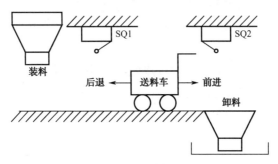

图 4-61　运料车运行

3．某生产自动线如图 4-62 所示，有一小车用电动机拖动，电动机正转，小车前进；电动机反转，小车后退。要求在第一次信号来后小车前进，碰到限位开关 A 后后退，退到原位 0 就停止；当第二次信号来后再前进，碰到限位开关 B 后后退，退到原位 0 停止；当第三次信号来后又前进，碰到限位开关 C 后后退，退到原位 0 停止；第四次信号来后又前进，碰到限位开关 D 后后退，退到原位 0 停止；第五次信号来后，又和第一次信号来时情况一样，碰到限位开关 A 后就后退，如此循环往复。试采用多种程序结构设计满足控制要求的梯形图程序。

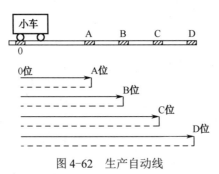

图 4-62　生产自动线

模块 5

S7-200 系列 PLC 的拓展应用

PLC 不仅仅可以取代传统的继电器控制系统，实现数字量控制，随着生产的发展，控制系统规模的不断扩大，不仅要求能实现数字量控制，更要求能对更复杂的过程控制系统实现模拟量控制和运动量控制。当现场设备和系统在较大的范围内分布时，依靠单台 PLC 来完成所有任务不仅不可能，也不合理，这就要求 PLC 具有组成多层次的工业化自动化网络、实现通信控制的功能。

学习目标

通过 4 项与本模块相关的任务的实施，在熟练掌握前述各种 PLC 指令的基础上，掌握 PLC 在模拟量控制中的应用，PLC 与 PLC 之间、PLC 与文本显示器之间、PLC 与变频器之间的通信。

任务 5.1　水箱水位恒定控制

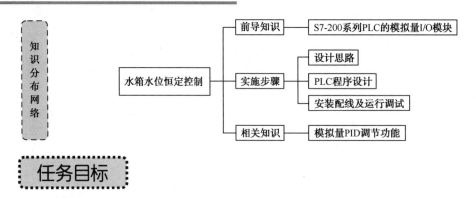

前导知识 —— S7-200系列PLC的模拟量I/O模块

水箱水位恒定控制 —— 实施步骤 —— 设计思路 / PLC程序设计 / 安装配线及运行调试

相关知识 —— 模拟量PID调节功能

任务目标

（1）掌握 S7-200 系列 PLC 模拟量输入/输出模块的功能。

（2）掌握 PID 指令。

（3）掌握 PLC 在模拟量控制中的应用。

（4）能够编制 PLC 控制程序实现对水箱水位恒定控制系统的自动控制。

前导知识

5.1.1　S7-200 系列 PLC 的模拟量 I/O 模块

PLC 的模拟量处理功能主要通过模拟量输入/输出模块及用户程序来完成。模拟量输入模块接收各种传感器输出的标准电压信号或电流信号，并将其转换为数字信号存储到 PLC 中；PLC 根据生产实际要求，通过用户程序对转换后的信息进行处理，并将处理结果通过模拟量输出模块转换为标准电压或电流信号去驱动执行元件。模拟量输入/输出模块是 PLC 模拟量处理的硬件基础，用户程序数据处理是 PLC 模拟量处理的核心。

S7-200 系列 PLC 的模拟量 I/O 模块主要有 EM231 模拟量 4 路输入、EM232 模拟量 2 路输出和 EM235 模拟量 4 输入/1 输出混合模块三种，另外，还有专门用于温度控制的 EM231 模拟量输入热电偶模块和 EM231 模拟量输入热电阻模块。

1．模拟量输入模块

1）EM231 模拟量输入模块

EM231 模拟量输入模块的功能是把模拟量输入信号转换为数字量信号。其输入与 PLC 隔离，模拟量输入信号经输入滤波电路通过多路转换开关送入差动放大器，差动放大器输出的信号经增益调整电路进入电压缓冲器，等待模数转换。模数转换后的数字量直接送入 PLC 内部的模拟量输入寄存器 AIW 中。

存储在 16 位模拟量输入寄存器 AIW 中的数据有效位为 12 位，其格式如图 5-1 所示。最高有效位是符号位：0 表示正数，1 表示负数。

对于单极性数据，其两个字节的存储单元的最高位与低 3 位均为 0，数据值 12 位存放

在 3～14 位的区域。这 12 位数据的最大值应为 $2^{15}-8=32\,760$。EM231 模拟量输入模块 A/D 转换后的全量程范围设置为 0～32 000。差值 32 760-32 000=760 则用于偏置/增益，由系统完成。

对于双极性数据，其两个字节的存储单元的低 4 位均为 0，数据值 12 位存放在 4～15 位的区域。最高有效位是符号位，数据的全量程范围设置为-32 000～+32 000。

如图 5-2 所示为 EM231 模拟量输入模块端子，模块上部共有 12 个端子，每 3 个为一组（如 RA、A+、A-），可作为一路模拟量的输入通道，共 4 组，对应的电压信号只用 2 个端子（如 A+、A-），电流信号需用 3 个端子（如 RC、C+、C-），其中 RC 与 C+端子短接。对于未用的输入通道应短接（如 B+、B-）。模块下部左端的 M 接 24 V DC 电源负极，L+接电源正极。

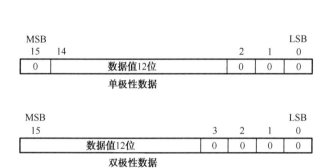

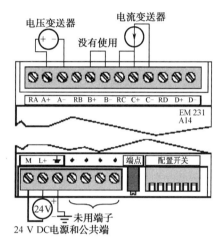

图 5-1　模拟量输入数据的数字量格式　　　　图 5-2　EM231 模拟量输入模块端子

2）EM231 模拟量输入模块的性能

EM231 模拟量输入模块的性能主要有以下几项，使用时要特别注意输入信号的规格，不得超出其使用极限值。

（1）数据格式：双极性为-32 000～+32 000，单极性为 0～32 000。

（2）输入阻抗：大于等于 10 MΩ。

（3）最大输入电压：30 V DC。

（4）最大输入电流：32 mA。

（5）分辨率：最小满量程电压输入时，为 1.25 mV；电流输入时为 5 μA。

（6）输入类型：差分输入型。

（7）输入电压电流范围：

① 输入电压范围：单极性为 0～5 V 或 0～10 V；双极性为±5 V 或±2.5 V。

② 输入电流范围：0～20 mA。

（8）模拟量到数字量的转换时间：小于 250 μs。

3）EM231 模拟量输入模块信号的整定

输入信号的类型及范围通过模拟量输入模块右下侧的 DIP 开关（SW1、SW2 和 SW3）

设定。如表 5-1 所示为 EM231 选择模拟量输入范围的 DIP 开关表。

表 5-1　EM231 选择模拟量输入范围的 DIP 开关表

单 极 性			满量程输入	分 辨 率	双 极 性			满量程输入	分 辨 率
SW1	SW2	SW3			SW1	SW2	SW3		
ON	OFF	ON	0～10 V	2.5 mV	OFF	OFF	ON	±5 V	2.5 mV
	ON	OFF	0～5 V	1.25 mV		ON	OFF	±2.5 V	1.25 mV
			0～20 mA	5 μA					

选择好 DIP 开关后，还需要对输入信号进行整定，输入信号的整定就是要确定模拟量输入信号与数字信号转换结果的对应关系。通过调节 DIP 设定开关左侧的增益旋钮（如图 5-2 所示）可调整该模块的输入/输出关系。调整步骤如下：

（1）在模块脱离电源的条件下，通过 DIP 开关选择需要的输入范围；

（2）接通 CPU 及模块电源，并使模块稳定 15 min；

（3）用一个电压源或电流源，给模块输入一个零值信号；

（4）读取模拟量输入寄存器 AIW 相应地址中的值，获得偏置误差（输入为 0 时，模拟量模块产生的数字量偏差值），该误差在该模块中无法得到校正；

（5）将一个工程量的最大值加到模块输入端，调节增益电位器，直到读数为 32 000 或所需要的数值为止。

经过上述调整后，若输入电压范围为 0～10 V 的模拟信号，则对应的数字量结果应为 0～32 000 或所需要的数字，其关系如图 5-3 所示。

2．模拟量输出模块

EM232 模拟量输出模块具有两路模拟量输出通道。其功能是将 PLC 模拟量输出寄存器 AQW 中的数字量转换为可用于驱动执行元件的模拟量。存储于 AQW 中的数字量经 EM232 模块中的数模转换器分为两路信号输出，一路经电压输出缓冲器输出标准的-10～+10 V 电压信号，另一路经电压电流转换器输出标准的 0～20 mA 电流信号。

存储在 16 位模拟量输出寄存器 AQW 中的数据有效位为 12 位，其格式如图 5-4 所示。数据的最高有效位是符号位，最低 4 位在转换为模拟量输出值时将自动屏蔽。

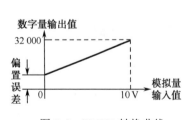

图 5-3　EM231 转换曲线

图 5-4　模拟量输出数据的数字量格式

对于电流输出数据，其两个字节的存储单元的最高位与低 4 位均为 0，数据值 11 位存放在 4～14 位的区域。电流输出格式为 0～32 000。

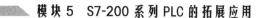

对于电压输出数据，其两个字节的存储单元的低 4 位均为 0，数据值 12 位存放在 4～15 位的区域。最高有效位是符号位，数据的全量程范围设置为-32 000～+32 000。

如图 5-5 所示是 EM232 模拟量输出模块端子。模块上部有 7 个端子，左端起的每 3 个点为一组，作为一路模拟量输出，共两组：第一组的 V0 端接电压负载、I0 端接电流负载，M0 为公共端；第二组的 V1、I1、M1 的接法与第一组类似。输出模块下部的 M、L+两端接入 24V DC 供电电源。

3.模拟量输入/输出模块

EM235 模拟量输入/输出模块具有 4 路模拟量输入和 1 路模拟量输出，它的输入回路与 EM231 模拟量输入模块的输入回路稍有不同，如图 5-6 所示。它增加了一个偏置电压调整回路，通过调节输出接线端子右侧的偏置电位器可以消除偏置误差。其输入特性与 EM231 模块的不同之处主要表现在其可供选择的输入信号范围更加细致，以便适应更加广泛的场合。EM235 模块的输出特性同 EM232 模块。

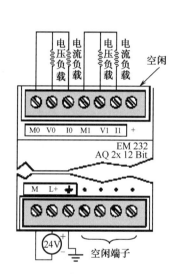

图 5-5　EM232 模拟量输出模块端子

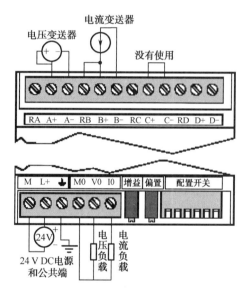

图 5-6　EM235 模拟量输入/输出模块端子

EM235 模拟量输入/输出模块输入信号整定的步骤为：

（1）在模块脱离电源的条件下，通过 DIP 开关选择需要的输入范围（EM235 模拟量输入范围的 DIP 开关表如表 5-2 所示）；

（2）接通 CPU 及模块电源，并使模块稳定 15min；

（3）用一个电压源或电流源，给模块输入一个零值信号；

（4）调节偏置电位器，使模拟量输入寄存器的读数为零或所需要的数值；

（5）将一个满刻度的信号加到模块输入端，调节增益电位器，直到读数为 32 000 或所需要的数值为止。

经过上述调整后，若输入最大值为 10 V 的模拟量信号，则对应的数字量结果应为 32 000 或所需要的数值，其关系如图 5-7 所示。

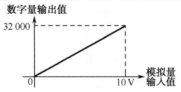

图 5-7　EM235 转换曲线

表 5-2　EM235 模拟量输入范围的 DIP 开关表

单 极 性						满量程输入	分 辨 率
SW1	SW2	SW3	SW4	SW5	SW6		
ON	OFF	OFF	ON	OFF	ON	0～50 mV	12.5 μV
OFF	ON	OFF	ON	OFF	ON	0～100 mV	25 μV
ON	OFF	OFF	OFF	ON	ON	0～500 mV	125 μV
OFF	ON	OFF	OFF	ON	ON	0～1 V	250 μV
ON	OFF	OFF	OFF	OFF	ON	0～15 V	1.25 mV
ON	OFF	OFF	OFF	OFF	ON	0～20 mA	5 μA
OFF	ON	OFF	OFF	OFF	ON	0～10 V	2.5 mV
双 极 性						满量程输入	分 辨 率
SW1	SW2	SW3	SW4	SW5	SW6		
ON	OFF	OFF	ON	OFF	OFF	±25 mV	12.5 μV
OFF	ON	OFF	ON	OFF	OFF	±50 mV	25 μV
OFF	OFF	ON	ON	OFF	OFF	±100 mV	50 μV
ON	OFF	OFF	OFF	ON	OFF	±250 mV	125 μV
OFF	ON	OFF	OFF	ON	OFF	±500 mV	250 μV
OFF	OFF	ON	OFF	ON	OFF	±1 V	500 μV
ON	OFF	OFF	OFF	OFF	OFF	±2.5 V	1.25 mV
OFF	ON	OFF	OFF	OFF	OFF	±5 V	2.5 mV
OFF	OFF	ON	OFF	OFF	OFF	±10 V	5 mV

任务内容

某水箱水位控制系统如图 5-8 所示。因水箱的出水速度时高时低，所以采用变速水泵向水箱供水，以实现对水位的恒定控制。

设给定量为满水位的 75%，被控量水位值（为单极

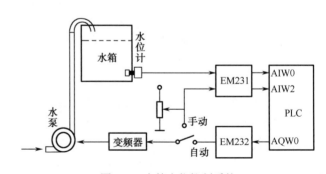

图 5-8　水箱水位控制系统

性信号）由水位计检测后经 A/D 转换送入 PLC，用于控制电动机转速的控制量信号由 PLC 执行 PID 指令后以单极性信号经 D/A 转换后送出。拟采用 PI 控制，其增益、采样周期和积分时间分别为 K_c=0.25，T=0.1s，T_I=30min。要求开机后先由手动控制水泵，一直到水位上升为 75%时，通过输入点 I0.0 的置位切入自动状态。

任务实施

1. 设计思路

通过首次扫描调用子程序的方式，初始化 PID 参数表并为 PID 运算设置时间间隔（定时中断）。PID 参数表的首地址为 VD100，定时中断事件为 10，子程序编号为 0。

通过定时中断每隔 100ms 调用一次中断服务程序。在中断服务程序中，采样被控量的水位值并进行标准化处理后送入 PID 参数表，若系统处于手动工作状态，则做好切换到自动工作方式的准备（将手动时水泵转速的给定值经标准化处理后送 PID 参数表作为输出值和积分和，将手动时的水位值标准化后送 PID 参数表作为反馈量前值）；若系统为自动工作状态，则执行 PID 运算，并将运算结果转换成工程量后送模拟量输出寄存器，通过 D/A 转换以控制水泵的转速，实现水位恒定控制要求。

2. PLC 程序设计

采用 PLC 梯形图语言编写的水箱水位控制主程序如图 5-9 所示，水箱水位控制子程序如图 5-10 所示，水箱水位控制定时中断服务程序如图 5-11 所示。

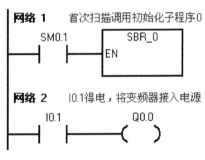

图 5-9　水箱水位控制主程序

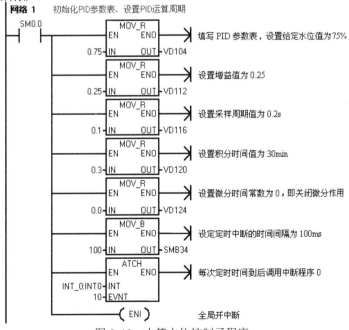

图 5-10　水箱水位控制子程序

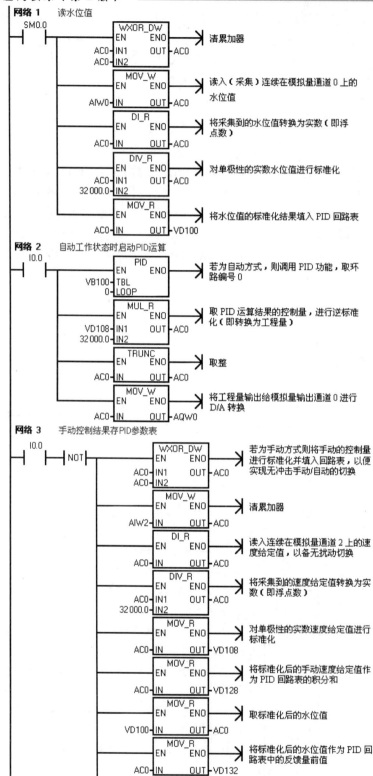

图 5-11　水箱水位控制定时中断服务程序

3．安装配线

按照图 5-8 进行配线，完成水箱水位控制系统的接线。

4．运行调试

（1）运行 STEP 7-Micro/WIN 编程软件，编写控制程序并下载程序文件到 PLC 中，使 PLC 进入运行方式。

（2）打开状态编辑器，录入 VD100、VD104、VD108、VD120、VD124、VD128、VD132，I0.0、I0.1、Q0.0，使其进入监控状态。

（3）通过强制操作 I0.1，使 Q0.0 得电，将变频器接入电源。调节电位器旋钮，使变频器的频率由 0 逐渐上升，水箱水位逐渐提高。观察水位上升过程中，VD100、VD108、VD128、VD132 各存储单元数据的变化情况。

（4）待水箱水位接近 75%满水位时，强制 I0.0 得电，使系统进入 PID 自动调节控制状态。加大或减小水箱的水位量，观察系统各量的变化过程。

（5）通过写操作，分别改变增益、积分时间常数的大小，观察系统的运行效果。

检查评价

在规定时间内完成任务，各组自我评价并进行展示，各组之间根据评价表进行检查。检查与评价表如表 5-3 所示。

表 5-3 检查与评价表

项 目	要 求	配 分	评 分 标 准	得 分
I/O 分配表	（1）能正确分析控制要求，完整、准确确定输入/输出设备 （2）能正确对输入/输出设备进行 I/O 地址分配	20	不完整，每处扣 2 分	
PLC 接线图	按照 I/O 分配表绘制 PLC 外部接线图，要求完整、美观	10	不规范，每处扣 2 分	
安装与接线	（1）能正确进行 PLC 外部接线，正确安装元件及接线 （2）线路安全简洁，符合工艺要求	30	不规范，每处扣 5 分	
程序设计与调试	（1）程序设计简洁易读，符合任务要求 （2）在保证人身和设备安全的前提下，通电试车一次成功	30	第一次试车不成功，扣 5 分；第二次试车不成功，扣 10 分	
文明安全	安全用电，无人为损坏仪器、元件和设备，小组成员团结协作	10	成员不积极参与，扣 5 分；违反文明操作规程，扣 5~10 分	
总 分				

5.1.2 模拟量 PID 调节功能

在过程控制系统中，经常涉及模拟量的控制，如温度、压力和流量控制等。为了使控制系统稳定准确，要对模拟量进行采样检测，从而形成闭环控制系统。检测的对象是被控物理量的实际数值，又称为过程变量；用户设定的调节目标值，又称为给定值。控制系统对过程变量与给定值的差值进行 PID（比例+积分+微分）运算，根据运算结果，形成对模拟量的控制作用，也就是模拟量 PID 调节功能。这种作用的结构如图 5-12 所示。

图 5-12　PID 控制系统结构图

PID 运算中的积分作用可以消除系统的静态误差，提高精度，加强对系统参数变化的适应能力；而微分作用可以克服惯性滞后，提高抗干扰能力和系统的稳定性，改善系统动态响应速度。因此，对速度、位置等快过程及温度、化工合成等慢过程，PID 控制都具有良好的实际效果。

当系统稳态运行时，PID 控制器的作用就是通过调节其输出使偏差为零。偏差由给定值（SP，希望值）与过程变量（PV，实际值）之差来确定。

1. PID 回路表

在 S7-200 系列 PLC 中，通过 PID 回路指令来处理模拟量是非常方便的，PID 功能的核心是 PID 指令。PID 指令需要为其指定一个以 V 变量存储区地址开始的 PID 回路表（或称为参数表）、PID 回路号。PID 回路表提供了给定和反馈及 PID 参数等数据入口，PID 运算的结果也在回路表输出，如表 5-4 所示。

表 5-4　PID 回路表

偏移地址（VB）	变 量 名	数 据 格 式	输入/输出类型	取 值 范 围
0	反馈量（PV_n）	双字实数	输入	在 0.0～1.0 之间
4	给定值（SP_n）	双字实数	输入	在 0.0～1.0 之间
8	输出值（M_n）	双字实数	输入/输出	在 0.0～1.0 之间
12	增益（K_c）	双字实数	输入	比例常数，可正可负
16	采样时间（T_s）	双字实数	输入	单位为秒，是正数

偏移地址 （VB）	变 量 名	数据格式	输入/输出 类型	取 值 范 围
20	积分时间（T_I）	双字实数	输入	单位为分钟，是正数
24	微分时间（T_D）	双字实数	输入	单位为分钟，是正数
28	积分和，又称积分项前值（MX）	双字实数	输入/输出	在 0.0～1.0 之间
32	反馈量前值（PV_{n-1}）	双字实数	输入/输出	最后一次执行 PID 指令的过程变量值

PID 回路有两个输入量，即给定值（SP）与过程变量（PV）。给定值通常是固定的值，过程变量是经过 A/D 转换和计算后得到的被控量的实测值，给定值与过程变量都是现实存在的值，对于不同的系统，它们的大小、范围与工程单位有很大的区别。在回路表中它们只能被 PID 指令读取而不能改写。PID 指令对这些量运算之前，还要进行标准化转换。每次完成 PID 运算后，都要更新回路表内的输出值 M_n，它被限制在 0.0～1.0 之间。当从手动控制切换到 PID 自动控制方式时，回路表中的输出值可以用来初始化输出值。

当增益 K_c 为正时，为正作用回路，反之，为负作用回路。如果不想要比例作用，则应将回路增益 K_c 设为 0.0，对于增益为 0.0 的积分或微分控制，如果积分或微分时间为正，则为正作用回路，反之，为负作用回路。

如果使用积分控制，则上一次的积分值 MX（积分和）要根据 PID 运算结果来更新，更新后的数值作为下一次运算的输入。MX 也应限制在 0.0～1.0 之间。当每次 PID 运算结束时，将 MX 写入回路表，供下一次 PID 运算使用。

2. PID 参数的设置方法

为执行 PID 指令，要对某些参数进行初始化设置，参数设置对控制效果的影响非常大，PID 控制器有 4 个主要的参数 T_s、K_c、T_I 和 T_D 需要设置。

在 P、I、D 这 3 种控制作用中，比例（P）部分与误差在时间上是一致的。只要误差一出现，比例部分就能及时地产生与误差成正比的调节作用，具有调节及时的特点。比例系数 K_c 越大，比例调节作用越强，但过大会使系统的输出量振荡加剧，稳定性降低。

积分（I）部分与误差的大小和误差的历史情况都有关系，只要误差不为零，控制器的输出就会因积分作用而变化，一直到误差消失。当系统处于稳定状态时，积分部分才不再变化，因此积分部分可以消除稳态误差，提高控制精度。但是积分作用的动作缓慢，滞后性强，可能给系统的动态性能带来不良影响。当积分时间常数 T_I 增大时，积分作用减弱，系统的动态稳定性可能有所改善，但是消除稳态误差的速度减慢。

微分（D）部分反映了被控制量变化的趋势，根据趋势，微分部分提前给出较大的调节作用。它较比例调节更为及时，因此具有超前和预测的特点。当微分时间常数 T_D 增大时，可能会使超调量减少，动态性能改善，但是抑制高频干扰的能力下降。如果 T_D 太大，则系统输出量可能会出现频率较高的振荡。

为了使采样值能及时反映模拟量的变化，T_s 越小越好。但 T_s 太小会增加 CPU 的运算工作量，相邻两次采样的差值几乎没有什么变化，因此也不宜将 T_s 取得过小。

3．PID 指令

S7-200 系列 PLC 的 PID 指令没有设置控制方式，执行 PID 指令时为自动方式；不执行 PID 指令时为手动方式。PID 指令的功能是进行 PID 运算。该指令的格式及功能如表 5-5 所示。

表 5-5　PID 指令的格式及功能

梯形图 LAD	语句表 STL		功　能
	操作码	操作数	
PID EN　ENO ????-TBL ????-LOOP	PID	TBL, LOOP	当使能端 EN 为 1 时，PID 指令对 TBL 为起始地址的 PID 回路表中的数据进行 PID 运算

说明：

（1）LOOP 为 PID 调节回路号，可在 0～7 范围选取；为保证控制系统的每一条控制回路都能正常调节，必须为调节回路号 LOOP 赋不同的值，否则系统将不能正常工作；

（2）TBL 为与 LOOP 相对应的 PID 回路表的起始地址，指定 PID 运算的有关参数，见表 5-4，它由 36 个字节组成，存储着 9 个参数，可寻址的地址为 VB；

（3）为了保证在切换过程中无扰动、无冲击，在转换前必须把手动控制输出值写入回路表的参数 M_n，并对回路表内的值进行下列操作：① 使 SP_n（给定值）=PV_n（过程变量）；② 使 PV_{n-1}（前一次过程变量）=PV_n（过程变量的当前值）；③ 使 MX（积分和）=M_n（输出量）。

任务训练 14

某电炉恒温控制系统，温度在 50 ℃～500 ℃可调。控制要求如下：

（1）采用 PLC 的 PID 调节功能实现；

（2）采用 EM231 热电偶模块将热电偶检测到的温度实际值送入 PLC 的 AIW0 单元中，作为温度反馈信号；

（3）采用 EM232 模拟量输出模块将 PID 运算的结果输出到晶闸管调功器，以控制交流电源通过的周期数，实现电炉的恒温控制要求。

思考练习 14

1．模拟量输入/输出模块的作用是什么？

2．模拟量输入信号在 PLC 内部处理时应考虑哪些问题？

3．模拟量输出信号处理时应考虑哪些因素？

4．与 S7-200 系列 PLC 配套的模拟量输入模块有哪几个？

5．S7-200 系列 PLC 在工程实际中对模拟量的处理方式是什么？

6．EM231 模拟量输入模块输入信号校对的步骤是什么？

7. PID 指令控制中回路表的含义是什么？有何作用？

8. 某水箱水位控制系统如图 5-8 所示。启动时首先采用手动方式使水位上升到给定值的 70%，然后再切换到自动方式进行 PID 调节。无论水箱出水速度快慢，系统均能自动调节水位，使水位保持在给定值不变。试编写实现这一控制功能的 PLC 控制程序。

任务 5.2 S7-200 系列 PLC 之间的通信

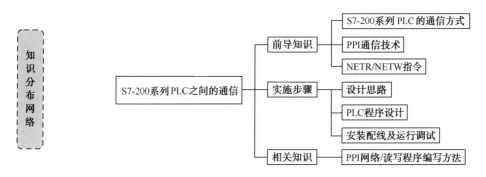

任务目标

（1）正确配置 PPI 通信系统的网络设备及参数。

（2）能正确安装 PPI 网络设备。

（3）能正确编写 PPI 通信系统测试程序。

（4）能够对 PPI 系统进行调试及故障诊断。

（5）能运用 S7-200 系列 PLC 的 PPI 网络读/写功能，实现 3 台 PLC 之间的网络通信。

前导知识

PLC 的通信包括 PLC 之间、PLC 与上位计算机之间，以及 PLC 与其他智能设备之间的通信。PLC 与计算机可以直接或通过通信处理单元、通信转换器相连构成网络，以实现信息交换。

5.2.1 S7-200 系列 PLC 的通信方式

S7-200 系列 PLC 支持 PPI（点对点接口）、MPI（多点接口）、Profibus（工业现场总线）、ProfiNet（工业以太网）及自由口等多种通信方式。

1. PPI 通信方式

PPI（Point-to-Point Interface）是一种主-从协议，是 S7-200 系列 PLC 默认的，也是最基本的通信方式。它通过 S7-200 系列 PLC 内置的 PPI 接口（Port 0 或 Port 1），采用通用 RS-485 双绞线电缆进行联网，其通信波特率可以是 9.6 Kbps、19.2 Kbps 或 187.5 Kbps。

主站可以是其他 PLC（如 S7-300/400）、SIMATIC 编程器、TD 200 文本显示器等。

网络中的所有 S7-200 系列 PLC 都默认为 PPI 从站。

2．MPI 通信方式

MPI（Multi-Point Interface）可以是主-主协议或主-从协议。如果网络中有 S7-300 系列 PLC，则建立主-主连接，因为 S7-300 系列 PLC 都默认为网络主站；如果网络中有 S7-200 系列 PLC，则建立主-从连接，因为 S7-200 系列 PLC 都默认为网络从站。

S7-200 系列 PLC 可以通过内置接口连接到 MPI 网络上，其通信波特率为 19.2Kbps 或 187.5 Kbps。

3．Profibus 通信方式

Profibus 协议用于分布式 I/O 设备（远程 I/O）的高速通信。该协议的网络使用 RS-485 标准双绞线，适合多段、远距离通信，其通信波特率最高可达 12Mbps。Profibus 网络常有一个主站和几个 I/O 从站，主站初始化网络并核对网络上的从站设备和配置中的匹配情况。如果网络中有第二个主站，则它只能访问第一个主站的从站。

在 S7-200 系列 PLC 中，CPU222、CPU224、CPU226 都可以通过扩展 EM227 来支持 Profibus 总线协议。

4．ProfiNet 通信方式

ProfiNet 是一种工业以太网通信方式。S7-200 系列 PLC 可以通过以太网模块 CP 243-1 及 CP 243-1 IT 接入工业以太网，不仅可以实现与 S7-200、S7-300 或 S7-400 系统进行通信，还可以与 PC 应用程序通过 OPC 进行通信。

5．自由口通信方式

自由口通信方式是 S7-200 系列 PLC 很重要的功能。在自由口通信模式下，S7-200 系列 PLC 可以与任何通信协议公开的其他设备和控制器进行通信。也就是说，S7-200 系列 PLC 可以由用户自己定义通信协议。

5.2.2　PPI 通信技术

PPI 通信协议是专门为 S7-200 系列 PLC 开发的通信协议。S7-200 系列 PLC 的通信口（Port0、Port1）支持 PPI 通信协议，S7-200 系列 PLC 的一些通信模块也支持 PPI 通信协议，STEP 7-Micro/ WIN 与 CPU 进行编程通信也通过 PPI 通信协议实现。

1．PPI 通信协议

PPI 是一种主-从协议，主站和从站在一个令牌环网（Token Ring Network）中。当主站检测到网络上没有堵塞时，将接收令牌，只有拥有令牌的主站才可以向网络上的其他从站发出指令，建立该 PPI 网络。也就是说，PPI 网络只在主站侧编写通信程序就可以了。主站得到令牌后可以向从站发出请求和指令，从站则对主站请求进行响应，从站设备并不启动消息，而是一直等到主站设备发送请求或轮询时才做出响应。

使用 PPI 可以建立最多包括 32 个主站的多主站网络，主站靠一个 PPI 协议管理的共享连接来与从站通信，PPI 并不限制与任意一个从站通信的主站数量，但是在一个网络中，主站的个数不能超过 32。当网络上不只有一个主站时，令牌传递前首先检测下一个主站的站号。为便于令牌传递，不要将主站的站号设置得过高。当一个新的主站添加到网络中来

时，一般将会经过至少 2 个完整的令牌传递后才会建立网络拓扑，接收令牌。对于 PPI 网络来说，暂时没有接收令牌的主站同样可以响应其他主站的请求。

（1）主站设备：简称主设备或主站，包括带有 STEP 7-Micro/WIN 的编程设备；HMI 设备（触摸面板、文本显示或操作员面板）。

（2）从站设备：简称从设备或从站，包括 S7-200 系列 PLC、扩展机架（如 EM277）。

如果在用户程序中使能 PPI 主站模式，则 S7-200 系列 PLC 在运行模式下可以作为主站。在使能 PPI 主站模式之后，可以使用"网络读取"（NETR）或"网络写入"（NETW）从其他 S7-200 系列 PLC 读取数据或向 S7-200 系列 PLC 写入数据。S7-200 系列 PLC 用作 PPI 主站时，它仍然可以作为从站响应其他主站的请求。

（3）PPI 高级协议：允许网络设备建立一个设备与设备之间的逻辑连接。对于 PPI 高级协议来说，每个设备的连接个数是有限制的。所有的 S7-200 系列 PLC 都支持 PPI 和 PPI 高级协议，而 EM277 模块仅仅支持 PPI 高级协议。在 PPI 高级协议下，S7-200 系列 PLC 和 EM277 所支持的连接个数如表 5-6 所示。

表 5-6　CPU 和 EM277 所支持的连接个数

模　　块		波　特　率（bps）	连　接　数
S7-200 系列 PLC	Port1	9.6 K、19.2 K 或 187.5 K	4
	Port2	9.6 K、19.2 K 或 187.5 K	4
EM277		9.6～12 M	6（每个模块）

（4）PPI 网络传输方式及响应时间：PPI 是一种基于字符的异步协议，通过 RS-232 或 USB 接口进行数据传输，其数据传输速率在 1.2～115.2 Kbps 之间。环网的响应时间包括每个主站的令牌占有时间和整个网络的令牌循环时间。

（5）服务：PPI 通信协议还支持若干网络服务。

2．PPI 网络组态形式

（1）PPI 网络组态形式：单主站 PPI 网络通常由带有 STEP 7-Micro/WIN 的 PG/PC 或作为主站设备的 HMI 设备（面板）、作为从站设备的一个或多个 S7-200 系列 PLC 等组件组成。

（2）多主站 PPI 网络：可以组态一个包含多个主站设备的 PPI 网络，这些设备可以作为从站设备与一个或多个 S7-200 系列 PLC 进行通信。

（3）复杂 PPI 网络：在复杂 PPI 网络中，还可以对 S7-200 系列 PLC 进行编程以进行对等通信。对等通信表示通信伙伴都具有同等权限，既可以提供服务，又可以使用服务。

（4）带有 S7-300 或 S7-400 系列 PLC 的 PPI 网络：可以将 S7-300 或 S7-400 系列 PLC 连接至 PPI 网络，波特率可以达到 187.5 Kbps。

3．PPI 网络组件

（1）S7-200 系列 PLC 的通信口。S7-200 系列 PLC 的 PPI 网络通信是建立在 RS-485 网络硬件基础上的，因此其连接属性和需要的网络硬件设备与其他 RS-485 网络一致。S7-200 系列 PLC 上的通信口与 RS-485 兼容的 9 针 D 型连接器符合欧洲 Profibus 标准，其引脚分配如表 5-7 所示。

（2）Profibus 总线连接器及 Profibus 电缆制作。PPI 网络使用 Profibus 总线连接器，西门子公司提供两种 Profibus 总线连接器：一种标准 Profibus 总线连接器［如图 5-13（a）所示］和一种带编程接口的 Profibus 总线连接器［如图 5-13（b）所示］。后者允许在不影响现有网络连接的情况下，再连接一个编程站或一个 HMI 设备到网络中。带编程接口的 Profibus 总线连接器将 S7-200 系列 PLC 的所有信号（包括电源引脚）传到编程接口。这种连接器对于那些从 S7-200 系列 PLC 取电源的设备（如 TD200）来说尤为　有用。

表 5-7　PLC 通信口的引脚分配

模连接器	引脚号	Profibus 引脚名	Port1/Port2
	1	屏蔽	外壳接地
	2	24 V 返回	逻辑地
	3	RS-485 信号 B	RS-485 信号 B
针1 针6	4	发送申请	RST（TTL）
	5	5 V 返回	逻辑地
	6	+5 V	+5 V，100 Ω串联电阻
针5 针9	7	+24 V	+24 V
	8	RS-485 信号 A	RS-485 信号 A
	9	未用	10 位协议选择（输入）
	连接器外壳	屏蔽	外壳接地

两种连接器都有两组螺钉连接端子，可以用来连接输入连接电缆和输出连接电缆。两种连接器也都有网络偏置和终端匹配的选择开关，如图 5-13（c）所示。该开关在 ON 位置时接通内部的网络偏置和终端电阻，在 OFF 位置时则断开内部的网络偏置和终端电阻。连接网络两端节点设备的总线连接器应将开关放在 ON 位置，以减少信号的反射。

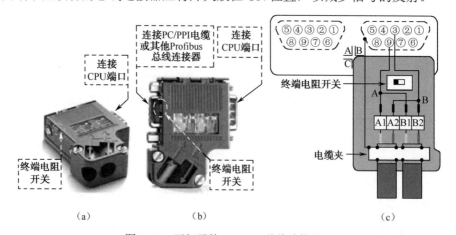

图 5-13　西门子的 Profibus 总线连接器

S7-200 系列 PLC 所支持的 PPI、Profibus DP、自由口通信模式都是建立在 RS-485 的硬件基础上的。为了保证网络的通信质量（传输距离、通信速率），建议采用西门子标准双绞线屏蔽电缆，并在电缆的两个末端安装终端电阻。Profibus 总线连接器及总线电缆的装配过程如图 5-14 所示。

（a）将电缆放在测量盘上，测量待剥电缆的长度，并用左手食指做标记

（b）将电缆的一端放进剥线工具的槽中到标记位置，然后向前推夹紧装置夹紧电缆

（c）按指示方向转动剥线工具数圈，切割电缆保护外套

（d）将剥线工具朝线缆末端方向外移，移动过程中要保持工具的夹紧状态

（e）剥去Profibus电缆外套，保留红绿线芯长度20mm左右，屏蔽层长度8mm左右

（f）用螺丝刀打开Profibus总线连接器的锁紧装置，向上抬起快速连接器

屏蔽夹

（g）按颜色将线芯插入快速连接器，并保证屏蔽层压在屏蔽夹下，屏蔽层不能接触电缆

（h）用力压紧快速连接器，内部刀片会割破线芯的绝缘层实现连接

（i）盖上锁紧装置并用螺丝刀旋紧

图 5-14 Profibus 总线连接器及总线电缆的装配过程

（3）PPI 多主站电缆。S7-200 系列 PLC 有其专用的低成本编程电缆，称为 PC/PPI 电缆，用于连接计算机侧的 RS-232 通信口和 PLC 上的 RS-485 通信口，可用于 STEP 7-Micro/WIN 对 S7-200 系列 PLC 的编程调试，或与上位机做监控通信，或与其他具有 RS-232 端口的设备之间进行自由口通信。当数据从 RS-232 传送到 RS-485 时，PPI 电缆是发送模式，反之是接收模式。西门子提供的所有 S7-200 系列 PLC 的编程电缆的长度都是 5 m，目前西门子提供两种 PC/PPI 编程电缆：RS-232/PPI 智能多主站电缆和 USB/PPI 智能多主站电缆。

（4）RS-485 中继器。RS-485 中继器为网段提供偏置电阻和终端电阻，有以下用途。

① 增加网络的长度：在网络中使用一个中继器可以使网络的通信距离扩展 50 m，如图 5-15 所示。如果在已连接的两个中继器之间没有其他节点，则网络的长度将能达到波特率允许的最大值。在一个串联网络中，最多可以使用 9 个中继器，但是网络的总长度不能

超过 9 600 m。

② 为网络增加设备：在 9 600 bps 波特率下，在 50 m 距离之内，一个网段最多可以连接 32 个设备。使用一个中继器允许在网络上再增加 32 个设备。

③ 实现不同网段的电气隔离：如果不同的网段具有不同的地电位，将它们隔离会提高网络的通信质量。

一个中继器在网络中被算成网段的一个节点，但不能被指定站地址。

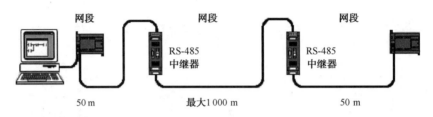

图 5-15 使用中继器扩展 PPI 网络

5.2.3 NETR/NETW 指令

S7-200 系列 PLC 的 CPU 之间的 PPI 网络通信只需要两条简单的指令，它们是 NETR（网络读）和 NETW（网络写）指令。网络读/写指令只能由在网络中充当主站的 CPU 执行，即只有主站需要调用（编写）NETR/NETW 指令，可以与其他从站通信，而从站不必做通信编程，只需编程处理数据缓冲区（取用或准备数据）。网络读/写指令的格式及功能如表 5-8 所示。

表 5-8 NETR/NETW 指令的格式及功能

梯形图 LAD	语句表 STL		功　能
	操作码	操作数	
NETR EN　ENO ????-TBL ????-PORT	XTM	TBL, PORT	当使能输入 EN 为 1 时，通过 PORT 指定的串行通信口根据 TBL 表中的定义，读取远程站点的数据 最多可以从远程站点读取 16 字节的信息
NETW EN　ENO ????-TBL ????-PORT	RCV	TBL, PORT	当使能输入 EN 为 1 时，通过 PORT 指定的串行通信口将接收到的信息写入 TBL 表指定的远程站点 最多可以向远程站点写入 16 字节的信息

NETR/NETW 指令的 TBL 表指定接收/发送数据缓冲区的首地址。可寻址的寄存器地址为 VB、IB、QB、MB、SMB、SB、*VD、*LD、*AC。TBL 数据缓冲区中的第一个字节用于设定应发送/应接收的字节数，缓冲区的大小在 255 个字符以内。TBL 参数的意义如表 5-9 所示。

表 5-9　NETR/NETW 指令的 TBL 参数的意义

字节偏移量	字节参数					字节偏移量	字节参数				
	7	6	5	4	3～0		7	6	5	4	3～0
0	D	A	E	0	错误代码	6	接收/发送数据的字节数（1～16 字节）				
1	远程站地址					7	接收/发送数据区（数据字节 0）				
2	指向远程站的数据区指针 （I、Q、M 或 V）					8	接收/发送数据区（数据字节 1）				
3						⋮	⋮				
4											
5						22	接收/发送数据区（数据字节 15）				

TBL 共有 23 字节，表头（首字节）为状态字节，它反映网络通信指令的执行状态及错误码，各标志位的意义如下。

D 位：操作完成位。0：未完成；1：完成。

A 位：操作排队有效位。0：无效；1：有效。

E 位：错误标志位。0：无错误；1：错误。

TBL 参数表中错误代码的意义如表 5-10 所示。

表 5-10　TBL 参数表中错误代码的意义

错误代码	意　义
0000	无错误
0001	时间溢出错误：远程站点不响应
0010	接收错误：奇偶校验错，响应时帧或校验和错误
0011	离线错误：相同的站地址或无效的硬件引发冲突
0100	队列溢出错误：激活了超过 8 个以上的 NETR/NETW 指令
0101	违反通信协议：没有在 SMB30 或 SMB130 中允许 PPI，就试图执行 NETR/NETW 指令
0110	非法参数：NETR/NETW 指令的 TBL 表中包含非法或无效的值
0111	没有资源：远程站点忙（上传或下载程序处理中）
1000	第 7 层错误：违反应用协议
1001	信息错误：错误的数据地址或不正确的数据长度
1010～1111	未用：（为将来的使用保留）

NETR/NETW 指令的 PORT 参数指定通信端口，为字节型常数，对于 CPU221、CPU222 和 CPU224 只能取 "0"；对于 CPU224XP 和 CPU226 可以取 "0" 或 "1"。

S7-200 系列 PLC 使用特殊存储器 SMB30（对 Port0）和 SMB130（对 Port1）定义通信口的通信方式。SMB30 和 SMB130 各位的意义如表 5-11 所示。

表 5-11　SMB30 和 SMB130 各位的意义

Port0	Port1	内　　容	
SMB30 格式	SMB130 格式	自由口通信方式控制字 7　6　5　4　3　2　1　0 p　p　d　b　b　b　m　m	
SM30.7 SM30.6	SM130.7 SM130.6	pp：奇偶校验选择	00：无奇偶校验；01：偶校验 10：无奇偶校验；11：奇校验
SM30.5	SM130.5	d：每个字符的数据位	0：8 位/字符 1：7 位/字符
SM30.4	SM130.4	bbb：波特率（bps）	000：38 400；001：19 200；010：9 600
SM30.3	SM130.3		011：4 800；100：2 400；101：1 200；
SM30.2	SM130.2		110：115 200；111：57 600
SM30.1 SM30.0	SM130.1 SM130.0	mm：协议选择	00：点对点接口协议（PPI 从站模式） 01：自由口协议 10：PPI 主站模式 11：保留（默认为 PPI 从站模式）
		注意：当选择 mm=10 时，PLC 将成为网络的一个主站，可以执行 NETR/ENTW 指令，在 PPI 模式下忽略 2～7 位	

在编写 S7-200 系列 PLC 的应用程序时，使用 NETR/NETW 指令的数量不受限制。但当程序执行时，同一时间最多只能有 8 条 NETR/NETW 指令被激活。例如，可以同时激活 4 条 NETR 指令和 4 条 NETW 指令或同时激活 6 条 NETR 指令和 2 条 NETW 指令。

任务内容

有 3 台 PLC 甲、乙、丙与计算机通过 RS-485 通信接口和网络连接器（如图 5-16 所示）组成一个使用 PPI 的单主站通信网络，如图 5-17 所示。甲作为主站，乙与丙作为从站。要求一开机，甲的 Q0.0～Q0.7 控制的 8 盏灯每隔 1s 依次亮，接着乙的 Q0.0～Q0.7 控制的 8 盏灯每隔 1s 依次亮，然后丙的 Q0.0～Q0.7 控制的 8 盏灯每隔 1s 依次亮，再从甲开始 24 盏灯不断循环地依次亮。

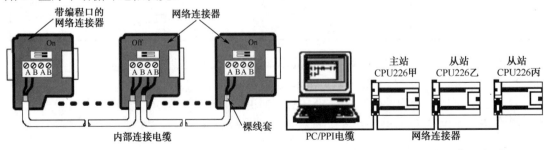

图 5-16　网络连接器连接示意图　　　　图 5-17　3 台 PLC 网络通信示意图

任务实施

1. 分析控制要求，确定设计思路

用 NETR/NETW 指令实现 3 台 PLC 的通信时，必须首先为甲建立网络通信数据表，如表 5-12 所示。

表 5-12　甲的网络通信数据表

	字 节 意 义	状 态 字 节	远程站地址	远程站数据区指针	读/写的数据区长度	数 据 字 节
与乙通信用	NETR 缓冲区	VB100	VB101	VD102	VB106	VB107
	NETW 缓冲区	VB110	VB111	VD112	VB116	VB117
与丙通信用	NETR 缓冲区	VB120	VB121	VD122	VB126	VB127
	NETW 缓冲区	VB130	VB131	VD132	VB136	VB137

一开机，甲的 Q0.0～Q0.7 控制的 8 盏灯在移位寄存器指令的控制下以秒速度依次点亮。当甲的最后一盏灯被点亮以后，就停止甲的 MB0 的移位，并将 MB0 的状态通过 NETW 指令写进乙的写缓冲区 VB110 中；这时乙控制的 8 盏灯通过位移位寄存器指令也以秒速度依次点亮。

通过 NETR 指令将乙的 Q0.0～Q0.7 的状态读进乙的读缓冲区 VB100 中，然后又通过 NETW 指令将 VB100 数据表的内容写进丙的写缓冲区 VB130 中，当乙的最后一盏灯被点亮了以后，丙的 Q0.0～Q0.7 控制的灯依次点亮。

通过 NETR 指令将丙的 QB0 的状态读进丙的读缓冲区 VB120 中，当丙的最后一盏灯亮了以后，即 V120.7 得电，则重新启动甲的 Q0.0～Q0.7 控制的灯并依次点亮。

这样整个网络控制的 24 盏灯将按顺序依次点亮。

2. PLC 程序设计

根据甲建立的网络通信数据表，编制甲的控制主程序（甲的通信设置及存储器初始化程序如图 5-18 所示、甲对乙的读/写操作程序如图 5-19 所示、甲对丙的读/写操作程序如图 5-20 所示、甲的彩灯移位控制程序如图 5-21 所示），乙及丙的彩灯移位控制主程序如图 5-22 所示。

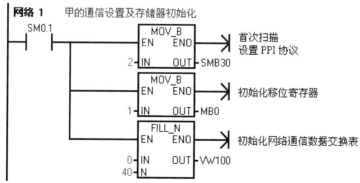

图 5-18　甲的通信设置及存储器初始化程序

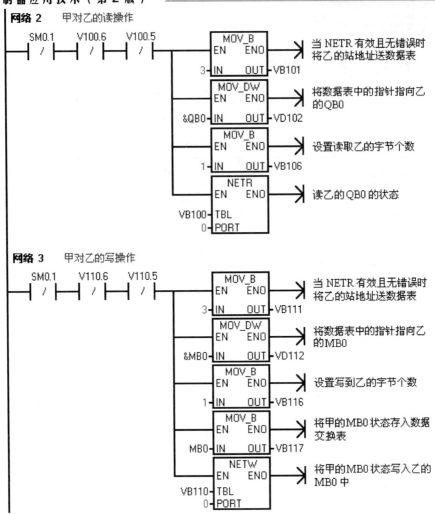

图 5-19　甲对乙的读/写操作程序

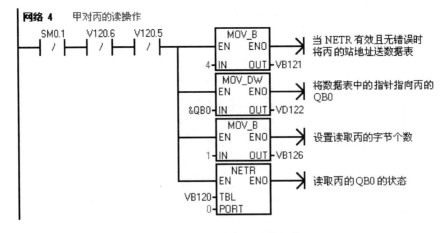

图 5-20　甲对丙的读/写操作程序

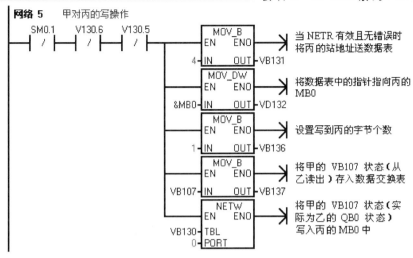

图 5-20　甲对丙的读/写操作程序（续）

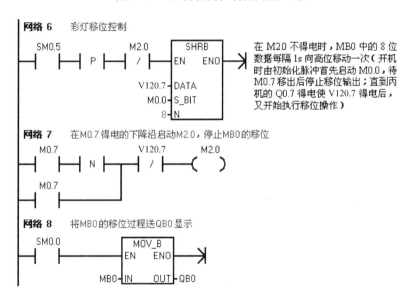

图 5-21　甲的彩灯移位控制程序

3．安装配线

按照图 5-17 进行配线，完成由 3 台 PLC 构成的网络控制系统的接线。

4．运行调试

（1）运行 STEP 7-Micro/WIN 编程软件，在"系统块"中分别将甲、乙、丙 3 台 PLC 的站地址设为 2、3、4，并下载到相应的 PLC 中。

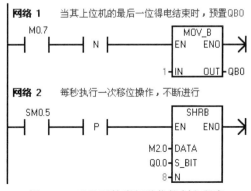

图 5-22　乙及丙的彩灯移位控制主程序

（2）采用网络连接器及 PC/PPI 电缆，将 3 台 PLC 连接起来。通电后在 STEP 7-Micro/WIN 编程软件的浏览条中单击"通信"图标，打开通信设置界面，双击"通信"窗口右侧的"双击刷新"图标，编程软件将会显示 3 台 PLC 的站地址，如图 5-23 所示。

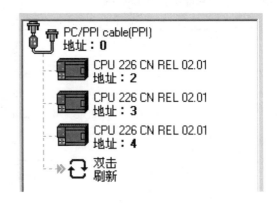

图 5-23　通信窗口显示的 3 台 PLC 的站地址情况

（3）双击某一个 PLC 图标，编程软件将和该 PLC 建立连接，然后可以对它的控制程序进行下载、上载和监视等通信操作。

（4）输入、编译主站甲的控制主程序，将它下载到主站的 PLC 中；输入、编译两个从站乙和丙的控制主程序，分别将它下载到两个从站的 PLC 中。

（5）将 3 台 PLC 的工作方式开关设置于 RUN 位置，观察通信效果。

检查评价

在规定时间内完成任务，各组自我评价并进行展示，各组之间根据评价表进行检查。检查与评价表如表 5-13 所示。

表 5-13　检查与评价表

项　目	要　求	配　分	评分标准	得　分
设备安装	（1）会分配端口、画 I/O 接线图 （2）接线完整、正确规范	30	不正确，扣 5～10 分 不完整，每处扣 2 分	
编程操作	程序设计正确，梯形图输入正确	30	不正确，扣 5～10 分	
运行操作	运行系统，分析操作结果，正确监控梯形图	30	不正确，扣 5～10 分	
文明安全	安全用电，无人为损坏仪器、元件和设备，小组成员团结协作	10	成员不积极参与，扣 5 分；违反文明操作规程，扣 5～10 分	
总　分				

相关知识

5.2.4　PPI 网络读/写程序编写方法

除了采用 NETR/NETW 指令编写网络读/写程序外，还可以采用 STEP 7-Micro/WIN 编

程软件中的"NETR/NETW 指令向导"来生成网络读/写程序，而且只有在 PPI 通信中作为主站的 PLC 才需要使用 NETR/NETW 向导编程。

下面通过一个实例具体讲述。要求将主站（甲机）IB0 的状态映射到从站（乙机）的 QB0，将从站 IB0 的状态映射到主站的 QB0。

1．使用 NETR/NETW 指令

先为甲建立网络通信数据表，如表 5-14 所示。

表 5-14　甲的网络通信数据表

	字 节 意 义	状 态 字 节	远程站地址	远程站数据区指针	读/写的数据区长度	数 据 字 节
与乙通信用	NETR 缓冲区	VB100	VB101	VD102	VB106	VB107
	NETW 缓冲区	VB200	VB201	VD202	VB206	VB207

在 S7-200 系列 PLC 中要想使用 NETR/NETW 指令，根据表 5-11 可知，需将特殊存储器位 SMB30 和 SMB130 的最低两位设置为 10（PPI 主站模式）。

编写的主站程序及从站程序分别如图 5-24 及图 5-25 所示。

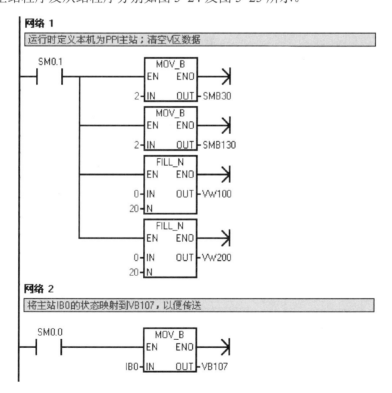

图 5-24　主站程序

网络 3　数据发送

在每秒脉冲的上升沿，整理数据表头，并发送数据；
远程地址为3；对方接收数据的开始地址为VB200；发送一个字节
生成的数据从VB107开始递增；对应远程的VB200发送命令执行

```
SM0.5
─┤ ├──┤ P ├──┬──┌─MOV_B──┐
             │  │EN    ENO├──⟩
             │  │         │
             │ 3┤IN    OUT├─VB101
             │  └─────────┘
             │  ┌─MOV_DW─┐
             ├──┤EN    ENO├──⟩
             │  │         │
          &VB200┤IN    OUT├─VD102
             │  └─────────┘
             │  ┌─MOV_B──┐
             ├──┤EN    ENO├──⟩
             │  │         │
             │ 1┤IN    OUT├─VB106
             │  └─────────┘
             │  ┌─NETW───┐
             └──┤EN    ENO├──⟩
                │         │
          VB100─┤TBL      │
              0─┤PORT     │
                └─────────┘
```

网络 4　数据接收

在每秒脉冲的下降沿接收数据；
远程地址为3；从远程的VB100开始读取数据
读取命令执行

```
SM0.5       SM0.1  V100.6  V100.5
─┤ ├──┤ N ├──┤ ├───┤/├────┤/├──┬──┌─MOV_B──┐
                                │  │EN    ENO├──⟩
                                │  │         │
                                │ 3┤IN    OUT├─VB201
                                │  └─────────┘
                                │  ┌─MOV_DW─┐
                                ├──┤EN    ENO├──⟩
                                │  │         │
                             &VB100┤IN    OUT├─VD202
                                │  └─────────┘
                                │  ┌─MOV_B──┐
                                ├──┤EN    ENO├──⟩
                                │  │         │
                                │ 1┤IN    OUT├─VB206
                                │  └─────────┘
                                │  ┌─NETR───┐
                                └──┤EN    ENO├──⟩
                                   │         │
                             VB200─┤TBL      │
                                 0─┤PORT     │
                                   └─────────┘
```

网络 5

将存放从站IB0状态VB207的内容映射到QB0输出
Q1.0用来监测通信是否正确

```
SM0.0      ┌─MOV_B──┐
─┤ ├──┬────┤EN    ENO├──⟩
      │    │         │
      │VB207┤IN   OUT├─QB0
      │    └─────────┘
      │V100.5      Q1.0
      └─┤ ├─────────( )
```

图 5-24　主站程序（续）

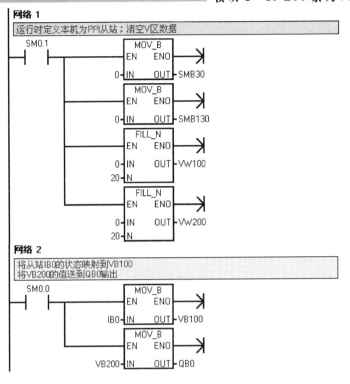

图 5-25　从站程序

2. 使用 NETR/NETW 指令向导

在 STEP 7-Micro/WIN 的命令菜单中选择 "工具"→"指令向导"可打开"指令向导"窗口，如图 5-26 所示。

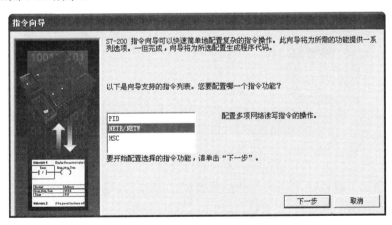

图 5-26　"指令向导"窗口

然后选择"NETR/NETW"，单击"下一步"按钮后可启动"NETR/NETW 指令向导"（或在指令树中，双击"向导"→"NETR/NETW"启动"NETR/NETW 指令向导"）。

指令向导分为以下几个步骤。

1）定义用户所需网络操作的条目

向导的第 1 步将提示用户选择所需网络读/写操作的条目。用户最多只能配置 24 个网络操作，程序会自动调配这些通信操作。本任务中选择配置 2 项网络读/写操作，如图 5-27 所示。

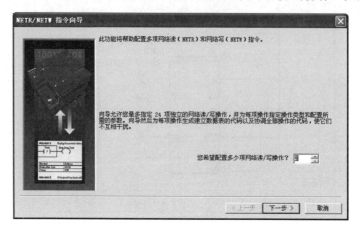

图 5-27　选择 NETR/NETW 指令条数

2）定义通信口和子程序名

向导的第 2 步将提示用户选择应用 PLC 的哪个通信口进行 PPI 通信：Port0 或 Port1。子程序名称默认为"NET_EXE"，如图 5-28 所示。

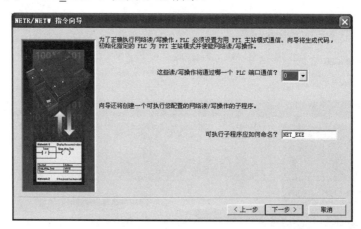

图 5-28　选择通信口，指定子程序名称

用户一旦选择了通信口，则向导中的所有网络操作都将通过该口通信，即通过向导定义的网络操作，只能一直使用一个口与其他 PLC 进行通信。

3）定义网络操作

向导的第 3 步将提示用户设置网络操作的细节。每一个网络操作都要定义以下信息。

（1）定义该网络操作是一个 NETR 还是一个 NETW。

（2）定义应该从远程 PLC 读取多少个数据字节（NETR）或应该向远程 PLC 写入多少个数据字节（NETW）。每条网络读/写指令最多可以发送或接收 14 字节的数据。

（3）定义想要通信的远程 PLC 地址。

如果定义的是 NETR 操作，则还需要进一步定义读取的数据应该存在本地 PLC 的哪个地址区（本地 PLC 的接收数据缓冲区），有效的操作数可为 IB、QB、MB、VB、LB；定义应该从远程 PLC 的哪个地址区（远程 PLC 的发送数据缓冲区）读取数据，有效的操作数为 IB、QB、MB、VB、LB。

在本例中，读取字节为 1B，远程站地址为 3，数据存储在本地 PLC（主站）的 VB207～VB207，从远程 PLC（从站）的 VB100～VB100 读取数据，如图 5-29 所示。

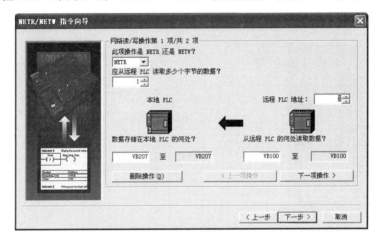

图 5-29　设定 NETR 指令操作

如果定义的是 NETW 操作，则还需要进一步定义要发送的数据位于本地 PLC 的哪个地址区（本地 PLC 的发送数据缓冲区），有效的操作数可为 IB、QB、MB、VB、LB；定义应该写入远程 PLC 的哪个地址区（远程 PLC 的接收数据缓冲区），有效的操作数为 IB、QB、MB、VB、LB。

在本例中，写入字节为 1B，远程站地址为 3，数据位于本地 PLC（主站）的 VB107～VB107，数据写入远程 PLC（从站）的 VB200～VB200，如图 5-30 所示。

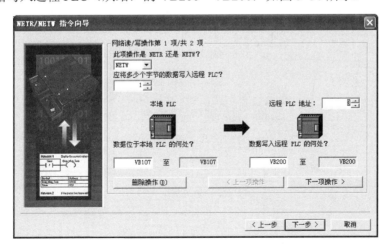

图 5-30　设定 NETW 指令操作

4）分配 V 存储区地址

向导的第 4 步将提示用户分配 V 存储区地址。配置的每一个网络操作需要 12 字节的 V 存储区地址空间，上例中配置了两个网络操作，因此占用了 20 字节的 V 存储区地址空间。向导自动为用户提供了建议地址，用户也可以自己定义 V 存储区地址空间的起始地址，如图 5-31 所示。

注意： 要保证用户程序中已经占用的地址、网络操作中读/写区所占用的地址及此处向导所占用的 V 存储区空间不能重复使用，否则将导致程序不能工作。

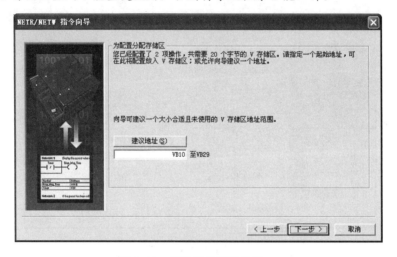

图 5-31　分配 V 存储区地址

5）生成子程序及符号表

向导的第 5 步将提示用户生成子程序和符号表。图 5-32 中显示了 NETR/NETW 向导将要生成的子程序和全局符号表。

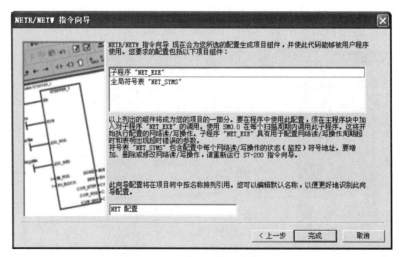

图 5-32　生成子程序和全局符号表

单击"完成"按钮，然后在弹出的对话框中单击"是"按钮，则在当前项目中生成一

个网络读/写子程序及一个全局符号表，如图 5-33 所示。

白-🔲 调用子程序
　　📟 SBR_0 (SBR0)
　　📟 NET_EXE (SBR1)

	符号	变量类型	数据类型	注释
	EN	IN	BOOL	
LW0	Timeout	IN	INT	0＝不计时；1-32 767＝计时值（秒）。
		IN		
		IN_OUT		
L2.0	Cycle	OUT	BOOL	所有网络读/写操作每完成一次时切换状态。
L2.1	Error	OUT	BOOL	0＝无错误；1＝出错（检查 NETR/NETW 指令缓冲区状态字节以获取错误代码）。

图 5-33　网络读/写子程序及全局符号表

6）调用子程序

要实现网络读/写功能，需在主站主程序中调用向导生成的 NETR/NETW 参数化子程序来实现数据的传输。在本例中，主站主程序如图 5-34 所示。从站程序与非向导编程一样。

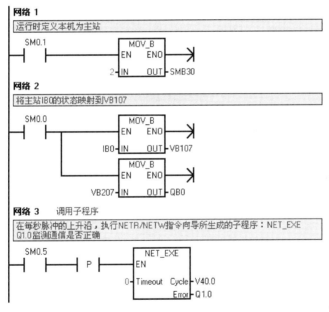

图 5-34　主站主程序

任务训练 15

已知有两台 S7-226 型号 PLC 甲和乙，采用主从通信方式，编写基本通信程序。

控制要求如下：

（1）要求用户程序实现用甲的控制按钮控制乙所连电动机（简称为电动机乙）的启/停，并将电动机乙的状态反馈到甲。

（2）用乙的控制按钮控制甲所连电动机（简称为电动机甲）的启/停，并将电动机甲的状态反馈到乙。

（3）要求为两台电动机配置本地的启/停控制按钮。

思考练习 15

1．S7-200 系列 PLC 上的通信口有什么作用？

2．S7-200 系列 PLC 上的通信口支持哪些通信协议？

3．西门子 PPI 通信协议所能支持的波特率有哪几种？

4．怎样实现 S7-200 系列 PLC 之间的数据通信？

5．S7-200 系列 PLC 的通信主站和从站各有哪些功能？

6．简述 SMB30 和 SMB130 在 PPI 通信中的作用，应如何设置？

7．要求在两台 S7-200 系列 PLC 之间建立 PPI 网络，并编写基本通信程序。

控制要求：

（1）将乙的 VB107～VB111 共 5 字节数据对应传送到甲的 VB107～VB111 共 5 个单元；

（2）同时能够将甲的 VB137～VB141 共 5 字节数据对应传送到乙的 VB137～VB141 单元。

设计通信系统的调试方案，分别用 NETR/NETW 指令和 NETR/NETW 指令向导编写和生成通信程序，并进行系统调试。

任务 5.3　S7-200 系列 PLC 与文本显示器的通信

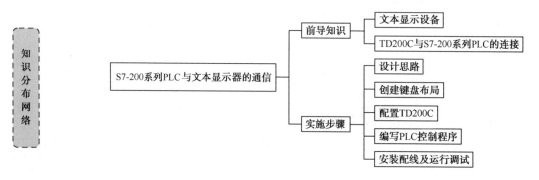

任务目标

（1）熟悉 STEP 7-Micro/WIN 下文本显示向导的使用方法。

（2）熟练完成 S7-200 系列 PLC 与 TD200C 的人机界面系统组态。

（3）正确设置 TD200C 设备参数，并编写系统测试程序对人机界面系统进行调试。

（4）规范安装并连接 S7-200 系列 PLC 与 TD200C，正确设置 TD200C 设备的参数，实现 S7-200 系列 PLC 与 TD200C 的 PPI 通信。

前导知识

5.3.1　文本显示设备

西门子的文本显示器是一个 2 行或 4 行的文本显示设备，可以连接到 S7-200 系列 PLC 上。文本显示器可用于查看、监视和改变 S7-200 系列 PLC 应用程序的过程变量。

西门子为 S7-200 系列 PLC 提供了以下几种文本显示器。

1. TD100C 文本显示器

TD100C 支持两种字体：标准字体和粗体字体。如果使用标准字体，可显示 4 行文本，每行可显示 16 个字符，总共可显示 64 个字符；如果使用粗体字体，可显示 4 行文本，每行可显示 12 个字符，总共可显示 48 个字符。TD100C 文本显示器面板如图 5-35 所示。

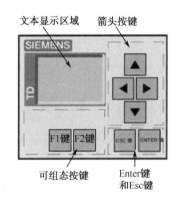

图 5-35　TD100C 文本显示器面板

2. TD200/TD200C 文本显示器

TD200/TD200C 提供了 4 个具有预定义的置位功能的按键，如果使用 Shift 键，则最多可提供 8 个置位功能。

TD200/TD200C 文本显示器是所有 SIMATIC S7-200 系列操作员界面问题的最佳解决方法。TD200 的连接很简单，只需将它提供的连接电缆接到 CPU22X 系列 PLC 的 PPI 接口上即可，不需要单独的电源。TD200/TD200C 文本显示面板具有 2 行文本显示，每行可显示 20 个字符，总共可显示 40 个字符。

TD200C 包括标准 TD200 的基本操作功能，用户可以创建最多包含 20 个不同大小按键的自定义键盘，这些按键可以放到任何背景图片上，并且可以具有不同的形状、颜色或字体。另外增加的一整套新的功能使得 TD200C 成为更加强大的文本显示屏。TD200/TD200C 文本显示器面板如图 5-36 所示。

3. TD400C 文本显示器

TD400C 的按键是可触摸的且位置固定，用户可以创建最多包含 15 个按键的自定义键盘，这些按键可以放到任何背景图片上，并且可以具有不同的形状、颜色或字体。

TD400C 可以是一个 4 行显示器，如果是中文字体，则每行可显示 12 个小字符，总共可显示 48 个字符；如果是 ASCII 字符，则每行可显示 24 个小字符，总共可显示 96 个字符；TD400C 也可以是一个 2 行显示器，如果是中文字体，则每行可显示 8 个大字符，总共可显示 16 个字符；如果是 ASCII 字符，则每行可显示 16 个大字符，总共可显示 32 个字符。TD400C 文本显示器面板如图 5-37 所示。

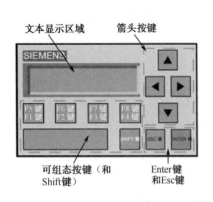

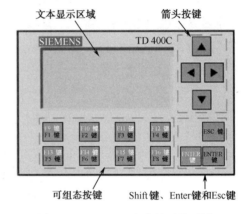

图 5-36　TD200/TD200C 文本显示器面板　　　　图 5-37　TD400C 文本显示器面板

5.3.2　TD200C 与 S7-200 系列 PLC 的连接

TD200C 是西门子公司的一种文本显示面板，专门为 S7-200 系列 PLC 设计，可通过随机附带的 TD/CPU 电缆连接到 S7-200 系列 PLC，并由 PLC 供电（也可以采用外部供电），用于显示和修改应用程序的过程参数、设定实时时钟、I/O 点强制输出、改变 S7-200 系列 PLC 的操作模式（RUN 或 STOP）。

TD200C 用 STEP 7-Micro/WIN 软件附带的键盘设计程序（TD Keypad Designer）进行面板布局的设计，用 STEP 7-Micro/WIN 的文本显示向导（Text Display Wizard）进行参数配置，无须其他的参数赋值软件。在 S7-200 系列 PLC 的 CPU 中保留了一个专用区域用于与 TD200C 交换数据，TD200C 直接通过这些数据区访问 CPU 的必要功能。

TD200C 是一种小巧紧凑的设备，随机配备有与 S7-200 系列 PLC 连接所需的全部组件，如图 5-38 所示。

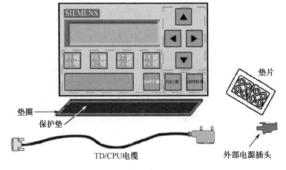

图 5-38　TD200C 的随机部件

TD200C 通过 TD/CPU 电缆与 S7-200 系列 PLC 通信。可以采用以下两种连接方式用

TD/CPU 电缆配置 TD200C。

（1）一对一配置方式：将 TD200C 直接连接到 S7-200 系列 PLC，从而建立一对一网络组态。在这种组态中，1 台 TD200C 通过 1 根 TD/CPU 电缆连接到 1 台 S7-200 系列 PLC 的通信口。TD 设备的默认地址为 1，PLC 的默认地址为 2。

（2）网络连接方式：当多台 S7-200 系列 PLC 与 1 台或多台 TD200C 连接时，采用网络连接方式，配置图如图 5-39 所示。

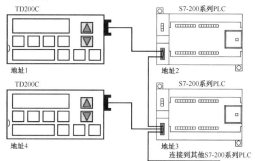

图 5-39　TD200C 与 S7-200 系列 PLC 的网络配置连接

PLC 的通信口使用带编程口的网络连接器，来自 TD 设备的电缆连接到该编程口，TD 设备的 24V DC 电源由 PLC 提供。此时需要对 TD200C 的网络地址进行配置，地址不能冲突。

网络连接中的每台 TD200C 分别与 1 台 PLC 进行通信，可以将每台 TD200C 的参数块分别存储在对应 PLC 的 V 存储区中；也可以将多台 TD200C 连接到单台 S7-200 系列 PLC，将每台 TD200C 的相应参数块分别存储在 PLC 不同的 V 存储区中。

连接 TD200C 一般采用设备自带的 TD/CPU 标准电缆，如果没有标准电缆或通信距离大于 2.5m，则需要采用 Profibus 总线连接器和 Profibus 总线电缆自制 TD/CPU 电缆。如果希望由 CPU 来为 TD200C 供电，则可按如图 5-40 所示的接线方式制作 TD/CPU 电缆。如果希望由外部电源为 TD200C 供电，则可按如图 5-41 所示的接线方式制作 TD/CPU 电缆。

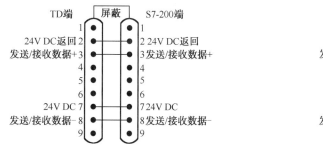

图 5-40　带电源连接的 TD/CPU 电缆

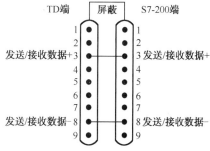

图 5-41　无电源连接的 TD/CPU 电缆

任务内容

使用 TD200C 文本显示器设计正、反转控制按钮，配置相关参数。在 S7-200 系列 PLC 中编写控制程序，实现用 TD200C 控制电动机的正、反转。当按下"停止"按钮而电动机不能停止时，要求在屏幕上显示"停机故障"信息；当按下"正转"启动按钮而电动机不能正向启动时，要求在屏幕上显示"正向启动故障"信息；当按下"反转"启动按钮而电动机不能反向启动时，要求在屏幕上显示"反向启动故障"信息。

任务实施

1. 分析控制要求，确定设计思路

要实现 TD200C 对 S7-200 系列 PLC 的控制、监视等功能，首先应使用键盘设计器对 TD200C 进行键盘的布局设计，然后使用 STEP 7-Micro/WIN 的"文本显示向导"工具对 TD200C 进行配置，定义操作功能按键及需要显示的变量，并将参数块下载到 S7-200 系列 PLC 的 V 存储区中，最后再连接 TD200C。首次接通电源时，应使用 TD200C 的"诊断"或"TD 设置"菜单设置网络地址、波特率和其他参数，设置完毕后 TD200C 会从 S7-200 系列 PLC 的 V 存储区中读取参数块。

按 PPI 单主站通信模式将 TD200C 连接到 S7-200 系列 PLC 系统，并对 TD200C 进行人机界面组态，通过 TD200C 实现对 S7-200 系列 PLC 系统的控制及状态监视。

2. 使用键盘设计器为 TD200C 创建键盘布局

键盘设计器（TD Keypad Designer）不需要用户单独购置与安装，该程序包含在 STEP 7-Micro/WIN 编程软件内。在默认情况下，下载安装 STEP 7-Micro/WIN 编程软件时会自动安装键盘设计器程序。

在 Windows 系统下执行"开始"→"SIMATIC"→"TD Keypad Designer..."→"TD Keypad Designer"菜单命令（或在 STEP 7-Micro/WIN 编程软件的指令树中双击"工具"→"TD Keypad Designer"）即可打开键盘设计器。键盘设计器启动后，自动为 TD200C 打开一个空白的键盘模板，如图 5-42 所示。

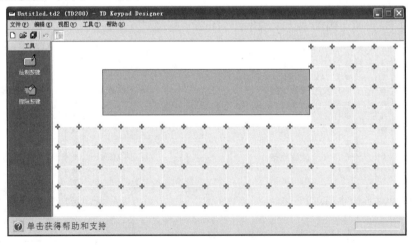

图 5-42　TD200C 键盘模板

使用键盘设计器可以为自定义键盘创建按键的布局，组态各个按键的功能，为键盘面板加一个图片，打印 TD200C 面板，创建键盘组态文件（*.td2）。

执行"文件"→"新建"菜单命令，则弹出"新键盘"对话框，如图 5-43 所示。

在"按键布局"选项内选择"TD200C",然后单击"确认"按钮,为 TD200C 启动一个新键盘布局。

（1）向键盘添加按键：单击"绘制按键"图标,将粘有按键的光标移动到网格上的适当位置,按住鼠标左键并拖动光标调整按键的大小和形状,释放左键即可将按键添加到键盘上。以后也可以将按键拖动到新位置重新定位按键,但不能再调整按键的大小。使用"擦除按键"工具可以擦除按键的部分或全部。本任务添加了 9 个按键,键盘布局如图 5-44 所示。

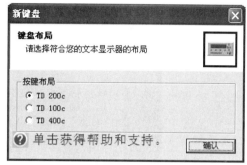

图 5-43　"新键盘"对话框

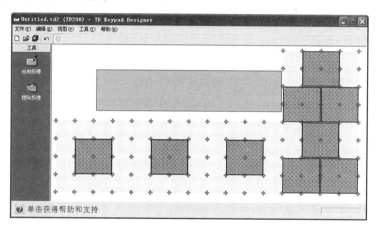

图 5-44　键盘布局

执行"文件"→"保存"菜单命令,将按键的布局设计保存为"键盘布局.td2"。

（2）定义按键功能属性：在选中的按键上单击鼠标右键,从快捷菜单中选择"属性"命令；也可以先选中需要编辑的按键,然后执行"编辑"→"属性"菜单命令打开"设置按键属性"对话框,如图 5-45 所示。

在进行键盘的布局设计时,一般情况下要保留〈Enter〉、〈Escape〉、〈上箭头〉、〈下箭头〉、〈左箭头〉和〈右箭头〉等系统按键的位置及功能,以便于对 TD200C 进行操作界面的调用及设置。

图 5-45　"设置按键属性"对话框

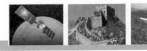

本任务配置了 9 个按键：〈正转〉、〈反转〉、〈停止〉、〈确认〉、〈取消〉、〈↑〉、〈↓〉、〈←〉和〈→〉，其名称配置如图 5-46 所示，其功能属性如表 5-15 所示。

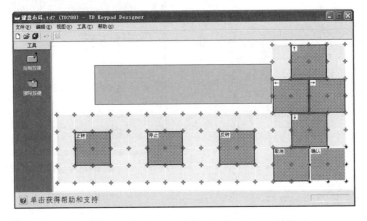

图 5-46　按键的名称配置

表 5-15　定义 TD200C 按键的功能属性

按 键 名 称	按 键 功 能
正转	设置 PLC 位
反转	设置 PLC 位
停止	设置 PLC 位
确认	Enter
取消	Escape
↑	上箭头
↓	下箭头
←	左箭头
→	右箭头

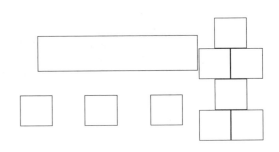

图 5-47　导出的 TD200C 面板布局图

（3）编辑面板图片：执行"文件"→"导出"→"按键模板到文件"菜单命令，将按键的布局导出为位图文件（如导出面板布局.bmp），如图 5-47 所示。

使用图形应用程序编辑该位图文件，在对应区域添加背景图片、颜色、按键或标识。TD200C 不需要使用方形按键，但必须确保按键设计能覆盖按键模板中所定义的按键区域。编辑后将文件保存为位图文件（如编辑面板布局.bmp），如图 5-48 所示。

（4）导入面板图片：在完成面板图片图形设计后，还需

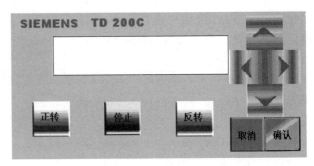

图 5-48　编辑的 TD200C 面板布局图

要再次打开键盘项目（*.td2），执行"文件"→"导入"→"面板图片来自文件"菜单命令，选择用图形应用程序编辑的位图文件（如编辑面板布局.bmp），将面板图片导入键盘设计器，如图 5-49 所示。

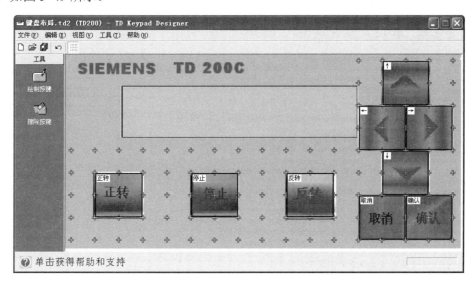

图 5-49　带有面板图片的键盘布局

（5）保存并打印：执行"文件"→"保存"或"文件"→"另存为"菜单命令保存所创建的键盘组态（*.td2）。该文件包含了按键数量、按键的位置和大小、按键的名称、分配给按键的功能、面板图片等键盘按键的相关信息。执行"文件"→"打印"菜单命令，将所创建的键盘组态以翻转的形式打印在透明面板标签纸上，然后按 137mm×65.7mm 的尺寸进行裁剪。

（6）粘贴面板标签：取下 TD200C 显示窗口的蓝色保护膜，并将预先打印好的面板标签粘贴到 TD200C 的面板上。

3. 使用文本显示向导配置 TD200C

（1）启动 STEP 7-Micro/WIN，然后执行"工具"→"文本显示向导"菜单命令，或单击浏览条工具视图中的"文本显示向导"图标，或双击指令树中的"向导"→"文本向导"命令，均可启动文本显示向导，并显示"简介"对话框。

如果当前所打开的项目包含 TD 配置，则可以从下拉列表中选择想要编辑的配置。如果当前所打开的项目没有现存配置，则单击"下一步"按钮进入第 2 步。

（2）向导的第 2 步将提示用户选择要组态的 TD 设备类型。不同的 TD 型号和版本支持不同的功能，为了正确配置 TD 设备，必须选择所用的型号和版本。本任务选择 TD200C 1.0 版。

（3）向导的第 3 步则是打开"标准菜单和更新速率"设置页面，如图 5-50 所示。其中的"使能密码保护"选项可为用户提供 1 个 4 位数密码（从 0000 到 9999）设置功能。如果使能密码保护，向导中会出现 1 个输入域，供设置密码（默认为 0000）之用。此密码不是 PLC 密码，存储于 TD 配置内，只影响对该 TD 内编辑功能的使用。

一旦使能密码保护功能，操作员通过 TD 设备编辑变量之前就必须先输入密码，从而控制对 S7-200 系列 PLC 的访问。TD 密码还具有限制设置时间和日期、TD 设置、强制 I/O、改变 PLC 模式、创建存储卡、编辑 PLC 内存等功能。

此设置页面提示用户可以选择哪些 TD 功能出现在 TD 设备菜单上。一旦在向导中使能了标准菜单选择，当 PLC 程序运行时，用户即可在 TD 中使用该菜单。

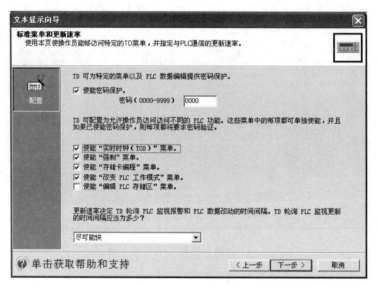

图 5-50　选择 TD 设备类型

TD200C 菜单支持以下功能：

① 设置实时时钟时间：可为 S7-200 系列 PLC 设置时间和日期。

② 强制 I/O：可强制将 S7-200 系列 PLC 中的 I/O 点设为打开或关闭。

③ 创建存储卡：可创建存储卡，完整复制 PLC 的内容。

④ 改变操作模式：可将 S7-200 系列 PLC 设置为 STOP（停止）或 RUN（运行）。

⑤ 编辑 PLC 内存：可查看和改变存储在 S7-200 系列 PLC 中的数据值。

此设置页面左下角的一个选项为"更新速率"选项，可供用户选择 TD 设备执行对 S7-200 系列 PLC 读取操作时的更新频率。用户可以在"尽可能快"到"每 15 秒一次"（以 1 秒为增量）之间选择。

（4）向导的第 4 步则提示用户为 TD 设备的系统菜单和提示选择语言和字符集。

（5）装载自定义键盘：向导的第 5 步可导入由键盘设计程序为 TD200C 创建的自定义键盘组态文件（*.td2），如图 5-51 所示。

勾选"使用 Keypad Designer（键盘设计程序）创建的自定义键盘"复选框，然后单击"选择键盘"按钮，可在弹出的"选择键盘"对话框中查找浏览用键盘设计器创建的键盘组态文件（*.td2），选择一个 Keypad Designer 项目文件。在选定有效的按键文件后，单击"打开"按钮即可将自定义键盘装载到文本显示向导中，并自动更新键盘按键及按键符号表，如图 5-52 所示。

此步向导会根据每个按键的名称建议给出一个按键符号名，可以分别单击每个按键符

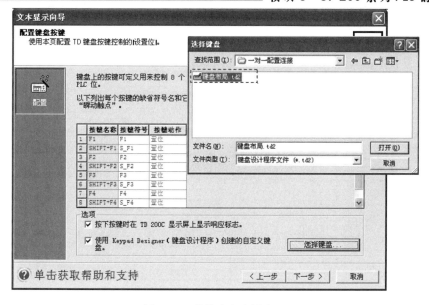

图 5-51　装载自定义键盘

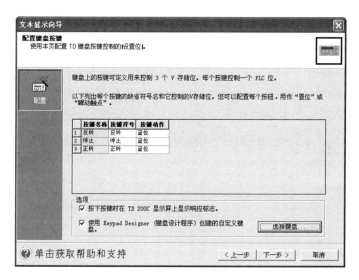

图 5-52　更新键盘按键

号名进行编辑、修改。完成文本显示向导后，这些按键符号名将会在向导创建的符号表中出现，并可在程序中使用。

（6）配置键盘按键：每个按键动作都可配置为"置位"或"瞬动触点"。本任务的键盘配置如图 5-53 所示，所有按键均配置为瞬动触点。若选择"置位"，则每当用户按下 TD 键盘上的按键时，相应的 V 存储区位就会被置位并保持，只能使用程序逻辑加以清除；若选择"瞬动触点"，则每当用户按下 TD 键盘上的按键时，相应的 V 存储区位就会在此按键按下期间被置位，当用户放开该按键时，与其关联的 V 存储区位就会被复位。

单击"下一步"按钮，则完成 TD 设备的基本配置。

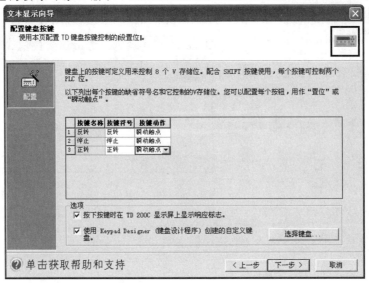

图 5-53　配置键盘按键

（7）分配存储区：完成 TD 的基本配置以后，单击"下一步"按钮，会进入如图 5-54 所示的"分配存储区"设置页面。

在画面上方会显示当前配置所需的 V 存储区的字节数，并自动为 TD 的参数块给出建议的 V 存储区起始地址。单击"建议地址"按钮，向导会寻找下一个（具有足够容量的）可用 V 存储区块。当然，用户也可以根据当前项目中 V 存储区的使用情况，在 S7-200 系列 PLC 中为 TD 参数块分配 V 存储区起始地址（本任务设定为 VB0）。

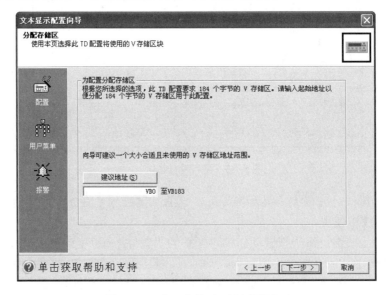

图 5-54　"分配存储区"设置页面

如果设置的存储区不是从 VB0 开始，则单击"下一步"按钮会出现"将存储块偏移量设置为 VW0"的确认对话框。如果单击"是"按钮，向导会自动将参数块存放到 VW0

中，使 VW0 成为参数块地址的指针；如果单击"否"按钮，参数块地址为设定的起始地址。用 TD 设备的"TD Setup"→"Parameter Block Address"菜单命令所设置的地址必须与所设定的起始地址相同。

（8）生成项目组件：分配完存储区，单击"下一步"按钮在确认提示后将进入"项目组件"设置页面，如图 5-55 所示。

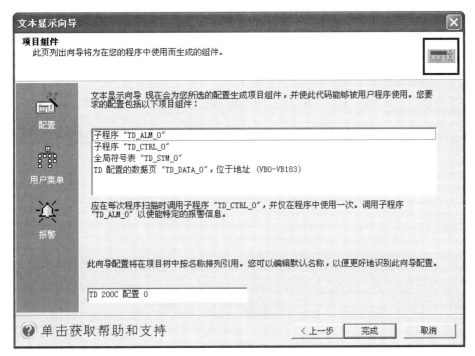

图 5-55 "项目组件"设置页面

单击"完成"按钮，完成项目组件的生成，其中，名称后缀数字（本任务为 0）与所设定数据区的起始地址相对应。

① TD_CTRL_0（监视和控制子程序）：该子程序用于监视和控制 TD 设备的操作，在程序中只能调用一次，并且应在每个程序扫描时调用。程序信息如图 5-56 所示。

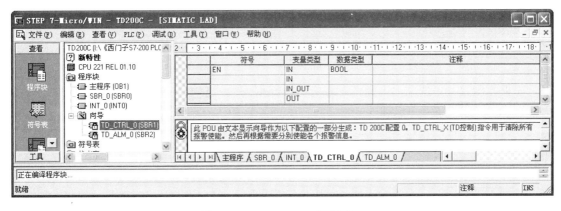

图 5-56 TD_CTRL_0 子程序

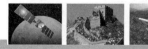

② TD_ALM_0（报警子程序）：如果 TD 配置定义了报警，则向导将会生成 TD_ALM_0 子程序。该程序用于使能特定的报警。程序信息如图 5-57 所示。

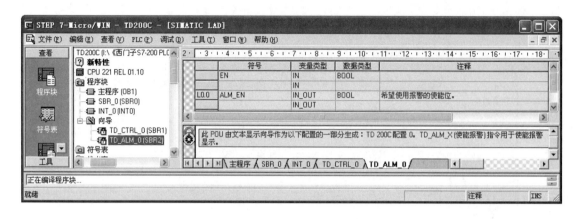

图 5-57　TD_ALM_0 子程序

③ TD_SYM_0（全局符号表）：包含与 TD 按钮、报警及 PLC 数据关联的符号。本任务所生成的全局符号表如图 5-58 所示。

图 5-58　TD_SYM_0 全局符号表

④ TD_DATA_0（数据块）：用于存储文本显示向导配置的 V 存储区数据。

（9）定义用户菜单：在图 5-55 左侧双击"用户菜单"，进入"定义用户菜单"对话框。如果要创建菜单选项，则需要在相应的选择框内输入文本（菜单名），然后单击"添加屏幕"按钮，定义该菜单选项的文本屏幕。本任务定义一个菜单，如图 5-59 所示。在菜单名称框内输入"电动机状态"，然后针对该用户菜单添加一个屏幕显示界面，如图 5-60 所示。

在屏幕的第一行输入文本信息"电动机状态"，然后单击"插入 PLC 数据"按钮打开 PLC 数据编辑对话框，在该对话框的数据地址栏内输入 PLC 变量"VD500"，数据格式选择为"无符号"，然后单击"确认"按钮返回文本显示向导。

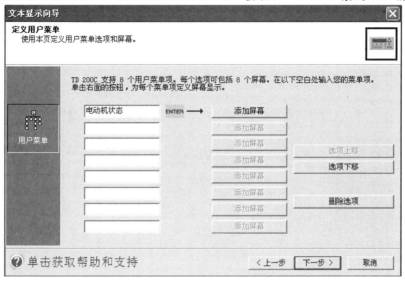

图 5-59　定义一个"电动机状态"菜单

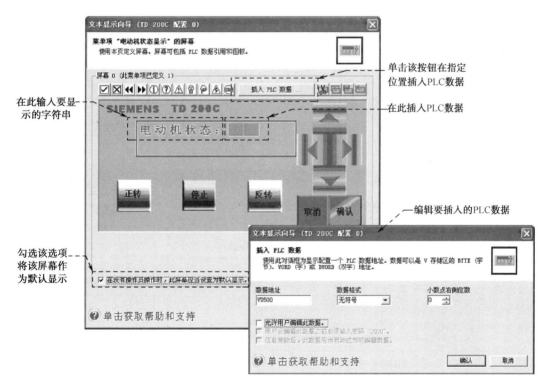

图 5-60　为"电动机状态"菜单添加屏幕显示界面

再单击"下一步"按钮，返回如图 5-61 所示的"用户菜单完成"向导界面。在 S7-200 系列 PLC 控制程序中根据电动机的状态为 VD500 输入不同的字符数据，在 TD200C 屏幕上就可以显示不同的字符信息。

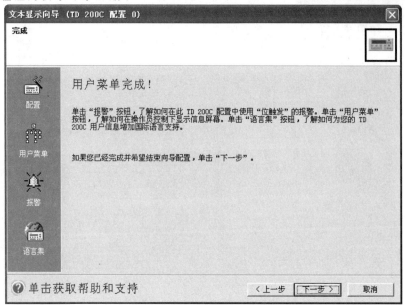

图 5-61　用户菜单完成

（10）配置报警信息：在图 5-61 左侧单击"报警"按钮进入"定义报警"向导的"报警简介"界面（本界面省略，请读者自行进入定义报警触发变量的界面）。通过该向导可定义一到多个报警触发变量。在 S7-200 系列 PLC 的控制程序中一旦使能报警触发变量，即可触发 TD200C 显示事先定义的报警信息。

单击"下一步"按钮进入"报警选项"设置界面，如图 5-62 所示，要求只在屏幕上显示报警信息，且每个信息占用两行，一次只显示一条信息。

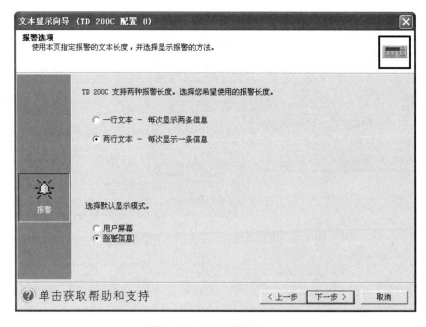

图 5-62　设置报警选项

根据任务内容定义 3 个报警触发变量：当按下"停止"按钮而电动机不能停止时，要求在屏幕上显示"停机故障"信息；当按下"正转"启动按钮而电动机不能正向启动时，要求在屏幕上显示"正向启动故障"信息；当按下"反转"启动按钮而电动机不能反向启动时，要求在屏幕上显示"反向启动故障"信息。

单击"下一步"按钮则弹出添加报警信息的确认对话框。然后单击"是"按钮确认，则进入报警信息组态界面。首先组态"停机故障"报警信息，如图 5-63 所示。将此报警的符号名设为"停机故障"，然后在屏幕上输入"停机故障：已按下'停止'按钮电动机不能停"的报警信息。

单击"新报警"按钮打开新的报警组态界面，然后按图 5-64 组态"正向启动故障"报警信息。

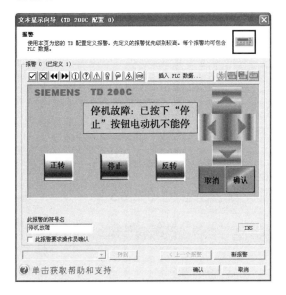

图 5-63　组态"停机故障"报警信息

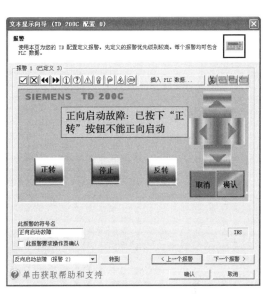

图 5-64　组态"正向启动故障"报警信息

再单击"新报警"按钮打开新的报警组态界面，然后按图 5-65 组态"反向启动故障"报警信息。

配置完成后系统对全局符号表"TD_SYM_0"进行了更新，如图 5-66 所示。在编写 PLC 的控制程序时必须使用这些变量才能实现 TD 200C 对 S7-200 系列 PLC 的控制功能。

所分配的存储区也发生了一些变化，占用了更多的存储区（原来为 VB0～VB183，重新配置后分配的存储区为 VB0～VB368）。在编写 PLC 的控制程序时，除 TD_SYM_0 所定义的全

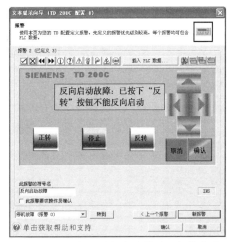

图 5-65　组态"反向启动故障"报警信息

局符号以外，不要使用该区域内的其他变量。

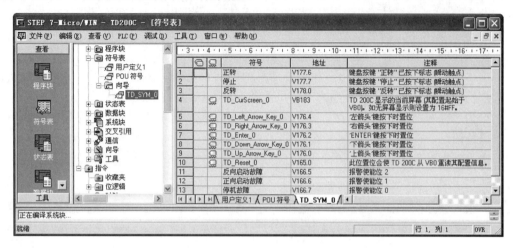

图 5-66　更新后的 TD_SYM_0 全局符号表

4．编写 PLC 控制程序

PLC 的控制程序包括主程序、TD 设备配置子程序（TD_CTRL_0）及 TD 报警子程序（TD_ALM_0）。所有子程序均由向导生成，用户只需编写主程序即可。

（1）用户自定义符号表：用户自定义符号表如图 5-67 所示。

（2）控制程序：S7-200 系列 PLC 与 TD200C 的一对一配置主程序如图 5-68 所示。

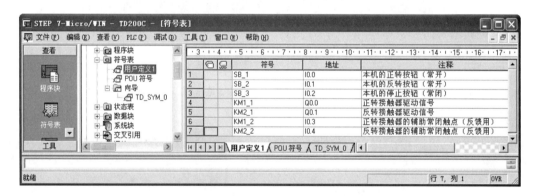

图 5-67　用户自定义符号表

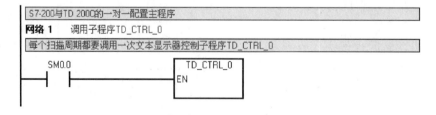

图 5-68　S7-200 系列 PLC 与 TD200C 的一对一配置主程序

网络 2　　正转控制

用本机的正转按钮SB1_1（常开）或TD的正转按键（常开）启动电动机正转；用本机的停止按钮
SB1_3（常闭）或TD的停止按键（常开）使电动机停止。KM2_2为来自接触器的互锁保护信号。

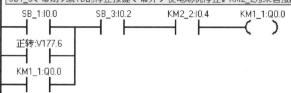

符号	地址	注释
KM1_1	Q0.0	正转接触器驱动信号
KM2_2	I0.4	反转接触器的辅助常闭触点（反馈用）
SB_1	I0.0	本机的正转按钮（常开）
SB_3	I0.2	本机的停止按钮（常闭）
正转	V177.6	键盘按键"正转"已按下标志（瞬动触点）

网络 3　　反转控制

用本机的反转按钮SB1_2（常开）或TD的反转按键（常开）启动电动机反转；用本机的停止按钮
SB1_3（常闭）或TD的停止按键（常开）使电动机停止。KM1_2为来自接触器的互锁保护信号。

网络 4　　使能停机故障报警

如果KM1（或KM2）的驱动信号为0，而KM1（或KM2）的辅助常闭触点仍处于断开状态，则说明接
触器触点黏连，应发出停机故障报警。

符号	地址	注释
KM1_1	Q0.0	正转接触器驱动信号
KM1_2	I0.3	正转接触器的辅助常闭触点（反馈用）
KM2_1	Q0.1	反转接触器驱动信号
KM2_2	I0.4	反转接触器的辅助常闭触点（反馈用）
停机故障	V166.7	报警使能位 0

网络 5　　使能正向启动故障报警

如果正转接触器KM1的驱动信号为1，而其辅助常闭触点仍处于闭合状态，则说明正向接触器线圈
回路有问题，应发出正向启动故障报警。

符号	地址	注释
KM1_1	Q0.0	正转接触器驱动信号
KM1_2	I0.3	正转接触器的辅助常闭触点（反馈用）
正向启动故障	V166.6	报警使能位 1

网络 6　　使能反向启动故障报警

如果反转接触器KM2的驱动信号为1，而其辅助常闭触点仍处于闭合状态，则说明反向接触器线圈
回路有问题，应发出反向启动故障报警。

符号	地址	注释
KM2_1	Q0.1	反转接触器驱动信号
反向启动故障	V166.5	报警使能位 2

图 5-68　S7-200 系列 PLC 与 TD200C 的一对一配置主程序（续）

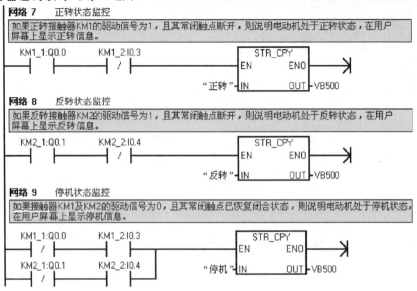

图 5-68　S7-200 系列 PLC 与 TD200C 的一对一配置主程序（续）

5. 安装配线

将 TD200C 通过 1 根 TD/CPU 电缆连接到 1 台 S7-200 系列 PLC 的通信口，从而建立一对一网络组态。

6. 运行调试

1）下载 PLC 程序及 TD200C 的配置数据

（1）编译 PLC 控制程序，在"系统块"内设置 PLC 端口的 PPI 地址（本任务设置为 3），然后将 PLC 控制程序下载到 S7-200 系列 PLC 中。此时，TD200C 的配置数据将一起被下载到 S7-200 系列 PLC 的 V 存储区（VB0～VB368）内。

（2）关闭 TD200C 及 PLC 电源，用 TD200C 自带的 TD/CPU 电缆将 S7-200 系列 PLC 与 TD200C 连接起来，建立正常的通信关系。

（3）接通 TD200C 及 PLC 电源，在上电过程中 PLC 的操作系统自动将 V 存储区内 TD200C 的配置数据传送到 TD200C，并对 TD200C 进行初始化。

（4）要将 TD 设备连接到网络，必须使用 TD 设备的 Esc 键调出系统菜单，然后用"诊断菜单"→"TD 设置"菜单命令来设置 TD 设备的网络地址、所连接 PLC 的网络地址、参数块的地址、波特率等参数。

2）设置 TD 设备的参数

（1）设置 TD 设备的地址：TD 设备的默认地址为 1，该地址不能与 PPI 网络上其他 PLC 或 TD 设备的地址重复。本任务将 TD200C 的网络地址设为 4，用▲、▼键修改 TD200C 的网络地址，调好后用 Enter 键将参数保存到 TD 设备中。

（2）设置与 TD 设备相连接的 S7-200 系列 PLC 的网络地址：S7-200 系列 PLC 的默认地址为 2，该地址要与 S7-200 系列 PLC 端口的实际地址一致。由于本任务已在 STEP 7-

Micro/WIN 中将 S7-200 系列 PLC 端口地址设置为 3，所以此处也要设置为 3。使用▲、▼键修改 S7-200 系列 PLC 的网络地址，调好后用 Enter 键将参数保存到 TD 设备中。

（3）设置参数块的地址：指定在 S7-200 系列 PLC 中存储参数块的 V 存储区起始地址（或参数块的偏移地址）。通过设置参数块的地址，可将多个 TD 设备连接到单个 S7-200 系列 PLC 上。

使用▲、▼键选择存储 TD 设备组态的参数块的 V 存储区起始地址。参数块的地址必须与在 S7-200 系列 PLC 中组态的地址相匹配（地址范围：从 VB0 至 VB32 000，默认地址 =VB0）。

（4）设置波特率：TD200C 支持 9.6Kbps、19.2Kbps、187.5Kbps 等波特率，TD200C 的波特率必须与同一网络上 S7-200 系列 PLC 的波特率相匹配。使用▲、▼键选择波特率，调好后按 Enter 键保存。

（5）设置最高地址：最高地址是查找其他网络主站设备时所要搜索的范围。PPI 网络的默认最高地址为 31，这意味着 TD200C 在查找其他网络主站时将从地址 0 检查至地址 31。只有当网络上的主站设备超过 32 个时，才应改变此设置。

使用▲、▼键选择网络上的最高地址，调好后按 Enter 键保存。

（6）设置地址间隔刷新系数：TD200C 的地址间隔刷新系数是 TD200C 检查其他网络主站设备的频率。地址间隔刷新系数的默认设置为 10，这意味着 TD200C 每 10 条信息检查一次。设置为 1 将使 TD200C 在每条信息后检查其他主站。

使用▲、▼键选择站之间的地址间隔刷新系数，调好后按 Enter 键保存。

（7）调整对比度：可以通过调整 TD200C 的屏幕对比度来优化显示器，以适应不同的查看角度和照明条件。默认的对比度值为 40，对比度值的范围为 25（较亮）至 55（较暗）。

使用▲、▼键为 TD200C 的显示区域选择对比度设置，调好后按 Enter 键保存。

3）PLC 与 TD200C 的一对一配置系统的测试

将 PLC 工作模式开关切换到 RUN 状态，然后分别按下本机或 TD200C 上的正转、反转及停止按钮，测试系统的运行状态。

检查评价

在规定时间内完成任务，各组自我评价并进行展示，各组之间根据评价表进行检查。检查与评价表如表 5-16 所示。

表 5-16 检查与评价表

项 目	要 求	配 分	评 分 标 准	得 分
设计键盘布局	（1）创建的键盘布局合理 （2）能正确将打印面板贴装到 TD200C 面板上	20	不规范，每处扣 2 分	

项　　目	要　　求	配　分	评 分 标 准	得　　分
配置 TD200C	（1）能正确组态 TD 设备参数 （2）能正确创建 TD 设备上显示的画面和报警信息 （3）能正确、合理地为参数块分配 V 存储区地址	40	不正确，每处扣 5 分	
程序设计与联机调试	（1）能正确连接 PLC 与 TD200C 一对一配置系统 （2）程序设计简洁易读，符合任务要求 （3）在保证人身和设备安全的前提下，通电试车一次成功	30	第一次试车不成功，扣 5 分； 第二次试车不成功，扣 10 分	
文明安全	安全用电，无人为损坏仪器、元件和设备，小组成员团结协作	10	成员不积极参与，扣 5 分；违反文明操作规程，扣 5～10 分	
总　　分				

任务训练 16

要求使用 SIMATIC TD200C 文本显示面板，参照图 5-39 按 S7-200 系列 PLC 与 TD200C 网络配置连接组成简单的人机界面系统，并对 TD200C 进行人机界面组态，通过 TD200C 实现对 S7-200 系列 PLC 系统的控制及状态监视。

任务要求：

（1）使用 Profibus DP 电缆建立 S7-200 系列 PLC 之间的硬件连接。

（2）使用 TD200C 自带的 TD/CPU 电缆建立 TD200C 与 S7-200 系列 PLC 之间的硬件连接。

（3）使用网络向导或网络读/写指令及文本显示向导编写 S7-200 系列 PLC 的 PPI 基本通信程序。

（4）进行 S7-200 系列 PLC 与 TD200C 网络配置连接通信系统的调试。

思考练习 16

1．使用 TD200C 用户可以创建多少个不同大小按键的自定义键盘？

2．TD200C 如何进行面板布局的设计？TD200C 用什么软件来编程？

3．如何实现 TD200C 对 S7-200 系列 PLC 的控制、监视等功能？如何给 TD200C 供电？

4．一个 S7-200 系列 PLC 可以连接几个 TD200C？一个 TD200C 可以连接几个 S7-200 系列 PLC？

5．如何建立单台 S7-200 系列 PLC 与单台 TD200C 的一对一连接及与多台 TD200C 的连接？

6. S7-200 系列 PLC 上的通信口已经被占用（如自由口通信等），或者 CPU 的连接数已经用尽，如何连接 HMI？

任务 5.4　S7-200 系列 PLC 与变频器的通信

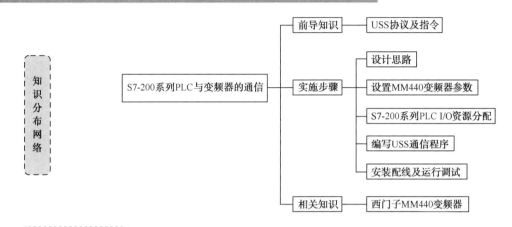

任务目标

（1）了解 S7-200 系列 PLC 与变频器的联机方式。

（2）熟悉将 7-200 系列 PLC 的通信端口设置为 USS 的方式。

（3）掌握 MM4 系列变频器的相关参数，使其能够通过 USS 协议与 S7-200 系列 PLC 建立通信连接。

（4）能够熟练使用 S7-200 系列 PLC 的 USS 指令（USS_INIT、USS_CTRL、USS_RPM_x、USS_WPM_x），编写设备调试程序，实现用 S7-200 系列 PLC 的通信端口控制变频器的运行、停止、改变输出频率等目的。

（5）能运用 S7-200 系列 PLC 与一台西门子 MM440 变频器建立 USS 通信连接，并用 S7-200 系列 PLC 的 USS 指令库编写 USS 通信程序；能够对变频器进行启动及停止控制，并读出或写入变频器参数。

前导知识

5.4.1　USS 协议及指令

传统的 PLC 与变频器之间的接口依靠 PLC 的数字量输出来控制变频器的启/停，依靠 PLC 的模拟量输出来控制变频器的速度给定，这样做存在以下问题：① 需要控制系统在设计时采用很多硬件，价格昂贵；② 现场的布线多容易引起噪声和干扰；③ PLC 和变频器之间传输的信息受硬件的限制，交换的信息量很少；④在变频器的启/停控制中由于继电器、接触器等硬件的动作时间有延时，从而会影响控制精度；⑤通常变频器的故障状态由一个接点输出，PLC 能得到变频器的故障状态，但不能准确地判断当故障发生时，变频器是何种故障。

如果使用 USS 协议，则所有型号的西门子变频器均可通过网络方式与 PLC 或 PC 进行信息交换，数字化的信息传递提高了系统的自动化水平及运行的可靠性，解决了模拟信号传输所引起的干扰及漂移问题。USS 协议通信介质采用 RS-485 屏蔽双绞线，最远可达 1000m，因此可有效地减少电缆的数量，从而大大减少开发和工程费用，并极大地降低客户的启动和维护成本。另外，通过网络，可以连续地对多台变频器进行监视和控制，实现多台变频器之间的联动控制和同步控制。通过网络还可以实时调整变频器的参数。

PLC 与变频器之间的通信在西门子产品中是分为以下几个步骤来完成的：首先在 STEP 7-Micro/WIN 编程软件上对变频器的控制通过 USS 协议指令进行各种设定，然后将其设定下载到 PLC 中，最后连接变频器与 PLC。当 PLC 进入运行状态后，就会根据 USS 协议指令的要求与变频器进行通信，实现对变频器的控制。

1．USS 协议简介

USS（Universal Serial Interface Protocol，通用串行接口协议）是西门子公司为其变频器所开发的通用通信协议，可以支持变频器与 PC 或 PLC 之间的通信连接，是一种基于串行总线进行数据通信的协议。S7-200 系列 PLC 可以将其通信端口设置为自由口模式的 USS 协议，以便实现 PLC 对变频器的控制。

USS 协议是主-从结构协议，规定了在 USS 总线上可以有一个主站（PLC）和最多 31 个从站（变频器）；总线上的每个从站都有唯一的标识码（即站地址，在从站参数中设定），主站依靠标识码识别各个从站；每个从站也只对主站发来的报文做出响应并回送报文，从站之间不能直接进行数据通信。另外，还有一种广播通信方式，即主站可以同时给所有从站发送报文，从站在接收到报文并做出相应的响应后可不回送报文。

USS 协议的波特率最高可达 187.5Kbps，其通信字符格式为 1 位起始位、1 位停止位、1 位偶校验位和 8 位数据位。USS 通信的刷新周期与 PLC 的扫描周期是不同步的，一般完成一次 USS 通信需要几个 PLC 扫描周期，其通信时间和链路上变频器的台数、波特率和扫描周期有关。例如，如果通信的波特率设定为 19.2Kbps，则 3 台变频器经实际调试检测通信时间大约为 50ms。

2．常用 USS 设备

西门子变频器都带有一个 RS-485 通信接口，PLC 作为主站，最多允许 31 个变频器作为通信链路中的从站。USS 主站设备包括 S7-200、S7-1200、CPU31xC-PtP、CP340、CP341、CP440、CP441 等；USS 从站设备包括 MM3、MM4、G110、G120、6RA70、6SE70 等变频驱动装置及其他第三方支持 USS 协议的设备。

3．USS 指令库

为了方便用户编程，西门子官方提供了一个 USS 协议库，有以下 4 条指令可供调用。

在使用 USS 协议之前，需要先安装西门子的指令库"Toolbox_V32-STEP 7-Micro WIN Instruction Library"。安装 USS 指令库以后，在 STEP 7-Micro/WIN 指令树的"/指令/库/USS Protool Port 0"和"/指令/库/USS Protool Port 1"文件夹中将分别出现 8 条指令，如图 5-69 所示。PLC 将用这些指令来控制变频器的运行和参数的读/写操作。

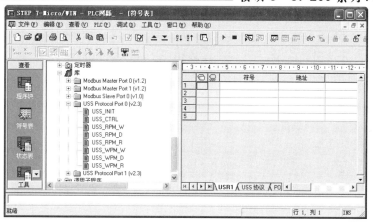

图 5-69　USS 指令库

1）初始化指令 USS_INIT

在执行其他 USS 协议前，必须先成功地执行一次 USS_INIT 指令。只有当该指令成功执行且完成位（Done）置位后，才能继续执行下面的指令。该指令的格式及功能如表 5-17 所示。该指令的参数说明如表 5-18 所示。

表 5-17　USS_INIT 指令的格式及功能

梯形图 LAD	语句表 STL		功　　能
	操作码	操作数	
USS_INIT EN Mode　　Done Baud　　Error Active	CALL USS_INIT	Mode，Baud，Active，Error	用于允许和初始化或禁止 PLC 和变频器之间的通信

表 5-18　USS_INIT 指令的参数说明

端口名称	数据格式	说　　明
EN	BOOL	使能端：该位为 1 时 USS_INIT 指令被执行，通常采用脉冲指令
Mode	BYTE	通信协议选择端：用于选择 PLC 通信端口的通信协议，1 表示选择 USS，0 表示选择 PPI
Baud	INT	通信速率选择端：指定通信的波特率
Active	DINT	变频器被激活端：用于设定链路上的哪个变频器被激活，Active 共 32 位，0～31 分别对应通信链路上的 0 到 31 台变频器。例如，当 Active 的给定值为 16#0000 0000 0000 0010 时，表示链路上的第二台变频器被激活。被激活的变频器自动地与主站 PLC 进行通信，以控制其运行和采集其状态
Done	BIT	完成 USS 协议设置标志端：当 USS_INIT 指令正确执行完成后该位置 1
Error	BYTE	USS 协议执行出错指示端：在 USS_INIT 指令执行有错误时该字节包含错误代码

2）控制指令 USS_CTRL

每台变频器只能使用 1 条这样的指令。该指令的格式及功能如表 5-19 所示。该指令的参数说明如表 5-20 所示。

表 5-19　USS_CTRL 指令的格式及功能

梯形图 LAD	语句表 STL		功　　能
	操作码	操作数	
USS_CTRL EN RUN OFF2 OFF3 F_ACK DIR Drive　　Resp_R Type　　Error Speed~　Status 　　　　Speed 　　　　Run_EN 　　　　D_Dir 　　　　Inhibit 　　　　Fault	CALL USS_CTRL	RUN，OFF2，OFF3，F_ACK，DIR，Drive，Speed_SP，Resp_R，Error，Status，Speed，Run_EN，D_Dir，Inhibit，Fault	USS_CTRL 指令用于控制已经用 USS_INIT 激活的变频器 该指令将用户命令放在通信缓冲区内，经通信缓冲区发送到由 Drive 参数指定的变频器，如果该变频器已由 USS_INIT 指令的 Active 参数选中，则变频器将按选中的命令执行

表 5-20　USS_CTRL 指令的参数说明

端 口 名 称	数 据 格 式	说　　　明
EN	BOOL	使能端：为 1 时 USS_CTRL 指令被执行，USS 协议将被启动
RUN	BOOL	启动/停止控制端：RUN=1，OFF2=0，OFF3=0 时变频器启动；RUN=0，变频器停止
OFF2	BOOL	减速停止控制端：OFF2=1 时选择自由停车方式
OFF3	BOOL	快速停止控制端：OFF3=1 时选择制动停车方式
F_ACK	BOOL	故障确认端：当变频器发生故障时，将通过状态字向 USS 主站报告；如果造成的故障原因排除，则可以使用此端口清除变频器的报警状态，即当 F_ACK=1 时变频器复位
DIR	BOOL	方向控制端：用于控制变频器的运行方向，1 表示正转；0 表示反转
Drive	BYTE	地址输入端：用于设定变频器的站地址，指定该 CTRL 指令的命令要发送到哪台变频器
Type	BYTE	类型选择端：Type=1，M440 系列的变频器；Type=0，其他系列的变频器
Speed_SP	REAL	速度设定端：以全速百分值比（-200.0%～200.0%）设定变频器的速度，若值为负则变频器反转
Resp_R	BOOL	变频器响应确认端：被激活变频器在收到控制命令后产生一个回馈信号，当 CPU 收到信号后 Resp_R 接通一个扫描周期，并更新所有数据
Error	BYTE	出错状态字：当变频器产生错误时该字节包含错误代码
Status	INT	工作状态指示端：显示变频器返回的状态信号
Speed	DINT	速度指示端：存储变频器返回的实际运行速度

续表

端口名称	数据格式	说　明
Run_EN	BOOL	运行状态指示端：变频器运行状态，1 表示正在运行；0 表示已停止
D_Dir	BOOL	旋转方向指示端：变频器的运行方向信号，1 表示正转；0 表示反转
Inhibit	BOOL	禁止位状态指示端：变频器返回的禁止状态信号，1 表示禁止；0 表示开放
Fault	BOOL	故障状态指示端：1 表示变频器有故障；0 表示变频器无故障

表中对应 MM4 系列变频器的"Status"参数的意义如图 5-70 所示。

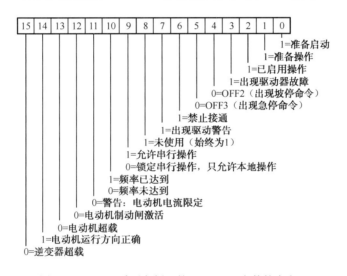

图 5-70　MM4 系列变频器的"Status"参数的意义

3）读变频器参数指令 USS_RPM_x

该指令包括 USS_RPM_W、USS_RPM_D、USS_RPM_R 共 3 条指令，分别用于读取变频器的一个无符号字、一个无符号双字和一个实数类型的参数。该指令的格式及功能如表 5-21 所示。该指令的参数说明如表 5-22 所示。

表 5-21　USS_RPM_x 指令的格式及功能

梯形图 LAD	语句表 STL		功　能
	操作码	操作数	
USS_RPM_W EN XMT_~ Drive　　Done Param　　Error Index　　Value DB-Ptr	CALL USS_RPM_W CALL USS_RPM_D CALL USS_RPM_R	XMT_REQ, Drive，Param， Index， DB_Ptr，Done， Error，Value	USS_RPM_x 指令读取变频器的参数，当变频器确认接收到命令或发送一个出错状况时，则完成 USS_RPM_x 指令的处理，在该处理等待响应时，逻辑扫描仍继续进行

表 5-22　USS_RPM_x 指令的参数说明

端口名称	数据格式	说　明
EN	BOOL	指令允许端：该位为 1 时启动请求的发送，并且要保持该位为 1 直到 Done 位为 1 标志着整个参数读取过程完成
XMT_REQ	BOOL	发送请求端：该位为 1 时读取参数指令的请求发送给此变频器，该位和 EN 位通常用一个信号，但该请求通常用脉冲信号
Drive	BYTE	地址输入端：该指令要读取的那台变频器的站地址
Param	WORD	参数号输入端：该指令要读取的变频器参数的编号
Index	WORD	索引地址：该指令要读取的变频器参数的下标
DB_Ptr	DWORD	缓冲区初始地址设定端：该参数指定 16 字节的存储空间，用于存放向变频器发送的命令
Done	BOOL	指令执行结束标志端：该指令执行完成标志位
Error	BYTE	出错状态字：当指令执行错误时该字节包含错误代码
Value	W/D/R	参数值读取端：由变频器返回的参数值

4）写变频器参数指令 USS_WPM_x

该指令包括 USS_WPM_W、USS_WPM_D、USS_WPM_R 共 3 条指令，分别用于向指定变频器写入一个无符号字、一个无符号双字和一个实数类型的参数。该指令的格式及功能如表 5-23 所示。该指令的参数说明如表 5-24 所示。

表 5-23　USS_WPM_x 指令的格式及功能

梯形图 LAD	语句表 STL		功　能
	操　作　码	操　作　数	
USS_WPM_W EN XMT_~ EEPR~ Drive　Done Param　Error Index Value DB_Ptr	CALL USS_WPM_W CALL USS_WPM_D CALL USS_WPM_R	XMT_REQ， EEPROM， Drive，Param， Index，Value， DB_Ptr，Done， Error	USS_WPM_x 指令将变频器的参数写到指定位置，当变频器确认接收到命令或发送一个出错状况时，则完成 USS_WPM_x 指令的处理，在该处理等待响应时，逻辑扫描仍继续进行

表 5-24　USS_WPM_x 指令的参数说明

端口名称	数据格式	说　明
EN	BOOL	指令允许端：该位为 1 时启动请求的发送，并且要保持该位为 1 直到 Done 位为 1 标志着整个参数读取过程完成
XMT_REQ	BOOL	发送请求端：该位为 1 时读取参数指令的请求发送给此变频器，该位和 EN 位通常用一个信号，但该请求通常用脉冲信号
EEPROM	BOOL	写入启用端：该参数为 1 时写入变频器的参数同时存储在变频器的 EEPROM 和 RAM 中，该参数为 0 时写入变频器的参数只存储在变频器的 RAM 中
Drive	BYTE	地址输入端：该指令要读取的那台变频器的站地址

端口名称	数据格式	说　　明
Param	WORD	参数号输入端：该指令要读取的变频器参数的编号
Index	WORD	索引地址：该指令要读取的变频器参数的下标
Value	W/D/R	参数值写入端：写入变频器中的参数值
DB_Ptr	D WORD	缓冲区初始地址设定端：该参数指定 16 字节的存储空间，用于存放向变频器发送的命令
Done	BOOL	指令执行结束标志端：该指令执行完成标志位
Error	BYTE	出错状态字：当指令执行错误时该字节包含错误代码

4．USS 指令库的使用步骤

为了保证在 S7-200 系列 PLC 程序中能够使用 USS 协议指令实现对变频器的控制，必须按以下步骤对 USS 指令进行编程调用，并建立与变频器的通信连接。

（1）设定 USS 通信参数：调用 USS_INIT 启动或改变 USS 的通信参数，且只需要调用一次即可。在用户程序中每一个被激活的变频器只能使用一条 USS_CTRL 指令，可以使用多条 USS_RPM_x 或 USS_WPM_x 指令，但是每次只能激活其中的一条指令。

（2）分配库存储区：在用户程序中调用 USS 指令后，用鼠标单击指令树中的"程序块"→"库"图标，在弹出的快捷菜单中执行"库存储区"命令，为 USS 指令库所使用的 397 个字节 V 存储区指定起始地址，如图 5-71 所示。

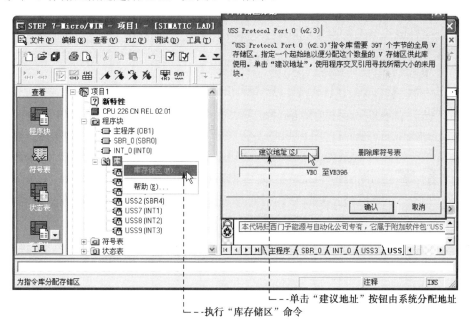

图 5-71　指定库存储区地址

（3）设置变频器的通信参数：用变频器的操作面板设置变频器的通信参数，使之与用户程序中所用到的波特率和从站地址相一致。

对于 MM4 系列变频器，当使用 USS 协议时，在将 MM4 系列变频器接入 PLC 之前，必须先设置 MM4 系列变频器的以下参数。

① 将变频器恢复为出厂设置（可选）：P0010=30；P0970=1，表示允许变频器通过参数复位。如果忽略该步骤，需确保以下参数的设置：

USS PZD 长度：P2012.2=2；

USS PKW 长度：P2013.0=127。

② 使能对所有参数的读/写访问：P0003=3，表示允许访问变频器的所有参数（专家模式）。

③ 检查变频器的电动机设置：P0304=额定电动机电压（V）、P0305=额定电动机电流（A）、P0307=额定功率（W）、P0310=额定电动机频率（Hz）、P0311=额定电动机速度（RPM）。

这些设置因使用的电动机而不同。要设置参数 P0304、P0305、P0307、P0310 和 P0311，必须先将参数 P0010 设为 1（快速调试模式）。完成参数设置后，将参数 P0010 再设为 0。参数 P0304、P0305、P0307、P0310 和 P0311 只能在快速调试模式下修改。

④ 通信源选择：P0700.0=5，设置为远程控制模式，从 USS 通信接口控制。

⑤ 频率设定源选择：P1000.0=5，从 USS 通信接口设定频率。

⑥ 斜坡上升时间（可选）：P1120=0～650.00，这是一个以 s 为单位的时间，在这个时间内，电动机加速至最高频率。

⑦ 斜坡下降时间（可选）：P1121=0～650.00，这是一个以 s 为单位的时间，在这个时间内，电动机减速至完全停止。

⑧ 设置串行链接参考频率：P2000=1～650Hz。

⑨ 设置 USS 标准化：P2009.0=0。

⑩ 设置 RS485 串口波特率：P2010.0=4，表示 2 400bps；P2010.0=5，表示 4 800bps；P2010.0=6，表示 9 600bps；P2010.0=7，表示 19 200bps；P2010.0=8，表示 38 400bps；P2010.0=9，表示 57 600bps；P2010.0=12，表示 115 200bps。

⑪ 输入 USS 从站地址：P2011.0=0～31。每个变频器（最多 31）都可通过总线操作。

⑫ 设置串行链接超时：P2014.0=0～65 535，单位为 ms，0=超时禁止。这是到来的两个数据报文之间最大的间隔时间。该特性可用来在通信失败时关断变频器。当收到一个有效的数据报文后，计时启动。如果在指定时间内未收到下一个数据报文，则变频器触发并显示故障代码 F0070。该值设为零则关断该控制。

⑬ 从 RAM 向 EEPROM 传送数据：P0971=1，启动传送，将参数设置的改变存入 EEPROM。

任务内容

采用 S7-200 系列 PLC 与一台西门子 MM4 系列变频器建立 USS 通信连接，并用 S7-200 系列 PLC 的 USS 指令库编写 USS 通信程序；能够对变频器进行启动及停止控制，并读出或写入变频器参数。

任务实施

1．分析控制要求，确定设计思路

采用 S7-200 系列 PLC 的 USS 指令库编写 USS 通信程序，方法比较简单，只需按"USS 从站初始化（USS_INIT）"→"USS 从站控制（USS_CTRL）"→"读 USS 从站参数（USS_RPM_x）"→"写 USS 从站参数（USS_WPM_x）"的步骤调用 USS 指令即可。

2．设置 MM440 变频器参数

设置变频器的相关参数，使变频器工作在远程控制模式（P0700=5）；使用 USS 通信接口设置变频器频率（P1000=5）；波特率为 19.2Kbps（P2010.0=7）；变频器的 USS 从站地址为 1（P2011.0=1）；禁止通信超时（P2014.0=0）。

3．S7-200 系列 PLC I/O 资源分配

S7-200 系列 PLC I/O 的资源分配情况如表 5-25 所示。此外，还应对内部存储区进行相应的分配。

表 5-25　S7-200 系列 PLC I/O 的资源分配

输　入			输　出		
名　称	符　号	地　址	名　称	符　号	地　址
启动按钮	SB1	I0.0	变频器激活状态显示	HL1	Q0.0
自动停车按钮	SB2	I0.1	变频器运行状态显示	HL2	Q0.1
快速停车按钮	SB3	I0.2	变频器运行方向显示	HL3	Q0.2
变频器故障确认按钮	SB4	I0.3	变频器禁止位状态显示	HL4	Q0.3
变频器方向控制按钮	SB5	I0.4	变频器故障状态显示	HL5	Q0.4
变频器参数读操作使能按钮	SB6	I0.5			
变频器参数写操作使能按钮	SB7	I0.6			

4．编写 USS 通信程序

在主程序（OB1）中使用 USS 库指令编写 S7-200 系列 PLC 与 MM440 变频器的通信程序，如图 5-72 所示。在用户程序中调用 USS 指令后，用鼠标单击指令树中的"程序块"→"库"图标，在弹出的快捷菜单中执行"库存储区"命令为 USS 指令库所使用的 397 个字节 V 存储区指定起始地址。

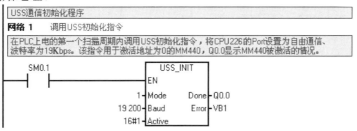

图 5-72　S7-200 系列 PLC 与 MM440 的 USS 通信程序

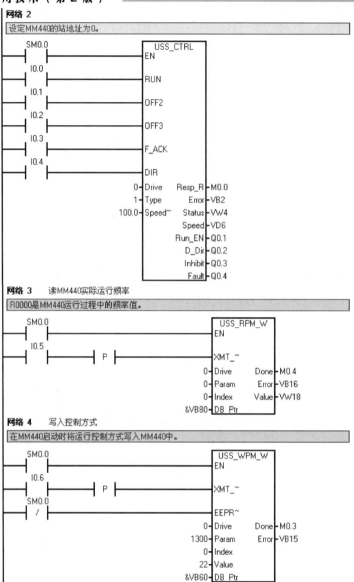

图 5-72　S7-200 系列 PLC 与 MM440 的 USS 通信程序（续）

5. 安装配线

按照图 5-73 进行配线，完成 CPU226 与 MM440 的接线。

连接 MM440 变频器，将 RS-485 电缆的两端插入为 USS 操作提供的两个卡式接线端。连接电缆使用标准的 Profibus DP 电缆和连接器，其中一端通过连接器连接 CPU226 的端口 0，另一端不要连接器，将电缆的两根接线直接连至 MM440 变频器的接线终端。

在进行 MM440 系列变频器的电缆连接时，应取下驱动的前盖板露出接线终端。接线终端的连接以数字标识，将 A 端连至接线终端 29，将 B 端连至接线终端 30。

如果 S7-200 是网络中的端点，或者是点到点的连接，则必须使用连接器（见图 5-13）

的端子 A1 和 B1（而非 A2 和 B2），因为只有这样才可以接通终端电阻。

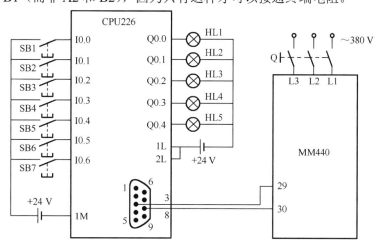

图 5-73　CPU226 与 MM440 的 USS 通信连接线路

如果变频器在网络中组态为端点站，则终端和偏置电阻也必须正确连接至连接终端。

6. 运行调试

（1）在断电状态下，用 RS-232/PPI 电缆连接计算机和 CPU226 的端口 1，然后接通变频器和 CPU226 的电源。

（2）运行 STEP 7-Micro/WIN 编程软件，设置通信参数。

（3）编写 S7-200 系列 PLC 的通信程序，编译并下载程序文件到 PLC 中。

（4）按下启动按钮 SB1，观察变频器是否被激活。

（5）分别按下自动停车按钮 SB2、快速停车按钮 SB3，观察各指示灯的变化情况。

（6）分别按下其他变频器的控制按钮，观察变频器状态指示灯的变化情况。

（7）利用 STEP 7-Micro/WIN 编程软件的状态表监视 CPU226 接收数据缓冲区的数据变化情况。

（8）多次操作，深刻体会 PLC 与 MM440 的通信原理。

检查评价

在规定时间内完成任务，各组自我评价并进行展示，各组之间根据评价表进行检查。检查与评价表如表 5-26 所示。

表 5-26　检查与评价表

项　　目	要　　求	配　分	评 分 标 准	得　分
MMX440 参数设置	能正确进行 MMX440 变频器的参数设置	30	不正确，每处扣 5 分	
S7-200 系列 PLC 资源分配	能正确、合理为 PLC 进行资源分配	30	不正确，每处扣 5 分	

续表

项　目	要　求	配　分	评分标准	得　分
程序设计 与联机调试	（1）能正确连接 PLC 与 MMX440 （2）程序设计简洁易读，符合任务要求 （3）在保证人身和设备安全的前提下，通电试车一次成功	30	第一次试车不成功，扣 5 分； 第二次试车不成功，扣 10 分	
文明安全	安全用电，无人为损坏仪器、元件和设备，小组成员团结协作	10	成员不积极参与，扣 5 分；违反文明操作规程，扣 5～10 分	
总　　分				

相关知识

5.4.2　西门子 MM440 变频器

1．西门子 MM440 变频器简介

MM440（MicroMaster440）是德国西门子公司出品的广泛应用于工业场合的多功能标准变频器。它采用高性能的矢量控制技术，提供低速高转矩输出和良好的动态特性，同时具备超强的过载能力。其创新的 BiCo（内部互联输出/输入）功能有无可比拟的灵活性。

MM440 变频器提供了状态显示面板、基本操作面板和高级操作面板等供用户选择，用来调试变频器，如图 5-74 所示。

SDP
状态显示面板

BOP
基本操作面板

AOP
高级操作面板

图 5-74　MM440 变频器的操作面板

MM440 变频器既可以用于单机驱动系统，也可以集成到自动化系统中。它可以作为西门子 S7-200 系列 PLC 的理想配套设备。如图 5-75 所示为 MM440 变频器的外部接线简图。

MM440 变频器在标准供货方式时装有 SDP，对于很多用户来说，利用 SDP 和制造厂的默认设置值就可以使变频器成功地投入运行。如果工厂的默认设置值不适合用户的设备情况，则用户可以利用 BOP 或 AOP 修改参数使之匹配起来。BOP 和 AOP 是作为可选件供货的，用户也可以用 PC IBN 工具的"Drive Monitor"或"STARTER"软件来调整工厂的设置值。详细内容可参阅西门子公司的《MicroMaster440 通用型变频器使用大全》。

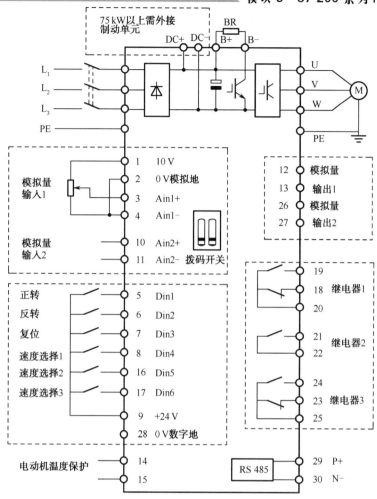

图 5-75　MM440 变频器的外部接线简图

2. S7-200 系列 PLC、MM440 变频器的传统应用简介

1）PLC 开关量输出控制变频器

如图 5-76 所示，CPU226 的 Q0.0、Q0.1 分别接 MM440 变频器的正、反转输入端，控制电动机正、反转。对 MM440 变频器进行相应参数的设置后，按下按钮 SB1 后，电动机以设定频率正转运行；按下按钮 SB2 后，电动机以设定频率反转运行；当按下停止按钮 SB3 后，电动机运行停止。

2）PLC 模拟量输出控制变频器

如图 5-77 所示，CPU224XP 的 Q0.0、Q0.1 分别接 MM440 变频器的正、反转输入端，控制电动机正、反转；将 10V 电源和电位计构成的可调电源接在 CPU224XP 的模拟量模块输入端 A+、M，输入的电压值经模数转换后送入 PLC 的模拟量输入寄存器 AI，再经 PLC 编程由传送指令将此数值送到模拟量输出寄存器 AQ，然后经数模转换得到对应的电压由 CPU224XP 模拟量输出模块的输出端 V、M 输出；将 V、M 端分别接到 MM440 变频器的模拟量输入端，控制电动机的运行速度。对 MM440 变频器进行相应参数的设置后，可以在变频器输出端得到连续变化的频率输出，从而实现电动机的平滑调速。

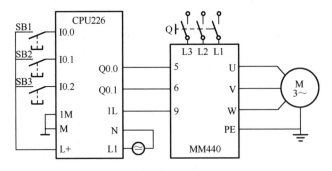

图 5-76　PLC 开关量输出控制变频器实现电动机正、反转控制的接线图

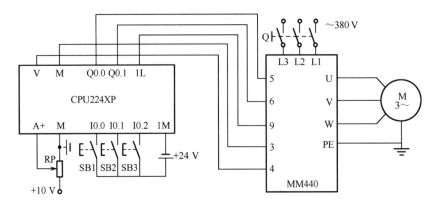

图 5-77　PLC 模拟量输出控制变频器实现电动机正、反转及平滑调速控制的接线图

任务训练 17

现有 1 套 S7-200 系列 PLC 系统（包括 CPU226CN、EM231 等），1 台 MM440 变频器，要求使用 S7-200 系列 PLC 的 USS 指令库建立 S7-200 系列 PLC 与 MM440 变频器的 USS 通信连接，并对变频器进行正、反转调速控制。任务要求如下：

（1）根据实际所使用的通信电缆选择适用的通信方式，并进行相关设置。

（2）设定 USS 通信参数。

（3）为 USS 指令分配库存储区。

（4）用变频器的操作面板设置变频器的通信参数，使之与用户程序中所用的波特率和从站地址相一致。

（5）建立 S7-200 系列 PLC 与 MM440 变频器的 USS 通信连接。

（6）编写 S7-200 系列 PLC 与 MM440 变频器的 USS 通信程序。

（7）设计调试方案，并进行通信调试。

思考练习 17

1. 什么是 USS 协议？常用的 USS 设备有哪些？

2. USS 协议库有什么用途？使用 USS 协议有哪些优点？

3. 简述 S7-200 系列 PLC 能够采用哪几种方式控制 MM440 变频器。

4. 简述 USS 指令库的使用步骤。

附录 A　特殊存储器标志 SM 位

特殊存储器标志 SM 位提供大量的状态和控制功能，并能起到在 CPU 和用户程序之间交换信息的作用。特殊存储器标志位能以位、字节、字或双字使用。

1．SMB0：状态位

SMB0 包含 8 个状态位，它们在每个扫描周期的末尾由 S7-200 系列 PLC 更新。

（1）SM0.0　该位始终为 1。

（2）SM0.1　该位在首次扫描时为 1，其一个用途是调用初始化子程序。

（3）SM0.2　若保持数据丢失，则该位在一个扫描周期中为 1。该位可用作错误存储器位，或用来调用特殊启动顺序功能。

（4）SM0.3　开机后进入 RUN 模式，该位将 ON 一个扫描周期，该位可用于在启动操作之前给设备提供一个预热时间。

（5）SM0.4　该位提供了一个时钟脉冲，30 s 为 1，30 s 为 0，占空比周期为 1 min。它提供了一个简单易用的延时或 1 min 的时钟脉冲。

（6）SM0.5　该位提供了一个时钟脉冲，0.5 s 为 1，0.5 s 为 0，占空比周期为 1 s。它提供了一个简单易用的延时或 1 s 的时钟脉冲。

（7）SM0.6　该位为扫描时钟，本次扫描时置 1，下次扫描时置 0。该位可用作扫描计数器的输入。

（8）SM0.7　该位指示 CPU 模式开关的位置（0 为 TERM 位置，1 为 RUN 位置）。当开关在 RUN 位置时，用该位可使自由端口通信方式有效；当切换至 TERM 位置时，与编程设备的正常通信也会有效。

2．SMB1：状态位

SMB1 包含了各种潜在的错误提示。这些位可由指令在执行时进行置位或复位。

（1）SM1.0　当执行某些指令，其结果为 0 时，将该位置 1。

（2）SM1.1　当执行某些指令，其结果溢出或查出非法数值时，将该位置 1。

（3）SM1.2　当执行数学运算，其结果为负数时，将该位置 1。

（4）SM1.3　当试图除以零时，将该位置 1。

（5）SM1.4　当执行 ATT（添加到表格）指令，试图超出表范围时，将该位置 1。

（6）SM1.5　当执行 LIFO 或 FIFO 指令，试图从空表中读数时，将该位置 1。

（7）SM1.6　当试图把一个非 BCD 数转换为二进制数时，将该位置 1。

（8）SM1.7　当 ASCII 码不能转换为有效的十六进制数时，将该位置 1。

3．SMB2：自由端口接收字符

SMB2 是自由端口接收字符缓冲区。在自由端口通信方式下，接收到的每个字符都放在这里，便于梯形图程序的存取。

提示：SMB2 和 SMB3 在端口 0 和端口 1 之间共享。当端口 0 上发生的字符接收操作导致执行附加在那个事件（中断事件 8）上的中断程序时，SMB2 包含端口 0 上接收的字符，而 SMB3 包含该字符的奇偶校验状态。当端口 1 接收到字符并使得与该事件（中断事件 25）相连的中断程序执行时，SMB2 包含端口 1 上接收到的字符，而 SMB3 包含该字符的奇偶校验状态。

（1）SMB2　此字节包含在自由端口通信期间从端口 0 或端口 1 接收的每个字符。

4．SMB3：自由端口奇偶校验错误

SMB3 用于自由端口方式。当接收到的字符发现有校验错时，将 SM3.0 置 1。当检测到校验错误时，SM3.0 接通。根据该位来废弃错误消息。

（1）SM3.0　端口 0 或端口 1 的奇偶校验错误（0=无错；1=检测到错误）。

（2）SM3.1 至 SM3.7 保留。

5．SMB4：队列溢出

SMB4 包含中断队列溢出位、中断是否允许标志位及发送空闲位。队列溢出表明要么是中断发生的频率高于 CPU，要么是中断已经被全局中断禁止指令所禁止。

（1）SM4.0　当通信中断队列溢出时，将该位置 1。

（2）SM4.1　当输入中断队列溢出时，将该位置 1。

（3）SM4.2　当定时中断队列溢出时，将该位置 1。

（4）SM4.3　在运行时刻，当发现编程问题时，将该位置 1。

（5）SM4.4　该位指示全局中断允许位，当允许中断时，将该位置 1。

（6）SM4.5　当（端口 0）发送空闲时，将该位置 1。

（7）SM4.6　当（端口 1）发送空闲时，将该位置 1。

（8）SM4.7　当发生强置时，将该位置 1。

只有在中断程序里，才使用状态位 SM4.0、SM4.1 和 SM4.2。当队列为空时，将这些状态位复位（置 0），并返回主程序。

6．SMB5：I/O 状态

SMB5 包含 I/O 系统里发现的错误状态位。这些位提供了所发现的 I/O 错误的概况。

（1）SM5.0　当有 I/O 错误时，将该位置 1。

（2）SM5.1　当 I/O 总线上连接了过多的数字量 I/O 点时，将该位置 1。

（3）SM5.2　当 I/O 总线上连接了过多的模拟量 I/O 点时，将该位置 1。

（4）SM5.3　当 I/O 总线上连接了过多的智能 I/O 模块时，将该位置 1。

（5）SM5.4 至 SM5.7 保留。

7．SMB6：CPU 标识（ID）寄存器

SMB6 是 S7-200 系列 PLC 的 CPU 的标识寄存器。SM6.4 到 SM6.7 识别 CPU 的类型，SM6.0 到 SM6.3 保留，以备将来使用。

（1）SM6.0 至 SM6.3　保留。

（2）SM6.4 至 SM6.7　xxxx = 0000 = CPU 222

　　　　　　　　　　　　　　0010 = CPU 224 / CPU 224XP

　　　　　　　　　　　　　　0110 = CPU 221

1001 = CPU 226

8．SMB7：保留

SMB7 保留作为将来使用。

9．SMB8 到 SMB21：I/O 模块标识号和错误寄存器

SMB8 至 SMB21 按字节对组织，用于扩展模块 0 到 6。每对的偶数字节是模块标识寄存器。这些字节识别模块类型、I/O 类型及输入和输出的数目。每对的奇数字节是模块错误寄存器。这些字节提供在 I/O 检测出的该模块的任何错误的指示。

（1）SMB8　模块 0 标识寄存器。

（2）SMB9　模块 0 错误寄存器。

（3）SMB10　模块 1 标识寄存器。

（4）SMB11　模块 1 错误寄存器。

（5）SMB12　模块 2 标示寄存器。

（6）SMB13　模块 2 错误寄存器。

（7）SMB14　模块 3 标示寄存器。

（8）SMB15　模块 3 错误寄存器。

（9）SMB16　模块 4 标示寄存器。

（10）SMB17　模块 4 错误寄存器。

（11）SMB18　模块 5 标示寄存器。

（12）SMB19　模块 5 错误寄存器。

（13）SMB20　模块 6 标示寄存器。

（14）SMB21　模块 6 错误寄存器。

10．SMW22 到 SMW26：扫描时间

SMW22、SMW24 和 SMW26 提供扫描时间信息，单位为 ms。

（1）SMW22　上次扫描时间。

（2）SMW24　进入 RUN 模式后，所记录的最短扫描时间。

（3）SMW26　进入 RUN 模式后，所记录的最长扫描时间。

11．SMB28 和 SMB29：模拟调整

SMB28 保持代表模拟调整 0 的位置的数值。SMB29 保持代表模拟调整 1 的位置的数值。

（1）SMB28　该字节存储通过模拟调整 0 输入的数值。在 STOP/RUN 模式中，每执行一次扫描就更新一次该数值。

（2）SMB29　该字节存储通过模拟调整 1 输入的数值。在 STOP/RUN 模式中，每执行一次扫描就更新一次该数值。

12．SMB30 和 SMB130：自由端口控制寄存器

SMB30 控制端口 0 的自由端口通信；SMB130 控制端口 1 的自由端口通信。可以对 SMB30 和 SMB130 进行写和读。这些字节设置自由端口通信的操作方式，并提供自由端口

或系统所支持的协议之间的选择。

13. SMB31 和 SMW32：永久性内存（EEPROM）写控制

在用户程序的控制下，可以把 V 存储器中的数据存入永久存储器（EEPROM，也称为非易失存储器）。先把被存数据的地址存入 SMW32 中，然后把存入命令存入 SMB31 中。一旦发出存储命令，则直到 CPU 完成存储操作 SM31.7 被置 0 之前，不可以改变 V 存储器的值。在每次扫描周期末尾，CPU 检查是否有向永久存储器中存数据的命令。如果有，则将该数据存入永久存储器中。

（1）SMB31　定义了存入永久存储器的数据大小，且提供了初始化存储操作的命令。

（2）SMW32　提供了被存数据在 V 存储器中的起始地址。

14. SMB34 和 SMB35：用于定时中断的时间间隔寄存器

SMB34 和 SMB35 分别定义了定时中断 0 和 1 的时间间隔，可以在 1ms 到 255 ms 之间以 1 ms 为增量进行设定。如果相应的定时中断事件被连接到一个中断服务程序，S7-200 系列 PLC 就会获取该时间间隔值。若要改变该时间间隔，必须把定时中断事件再分配给同一或另一中断程序，也可以通过中断分离来终止定时中断事件。

（1）SMB34　定义定时中断 0 的时间间隔（从 1 ms 到 255 ms，以 1 ms 为增量）。

（2）SMB35　定义定时中断 1 的时间间隔（从 1 ms 到 255 ms，以 1 ms 为增量）。

15. SMB36 到 SMB65：HSC0、HSC1 和 HSC2 寄存器

SMB36 到 SMB65 用于监控和控制高速计数器 HSC0、HSC1 和 HSC2 的运行。

（1）SM36.0 到 SM36.4 保留。

（2）SM36.5　HSC0 当前计数方向状态位：1=增计数。

（3）SM36.6　HSC0 当前值等于预设值状态位：1=相等。

（4）SM36.7　HSC0 当前值大于预设值状态位：1=大于。

（5）SM37.0　复位的有效电平控制位：0=高电平有效；1=低电平有效。

（6）SM37.1　保留。

（7）SM37.2　正交计数器的计数速率选择：0=4×计数速率；1=1×计数速率。

（8）SM37.3　HSC0 方向控制位：1=增计数。

（9）SM37.4　HSC0 更新方向：1=更新方向。

（10）SM37.5　HSC0 更新预设值：1=将新预设值写入 HSC0 预设值。

（11）SM37.6　HSC0 更新当前值：1=将新当前值写入 HSC0 当前值。

（12）SM37.7　HSC0 启用位：1=启用。

（13）SMD38　HSC0 新的初始值。

（14）SMD42　HSC0 新的预置值。

（15）SM46.0 到 SM46.4 保留。

（16）SM46.5　HSC1 当前计数方向状态位：1=增计数。

（17）SM46.6　HSC1 当前值等于预设值状态位：1=等于。

（18）SM46.7　HSC1 当前值大于预设值状态位：1=大于。

（19）SM47.0　HSC1 复位的有效电平控制位：0=高电平有效；1=低电平有效。

（20）SM47.1　HSC1 启动的有效电平控制位：0=高电平有效；1=低电平有效。

（21）SM47.2　HSC1 正交计数器速率选择：0=4×速率；1=1×速率。

（22）SM47.3　HSC1 方向控制位：1=增计数。

（23）SM47.4　HSC1 更新方向：1=更新方向。

（24）SM47.5　HSC1 更新预设值：1=将新预设值写入 HSC1 预设值。

（25）SM47.6　HSC1 更新当前值：1=将新当前值写入 HSC1 当前值。

（26）SM47.7　HSC1 启用位：1=启用。

（27）SMD48　HSC1 新的初始值。

（28）SMD52　HSC1 新的预置值。

（29）SM56.0 到 SM56.4 保留。

（30）SM56.5　HSC2 当前计数方向状态位：1=增计数。

（31）SM56.6　HSC2 当前值等于预设值状态位：1=等于。

（32）SM56.7　HSC2 当前值大于预设值状态位：1=大于。

（33）SM57.0　HSC2 复位的有效电平控制位：0=高电平有效；1=低电平有效。

（34）SM57.1　HSC2 启动的有效电平控制位：0=高电平有效；1=低电平有效。

（35）SM57.2　HSC2 正交计数器速率选择：0=4×速率；1=1×速率。

（36）SM57.3　HSC2 方向控制位：1=增计数。

（37）SM57.4　HSC2 更新方向：1=更新方向。

（38）SM57.5　HSC2 更新预设值：1=将新设置值写入 HSC2 预设值。

（39）SM57.6　HSC2 更新当前值：1=将新当前值写入 HSC2 当前值。

（40）SM57.7　HSC2 启用位：1=启用。

（41）SMD58　HSC2 新的初始值。

（42）SMD62　HSC2 新的预置值。

16. SMB66 到 SMB85：PTO/PWM 寄存器

SMB66 到 SMB85 用于监视和控制脉冲串输出（PTO）脉宽调制（PWM）功能。对于这些位的完整描述可参阅脉冲高速输出指令的信息。

（1）SM66.0 到 SM66.3 保留。

（2）SM66.4　PTO0 包络被中止：0=无错；1=因增量计算错误而被中止。

（3）SM66.5　PTO0 包络被中止：0=不通过用户命令中止；1=通过用户命令中止。

（4）SM66.6　PTO0/PWM 管线溢出（在使用外部包络时由系统清除，否则必须由用户复位）：0=无溢出；1=管线溢出。

（5）SM66.7　PTO0 空闲位：0=PTO 正在执行；1=PTO 空闲。

（6）SM67.0　PTO0/PWM0 更新周期值：1=写入新周期。

（7）SM67.1　PWM0 更新脉宽值：1=写入新脉宽。

（8）SM67.2　PTO0 更新脉冲计数值：1=写入新脉冲计数。

（9）SM67.3　PTO0/PWM0 时间基准：0=1 μs/刻度；1=1 ms/刻度。

（10）SM67.4　同步更新 PWM0：0=异步更新；1=同步更新。

（11）SM67.5　PTO0 操作：0=单段操作（周期和脉冲计数存储在 SM 存储器中）；1=多

段操作（包络表存储在 V 存储器中）。

（12）SM67.6　PTO0/PWM0 模式选择：0=PTO；1=PWM。

（13）SM67.7　PTO0/PWM0 启用位：1=启用。

（14）SMW68　PTO0/PWM0 周期（2 到 65 535 个时间基准）

（15）SMW70　PWM0 脉冲宽度值（0 到 65 535 个时间基准）

（16）SMD72　PTO0 脉冲计数值（1 到 2^{32}-1）。

（17）SM76.0 到 SM76.3 保留。

（18）SM76.4　PTO1 包络被中止：0=无错；1=因增量计算错误而被中止。

（19）SM76.5　PTO1 包络被中止：0=不通过用户命令中止；1=通过用户命令中止。

（20）SM76.6　PTO1/PWM 管线溢出（在使用外部包络时由系统清除，否则必须由用户复位）：0=无溢出；1=管线溢出。

（21）SM76.7　PTO1 空闲位：0=PTO 正在执行；1=PTO 空闲。

（22）SM77.0　PTO1/PWM1 更新周期值：1=写入新周期。

（23）SM77.1　PWM1 更新脉宽值：1=写入新脉宽。

（24）SM77.2　PTO1 更新脉冲计数值：1=写入新脉冲计数。

（25）SM77.3　PTO1/PWM1 时间基准：0=1 μs/刻度；1=1 ms/刻度。

（26）SM77.4　同步更新 PWM1：0=异步更新；1=同步更新。

（27）SM77.5　PTO1 操作：0=单段操作（周期和脉冲计数存储在 SM 存储器中）；1=多段操作（包络表存储在 V 存储器中）。

（28）SM77.6　PTO1/PWM1 模式选择：0=PTO；1=PWM。

（29）SM77.7　PTO1/PWM1 启用位：1=启用。

（30）SMW78　PTO1/PWM1 周期值（2 到 65 535 个时间基准）

（31）SMW80　PWM1 脉冲宽度值（0 到 65 535 个时间基准）

（32）SMD82　PTO1 脉冲计数值（1 到 2^{32}-1）。

17．SMB86 到 SMB94，SMB186 到 SMB194：接收讯息控制

SMB86 到 SMB94 和 SMB186 到 SMB194 用于控制和读出接收消息指令的状态。

（1）SMB86、SMB186　接收消息状态字节。

（2）SMB87、SMB187　接收消息控制字节。

（3）SMB88、SMB188　消息字符的开始。

（4）SMB89、SMB189　消息字符的结束。

（5）SMW90、SMW190　空闲时间段按 ms 设定。空闲时间用完后接收的第一个字符是新消息的开始。

（6）SMW92、SMW192　字符间/消息间定时器超时值（用 ms 表示）。如果超过时间，就停止接收消息。

（7）SMB94、SMB194　要接收的最大字符数（1 到 255 字节）。注意：此范围必须设置为期望的最大缓冲区大小，即使在不使用字符计数消息终止功能时也是如此。

18．SMW98：扩展 I/O 总线出错

SMW98 给出有关扩展 I/O 总线的错误数的信息。

SMW98　当扩展总线出现校验错误时，该处每次增加 1。当系统得电时或用户程序写入零，可以进行清 0。

19．SMB130：自由端口控制寄存器（参见 SMB30）

20．SMB131 到 SMB165：HSC3、HSC4 和 HSC5 寄存器

SMB131 到 SMB165 用于监视和控制高速计数器 HSC3、HSC4 和 HSC5 的操作。

（1）SMB131 到 SMB135 保留。

（2）SM136.0 到 SM136.4 保留。

（3）SM136.5　HSC3 当前计数方向状态位：1=增计数。

（4）SM136.6　HSC3 当前值等于预设值状态位：1=等于。

（5）SM136.7　HSC3 当前值大于预设值状态位：1=大于。

（6）SM137.0 到 SM137.2 保留。

（7）SM137.3　HSC3 方向控制位：1=增计数。

（8）SM137.4　HSC3 更新方向：1=更新方向。

（9）SM137.5　HSC3 更新预设值：1=将新预设值写入 HSC3 预设值。

（10）SM137.6　HSC3 更新当前值：1=将新当前值写入 HSC3 当前值。

（11）SM137.7　HSC3 启用位：1=启用。

（12）SMD138　HSC3 新的初始值。

（13）SMD142　HSC3 新的预置值。

（14）SM146.0 到 SM146.4 保留。

（15）SM146.5　HSC4 当前计数方向状态位：1=增计数。

（16）SM146.6　HSC4 当前值等于预设值状态位：1=等于。

（17）SM146.7　HSC4 当前值大于预设值状态位：1=大于。

（18）SM147.0　复位的有效电平控制位：0=高电平有效；1=低电平有效。

（19）SM147.1　保留。

（20）SM147.2　正交计数器的计数速率选择：0=4×计数速率；1=1×计数速率。

（21）SM147.3　HSC4 方向控制位：1=增计数。

（22）SM147.4　HSC4 更新方向：1=更新方向。

（23）SM147.5　HSC4 更新预设值：1=将新预设值写入 HSC4 预设值。

（24）SM147.6　HSC4 更新当前值：1=将新当前值写入 HSC4 当前值。

（25）SM147.7　HSC4 启用位：1=启用。

（26）SMD148　HSC4 新的初始值。

（27）SMD152　HSC4 新的预置值。

（28）SM156.0 到 SM156.4 保留。

（29）SM156.5　HSC5 当前计数方向状态位：1=增计数。

（30）SM156.6　HSC5 当前值等于预设值状态位：1=等于。

（31）SM156.7　HSC5 当前值大于预设值状态位：1=大于。

（32）SM157.0 到 SM157.2 保留。

（33）SM157.3　HSC5 方向控制位：1=增计数。

（34）SM157.4　HSC5 更新方向：1=更新方向。

（35）SM157.5　HSC5 更新预设值：1=将新预设值写入 HSC5 预设值。

（36）SM157.6　HSC5 更新当前值：1=将新当前值写入 HSC5 当前值。

（37）SM157.7　HSC5 启用位：1=启用。

（38）SMD158　HSC5 新的初始值。

（39）SMD162　HSC5 新的预置值。

21．SMB166 到 SMB185：PTO0、PTO1 配置文件定义表

SMB166 到 SMB185 用于显示包络步的数量、包络表的地址和 V 存储器区中表的地址。

（1）SMB166　　PTO0 的包络步当前计数值。

（2）SMB167　保留。

（3）SMW168　　PTO0 的包络表 V 存储器地址（从 V0 开始的偏移量）。

（4）SMB170　线性 PTO0 状态字节。

（5）SMB171　线性 PTO0 结果字节。

（6）SMD172　指定线性 PTO0 发生器工作在手动模式时产生的频率。频率是一个以 Hz 为单位的双整型值。SMB172 是 MSB，而 SMB175 是 LSB。

（7）SMB176　　PTO1 的包络步当前计数值。

（8）SMB177　保留。

（9）SMW178　　PTO1 的包络表 V 存储器地址（从 V0 开始的偏移量）。

（10）SMB180　线性 PTO1 状态字节。

（11）SMB181　线性 PTO1 结果字节。

（12）SMD182　指定线性 PTO1 发生器工作在手动模式时产生的频率。频率是一个以 Hz 为单位的双整型值。SMB182 是 MSB，而 SMB178 是 LSB。

22．SMB186 到 SMB194：接收信息控制（参见 SMB86 到 SMB94）

23．SMB200 到 SMB549：智能模块状态

SMB200 到 SMB549 为智能扩充模块（诸如 EM 277 PROFIBUS-DP 模块）提供的信息保留。关于模块如何使用 SMB200 到 SMB549 的信息，可参考具体指定模块的规定。

智能模块 SM 区的分配方式对于 V2.2 及以后的版本均有所不同。

对于固化程序版本号 1.2 之前的 S7-200 系列 PLC 的 CPU，智能模块必须安装在紧靠 CPU 的位置，以确保兼容性。

参考文献

[1] 黄净. 电气控制与可编程序控制器[M]. 北京：机械工业出版社，2009.

[2] 刘长青. 电气控制与 PLC 应用技术[M]. 北京：科学出版社，2008.

[3] 李长久. PLC 原理及应用[M]. 北京：机械工业出版社，2009.

[4] 施利春，李伟. PLC 操作实训（西门子）[M]. 北京：机械工业出版社，2009.

[5] 徐国林. PLC 应用技术[M]. 北京：机械工业出版社，2008.

[6] 李道霖. 电气控制与 PLC 原理及应用（西门子系列）[M]. 北京：电子工业出版社，2006.

[7] 陈忠平，周少华，侯玉宝，等. 西门子 S7-200 系列 PLC 自学手册[M]. 北京：人民邮电出版社，2008.

[8] 陈丽. PLC 控制系统编程与实现[M]. 北京：中国铁道出版社，2010.

[9] 常文平. 电气控制与 PLC 原理及应用[M]. 西安：西安电子科技大学出版社，2006.

[10] 胡健. 西门子 S7-200 PLC 与工业网络应用技术[M]. 北京：化学工业出版社，2010.

[11] 廖常初. PLC 应用技术问答[M]. 北京：机械工业出版社，2006.

[12] 袁任光. 可编程序控制器选用手册[M]. 北京：机械工业出版社，2003.

[13] 冀建平. PLC 原理与应用[M]. 北京：清华大学出版社，2010.

[14] 向晓汉，黎雪芬. PLC 控制技术与应用[M]. 北京：清华大学出版社，2010.

[15] 何献忠，李卫萍，刘颖慧，等. 可编程序控制器应用技术与 [M]. 北京：清华大学出版社，2007.

[16] 孟晓芳，李策，王珏，等. 西门子系列变频器及其工程应用[M]. 北京：机械工业出版社，2008.

[17] 李言武. 可编程控制技术[M]. 北京：北京邮电大学出版社，2012.

[18] 孙平. 可编程控制器原理及应用（第 3 版）[M]. 北京：高等教育出版社，2014.